贵州省科技厅基础研究计划项目(黔科合基础[2018]1061)资助
贵州省教育厅青年科技人才成长项目(黔教合 KY 字[2017]219)资助
贵州省科技计划项目(黔科合平台人才[2017]5789-12)资助
贵州理工学院高层次人才科研启动经费项目资助
贵州省科技支撑计划项目(黔科合支撑[2019]2882)资助

U0323903

泥质弱胶结岩体的结构重组与力学特性演化规律研究

赵维生　著

中国矿业大学出版社
·徐州·

内 容 提 要

本书以内蒙古自治区五间房矿区西一煤矿为工程背景,从巷道开挖和煤炭回采过程中涉及的 3 种不同黏土矿物含量的弱胶结岩体为研究对象,基于常规物理与力学试验、弱胶结岩体吸水与失水演化试验、破裂岩体结构重组试验、理论分析和数值模拟等,研究了黏土矿物含量对弱胶结岩体物理性能与力学性能的影响,研究了不同温度场和湿度场等赋存环境下弱胶结岩体的吸水和失水演化规律和结构重组及再承载力学特性演化规律,构建了弱胶结岩体的水化-力学耦合损伤本构模型,分析了赋存环境影响下弱胶结岩体巷道围岩稳定性演化规律和围岩扰动主应力偏转规律。

本书可供从事采矿工程及相关专业的科研人员及工程技术人员参考使用。

图书在版编目(CIP)数据

泥质弱胶结岩体的结构重组与力学特性演化规律研究 / 赵维生著. —徐州:中国矿业大学出版社,2019.11

ISBN 978 - 7 - 5646 - 3200 - 7

Ⅰ. ①泥… Ⅱ. ①赵… Ⅲ. ①软岩巷道—巷道支护—岩石结构—力学性质—围岩稳定性—研究 Ⅳ. ①TD353

中国版本图书馆 CIP 数据核字(2019)第268292号

书　　　名	泥质弱胶结岩体的结构重组与力学特性演化规律研究
著　　　者	赵维生
责任编辑	杨　洋
出版发行	中国矿业大学出版社有限责任公司
	(江苏省徐州市解放南路　邮编221008)
营销热线	(0516)83884103　83885105
出版服务	(0516)83995789　83884920
网　　　址	http://www.cumtp.com　**E-mail**:cumtpvip@cumtp.com
印　　　刷	江苏凤凰数码印务有限公司
开　　　本	787 mm×1092 mm　1/16　**印张** 13　**字数** 324 千字
版次印次	2019 年 11 月第 1 版　2019 年 11 月第 1 次印刷
定　　　价	48.00 元

(图书出现印装质量问题,本社负责调换)

前　言

　　泥质弱胶结岩体作为一种特殊的软岩，其力学性能极易受环境影响而劣化，从而给施工和建设造成不利影响。然而破坏后的泥质弱胶结岩体在一定赋存环境和应力环境作用下发生结构重组，重组后的岩体具有一定的力学性能。重组岩体形成的承载结构有利于泥质弱胶结巷道围岩的稳定。

　　本书以内蒙古自治区五间房矿区西一煤矿 3 种不同黏土矿物含量的泥质弱胶结岩体为研究对象，分别开展岩体失、吸水演化试验、破裂岩体结构重组试验和结构重组岩体的力学性能试验。结合损伤力学理论和数值分析，对基于赋存环境影响的泥质弱胶结岩体结构重组演化机制、力学性能演化规律和相应岩体巷道的围岩稳定性进行了系统研究，主要研究工作和成果如下：

　　（1）基于 X 射线衍射分析、电镜扫描、液塑限测定以及原生岩体试样的力学性能测试等，揭示了泥质弱胶结岩体的基本物理与力学性能随黏土矿物含量和含水率变化的演化规律，为研究泥质弱胶结岩体的结构重组演化机制奠定基础。

　　（2）采用自行研发的集监测与记录于一体的高精度岩体失、吸水演化试验系统，制订了合理的试样尺寸和试验方案，并引入石英砂作为对比和参考，揭示了赋存环境影响下不同黏土矿物含量泥质弱胶结岩体的失、吸水演化规律以及黏土矿物在赋存环境影响下对岩体中水分散失的调节作用。

　　（3）对已有的重组试验装置进行改进，基于破坏岩体的原生结构面开展不同约束条件、黏土矿物含量和重组荷载作用下的岩体结构重组试验，揭示了泥质弱胶结岩体结构重组演化机制，并采用 GDS 高级岩土三轴试验仪，对重组岩体试样进行单、三轴力学性能试验，揭示了泥质弱胶结结构重组岩体的力学性能随黏土矿物含量、含水率及重组荷载等因素变化的演化规律。

　　（4）基于试验数据，从损伤力学基本理论出发，结合统计强度理论和屈服准则等，建立了泥质弱胶结岩体的水化-力学耦合损伤本构模型，并对损伤进行了引申定义。

　　（5）综合分析地层含水率和赋存环境影响下的围岩含水率影响半径、失、吸水量，地层埋深，侧压力系数以及岩体黏土矿物含量等对巷道围岩稳定性的影响，并进行了数值分析，揭示了上述复杂条件下泥质弱胶结岩体巷道围岩稳定性演化规律，并通过自行研发的二次数值计算程序揭示了泥质弱胶结岩体巷道开挖后的扰动主应力偏转规律。

　　本书的出版得到了贵州省科技厅基础研究计划项目（黔科合基础［2018］1061）、贵州省教育厅青年科技人才成长项目（黔教合 KY 字［2017］219）、贵州省科技计划项目（黔科合平台人才［2017］5789-12）、贵州理工学院高层次人才科研启动经费项目、贵州省科技支撑计划项目（黔科合支撑［2019］2882 号）的资助。

　　在撰写本书过程中得到了中国矿业大学韩立军教授、张益东教授等专家的指导和帮助，在此表示感谢；参阅了大量国内外相关文献，在此向其作者表示衷心的感谢。

　　由于作者水平所限，书中难免存在疏漏，若有不妥之处，敬请读者批评指正。

作者

2019 年 9 月于贵州理工学院

目　　录

1 绪 论

1.1 问题的提出及研究意义

煤炭是我国主要能源,煤炭产量随着工业化和城市化的发展直线上升[1-5]。《能源发展战略行动计划(2014—2020年)》指出,2020年煤炭消费总量保持在42亿吨左右。然而在煤炭开采过程中经常会遇到影响矿井建设、生产和安全的软岩工程问题[6]。

软岩工程问题是影响煤炭开采的主要因素之一[7]。泥质弱胶结岩体属于软岩范畴,但是不同于一般的软岩,其具有似岩非岩、似土非土的特点[8-10]。由于含有大量亲水性黏土矿物(蒙脱石、伊利石、高岭石等),且成岩时间短,泥质弱胶结岩体的稳定性受环境影响较大,岩体胶结性较差,强度低[11-12];泥质弱胶结岩体力学性能与水密切相关[13-14],具有遇水软化、崩解和失水收缩、开裂的特性;环境温度和湿度对岩体含水率的影响显著,变形受约束时产生较大的内应力[15-16];开挖扰动等因素对泥质弱胶结岩体强度的影响也非常明显,泥质弱胶结岩体的这些特征使得巷道开挖后围岩的支护难度大,控制效果差[17-20]。泥质弱胶结等软弱岩体在我国各个矿区分布广泛,如龙口、峰峰等矿区,近年来相继出现了较为严重的软岩工程事故,导致矿井的生产和建设受阻。泥质弱胶结等软弱岩体的稳定性控制已成为影响我国煤炭开采的主要难题之一[21-22]。

影响泥质弱胶结地层巷道围岩长期稳定性的一个关键因素是岩体所处环境,包含力学环境和赋存环境(湿度、温度和水等)[23-32]。在以往的研究中对软岩的控制通常是采用高强度或者大变形让、抗等方式进行支护,忽略了环境因素的影响,特别是忽略了赋存环境中温度、湿度等对岩体含水率的影响。类似上述的支护控制方案,通常治标不治本,在较短的时间内可能对巷道围岩变形有一定的控制作用,但是从长远来看,泥质弱胶结地层巷道围岩直接或间接长时间暴露在空气中,受空气中赋存环境(温度和湿度等)影响,围岩从浅部吸水并逐渐向深部蔓延,导致岩体的力学性能和围岩的稳定性持续劣化,并造成支护结构产生大变形和破坏,给泥质弱胶结等软岩地层中的资源开采带来相应问题和隐患。

因此,要解决泥质弱胶结地层中巷道变形大、控制难等问题,需要从导致泥质弱胶结岩体变形和破坏的根本原因着手,即环境因素对泥质弱胶结岩体力学性能的影响。特别要研究包含温度和湿度等因素在内的赋存环境和施工环境对岩体力学性能的影响。再结合支护结构的力学效应,从而达到对泥质弱胶结岩体巷道围岩控制的标本兼治效果。

要解决泥质弱胶结岩体工程中巷道围岩变形大和不易控制等难题,综合上述分析,本书通过相关试验和理论研究进行以下方面的研究:① 温度和湿度等赋存环境对不同黏土矿物含量泥质弱胶结岩体的失、吸水演化规律;② 基于赋存环境及施工影响下不同含水率泥质弱胶结岩体的力学性能演化规律;③ 赋存环境和应力环境共同作用下泥质弱胶结破坏岩体结构重组演化机制和重组岩体再承载力学性能的演化规律;④ 泥质弱胶结岩体在赋存环境和应力环境共同影响下的水化-力学耦合损伤本构模型。

本书从赋存环境和应力环境等影响因素出发,基于不同黏土矿物含量的泥质弱胶结原生地层岩样,采用自行研发的集监测-记录于一体的高精度失、吸水演化过程试验系统及改进后的结构重组装置开展相关试验。根据试验数据构建泥质弱胶结岩体的水化-力学耦合损伤本构模型,并结合数值计算对复杂条件下的巷道围岩稳定性演化规律进行分析,揭示有利于泥质弱胶结岩体巷道围岩长期稳定的赋存环境和应力环境,对于研究和确定泥质弱胶结岩体巷道围岩的长期稳定控制方法、技术和方案有着重要的意义。

1.2 国内外研究现状

1.2.1 影响软岩力学性能的因素研究现状

软岩的力学性能主要受赋存环境和应力环境的影响,其中赋存环境包括地下水、温度和湿度等,应力环境主要是指应力大小和应力路径[33-38]。

1.2.1.1 赋存环境对软岩物理与力学性能的影响

(1)水对软岩物理与力学性能的影响

受高岭石、伊利石等黏土矿物的影响,泥质弱胶结岩体具有吸水软化、崩解,失水后收缩、开裂等特点。软岩在水影响下软化、崩解以及变形破坏机理一直是软岩工程领域最重要的研究课题之一[39-46]。

① 软岩的水理崩解及细观物理特性方面的研究。T. T. Lin 等[47]、J. F. Q 等[48]、H. T. Chen 等[49]通过 X 射线荧光光谱仪(XRF)、扫描电子显微镜(SEM)、X 射线衍射仪(XRD)和能量色散 X 射线分析技术(EDAX),从元素、晶体结构和颗粒形态等方面分析了泥岩遇水时的水化崩解特性及原因。T. Heggheim 等[50]研究了灰岩在乙醇、海水及不同浓度的盐水中浸泡后的微观结构与力学性能的演化规律,并认为灰岩力学性能的改变是水中离子与岩体发生化学反应后的矿物分解和结构变化造成的。冒海军[51]采用偏光显微镜、扫描电子显微镜及粉晶 X 衍射、能谱分析等手段分析了干燥状态下板岩内部黏土矿物的组成、含量及排列特征,并与不同吸水状态下的特征进行对比,分析水对矿物颗粒的影响。周翠英等[52-53]分析了软岩在饱水过程中水溶液的化学成分变化规律,并对软岩软化的微观机制进行了研究,提到非线性化学动力机制对软岩软化的影响。谭罗荣[54-56]对黏土岩、凝灰岩等软岩的崩解、泥化、膨胀、收缩以及相关微观特性和机理展开了相关研究和讨论。综合已有研究成果,可将软岩的吸水软化、崩解过程概括为三个阶段:第一阶段,泥岩中的微裂隙和微孔洞为水的侵入提供了条件;第二阶段,进入泥岩的水对岩体黏土矿物等部分结构进行溶解;第三阶段,黏土矿物的溶解造成微裂隙和微孔洞的扩展和贯通,并最终导致泥岩崩解[49,54,57-62]。

② 软岩遇水后力学性能演化特征方面的研究。S. W. J. den Brok 等[63]通过对含水状态和高温下的砂岩进行不同加载速率的试验来分析微裂隙的变化。J. Hadizadeh 等[64]开展了砂岩在不同围压及应变速率下的力学性能试验,根据强度演化规律分析了水对砂岩的软化作用。

P. Rajeev 等[65]对澳大利亚某膨胀岩地层埋管进行室内模拟试验,并采用 FLAC³ᴰ 进行数值仿真模拟,考虑渗流耦合,研究水分增加时膨胀围岩对埋管产生不利影响的范围。杨春和等[66]、昌海军等[67]对板岩遇水软化的微观结构和力学性能进行了研究,发现板岩在泡水后的吸水速率比较低,天然含水率随着板岩内层理面的产状、密度等参数的不同而改变,随着泡水时间的增加,试样的吸水速率在最初两天变化较大。何满潮等[68]通过泥岩吸水特性试验研究,揭示了泥岩吸水速率随时间的变化规律,提出用分段函数表示泥岩的吸水特征曲线,并将泥岩的吸水特征曲线分为三种类型——上凸型、直线型和下凹型。朱珍德等[69]对 18 层泥板岩进行不同吸水速率下的单轴压缩试验,深入探讨了水-岩相互作用使其劣化的损伤机理,并指出泥板岩强度的软化不仅与吸水速率相关,还受吸水时间影响。刘光廷等[70]分析了软岩遇水后的软化和膨胀特性,并通过数值方法探讨了浸水后的软岩对结构稳定性的影响。

上述研究分析了水对软岩水理崩解特性影响、岩体细观结构的演化规律和力学特性的影响,使细观结构、水化崩解特性以及力学特性变化的直接影响因素是岩体含水率。但是,温度和湿度等赋存环境对岩体含水率的影响鲜见报道,因此,研究温度和湿度等赋存环境对泥质弱胶结岩体含水率的影响规律,可为进一步揭示泥质弱胶结岩体的水理崩解特性、细观结构受赋存环境等因素影响的演化规律以及泥质弱胶结岩体力学特性演化规律奠定基础。

(2) 温度场对软岩物理与力学性能的影响

岩石在高温和低温环境下分别发生热损伤和冻融损伤,且温度对岩石的导电性、比热等产生影响[71-75]。

① 温度对岩石物理性能的影响。孙强等[76]认为高温条件下砂岩的孔隙率、渗透率以及波速等物理性能变化明显,并将物理性能随温度的变化分为五个阶段。T. F. Wong 等[77]认为岩石热膨胀是不可逆的。Y. Chen 等[78-79]在对 Westerly 花岗岩加热过程中测到了大量声发射,并认为 60～70 ℃ 是花岗岩的一个阈值温度范围。白利平等[80]研究了斜长岩波速与电阻率随温度的变化特点。朱立平等[81]、陈卫忠等[82]、何国梁等[83]、吴刚等[84]、张继周等[85]对干燥岩体进行了冻融循环试验,分析了冻融循环对岩石质量损失的影响,并指出随着冻融次数增加,岩石的质量逐渐减小。

② 温度对岩石力学性能的影响。C. H. Yang 等[86]对凝灰岩进行了从室温到高温(204 ℃)的蠕变试验,提出了应力强度因子的两种定义和蠕变损伤模型,并认为应力强度因子与温度和荷载相关。刘泉声等[87]通过高温蠕变试验分析了温度和时间对岩体变形及强度的影响,提出了温度和时间对岩体黏聚力和应变影响的经验公式。R. J. Martin 等[88]、N. Kinoshita 等[89]和 R. D. Dwivedi 等[90]分别对凝灰岩和花岗岩等进行了常温到高温条件下的岩石蠕变力学性能试验,指出岩石的蠕变等变形受温度影响。母剑桥等[91]从细观结构出发,分析岩石在冻融循环作用下的损伤劣化机制,并建立了冻融循环次数与岩石强度的数学关系式。T. C. Chen 等[92]对不同含水率的凝灰岩进行冻融破坏试验,研究了含水率与未冻水含量对岩石冻融损伤强度的影响规律。

上述研究分别分析了从低温冻融到高温蠕变试验过程中岩石物理与力学性能的演化规律。在低温条件下,岩体中的水分以固态方式存在,不存在液态水,故可忽略含水率造成的水化损伤作用对岩石力学性能的影响;在高温条件下,岩体中水分完全蒸发,岩体中也不存在液态水,高温场对岩石力学参数的影响主要源于温度对岩石微观结构的影响,因而也可不考虑含水率造成的水化损伤作用对岩石力学性能的影响。本书重点研究采矿工程等实际工程环境对岩石力学参数的影响,相应的温度变化范围通常为 0～30 ℃,该变温环境对岩石含水率的变化产生影响,而常温条件下岩体含水率的演化规律鲜有报道。因此,本书研究常温条件下岩体含水率随温度变化的演化规律,为揭示赋存环境对岩体力学参数的影响奠定基础。

(3) 湿度场对软岩物理与力学性能的影响

缪协兴等[93-96]在总结前人研究成果的基础上,受温度应力场理论的启发,提出了湿度应力场,并且从膨胀岩体中的水分扩散和产生湿度应力的机制分析出发,导出了湿度场和应力场的耦合系统微分方程,较为完整地建立了岩石膨胀理论的数学、物理和力学基础,这些方程与 B. G. Richards[97]等的弹性膨胀土湿度应力方程相比更具有普遍意义。

X. X. Miao 等[98]、卢爱红等[99]根据湿度应力场理论和温度应力场理论控制微分方程中存在的相似性,利用温度应力场理论的有限元软件来分析湿度应力场问题,二者相似性源自共同的线膨胀形式。康红普[100]在现有的研究成果基础上分析了各种软岩理论的适用条件,通过理论推导,得出了岩石遇水膨胀引起的巷道底鼓表达式,并用实例进行了验证,讨论了膨胀对底鼓的影响程度及影响底鼓的相关因素。白冰等[101]从热力学第一定律和建立本构方程的一般方法出发,将湿度(吸附量)当作系统的状态变量,对缪协兴提出的湿度应力场理论进行了严格证明,并详细分析了该理论模型的适用条件及其力学意义。朱珍德等[102]考虑到含水率的变化使膨胀岩的弹性模量、泊松比和屈服强度等发生变化,从而使膨胀应力、塑性流动和随湿度场变化的屈服准则等相耦合,提出了基于湿度应力场理论的膨胀岩弹塑性本构模型,并运用参变量变分原理建立了处理这一类问题的数值变分原理及其相应的有限元形式。李康全等[103]应用湿度应力场理论对膨胀土的增湿变形进行了分析,并由无荷载膨胀量试验和有荷载膨胀量试验确定相关参数;根据湿度应力场与温度应力场的相似性,利用 Ansys 软件热分析功能,进行膨胀土增湿变形计算,并通过有荷载膨胀量试验的模拟分析,验证应用温度应力场理论模拟湿度应力场的有效性。郁时炼等[104]根据湿度应力场理论与温度应力场理论控制微分方程存在的类比关系,通过参数转换,将求解湿度应力场问题转化为求解温度应力场问题,利用 Ansys 软件系统中的温度应力场分析功能,对不同含水率情况下膨胀岩巷道遇水和地应力耦合作用进行了数值模拟。付志亮等[105]基于龙口北皂矿 H2101 海域工作面矿区煤层软岩实际状况,进行了岩样膨胀性试验和现场围岩蠕变实测,根据所得围岩参数和实际蠕变规律,运用湿度应力场理论的数学模型方法对软岩巷道的遇水软化和膨胀特性进行了分析,推导得出膨胀岩软岩本构方程。S. L. Huang 等[106]通过侧向约束试验得到了最大膨胀压力与相对湿度和湿度活性指数的关系模型,并绘制了一系列湿度与膨胀压力的关系曲线,用以预测最大的膨胀压力。陶西贵等[107]基于湿度应力场理论,采用三维非线性有限元方法,模拟分析了膨胀岩洞室开挖和支护过程中的遇水膨胀现象。

上述研究主要从力学理论的角度分析湿度场对岩石力学特性的影响,然而,对现有的研究成果进行归纳总结后发现不少文献中直接用含水率来描述湿度场,而忽略了湿度场对岩体含水率的影响以及二者的关系。实际上,湿度场概念源自大气学科,表示空气中水汽的质量,因此直接用含水率来描述湿度场可能不太合适。本书研究不同湿度条件下岩体含水率随时间的变化规律,为进一步揭示赋存环境对岩体力学参数的影响奠定基础。

1.2.1.2 应力环境对软岩力学特性影响的研究

岩体强度与其受到的应力大小、应力历史和应力路径有关。地下巷道开挖后,围岩应力重新分布,不但大小发生变化,而且主应力轴发生偏转。针对主应力轴偏转对岩体强度的影响,国内外学者进行了大量研究[108-123]。不同应力路径下的岩体强度及特性各异[124],且各种外界因素引起的主应力偏转将导致岩体产生塑性变形。

① 主应力轴偏转对岩体围岩稳定性的影响。刘元雪等[125-126]对主应力偏转的岩体塑性变形、弹塑性应力-应变关系及广义塑性位势理论等进行了较详细的分析;黄茂松等[127]通过一系列的剪切试验对黏土的主应力偏转效应和屈服特性进行了系统研究,并指出主应力偏转对黏土强度、应力-应变关系等的重要影响;王常晶等[128]根据动荷载作用下的应力解答,得到了动荷载在地基上产生的动应力,并对动应力三个阶段的主应力偏转规律进行了分析;付磊等[129-130]通过数值模拟分析了考虑初始主应力偏转角和不考虑初始主应力偏转角情况下坝体的动力响应效应,并指出若不考虑主应力偏转角的影响将低估坝体的破坏范围;沈瑞福等[131]通过简化动力荷载,对主应力方向连续偏转情况下的海床稳定性进行了分析,并阐述了不考虑主应力方向旋转对海床稳定性影响的差别;张敏等[132]在数值分析中加入带有主应力方向偏转的应力路径,并分析了其对密砂临界状态的影响。

② 应力环境对弱胶结岩体的影响。J. J. KEEL等[133]认为隧道中的大变形现象必须以应力变化为前提,以减压-松动-软化来描述隧道开挖中的塑性变形过程,认为在主应力平均值或者剪切应力显著增大时产生松动带,选择隧道断面形状和施工方法时应考虑这一点,并应尽量减小应力变化值;方勇等[134]从理论上推导了岩土层状膨胀引起的地层应力计算公式,对隧道上方、下方及两侧地层发生层状膨胀时衬砌结构的外侧压力进行了数值计算,并确定了岩土层状膨胀引起结构外侧产生附加荷载,该荷载与岩土膨胀力、自由膨胀率等有关;赵二平等[135]以南水北调中线河南安阳段膨胀岩体为研究对象,通过采用三种不同的加载方式对膨胀岩体在不同应力路径下的力学特性进行了试验研究;谢飞鸿等[136]通过开凿爆破泄压槽,研究了改变膨胀岩体洞室围岩应力环境对洞室稳定性的影响;杨庆等[137-138]对膨胀岩体在三轴应力路径和有侧限情况下的试验方法进行了相关研究和对比。

上述研究成果分析了岩体在初始应力场中应力路径(应力大小和方向)变化造成的岩体力学特性变化规律,这种应力环境的影响属于主动初始应力状态的影响。而对于采矿工程等实际工程问题,巷道或顶、底板开挖后应力扰动对应力偏转和应力大小变化等被动应力状态的影响不同,初始应力场是主动施加的已知应力路径状态,而扰动应力主轴偏转后的扰动应力场是被动变化的应力路径状态。因此,研究复杂条件下开挖扰动后应力路径的演化规律,对于揭示被动变化的应力大小和方向对岩体力学特性的影响,及其对相应条件下泥质弱胶结岩体巷道围岩的稳定性具有指导意义。

1.2.2 软岩结构重组及再承载特性研究现状

泥质弱胶结岩体受开挖扰动后应力环境和赋存环境的影响,弱胶结围岩发生不同程度破坏。然而通过改善岩体的赋存环境和应力环境,在一定条件下,破裂岩体组织和结构能够重组,结构重组岩样具有一定的强度和稳定性,其有利于泥质弱胶结围岩的稳定性。

针对重组结构再次受环境影响而破坏的特性,众多科研人员对此做了大量研究工作[139-152],但大多数研究工作基于对重塑膨胀土体的力学特性的影响。例如,孟庆云、杨果林等[153-155]对重组弱胶结岩土的缩胀特性以及直剪试验中的强度特性和应力-应变曲线关系进行了研究;谢云等[156-158]、陈正汉等[159]、姚志华等[160]对重组弱胶结岩体的三向膨胀力、非线性本构模型以及干湿过程中的细观结构演化规律进行了研究;缪林昌等[161-162]对重塑弱胶结岩土的电阻率及非饱和情况下的强度试验进行了探索;邹维列等[163-164]对重组弱胶结岩土的非线性强度以及脱湿路径下的土水特征进行了分析;雷胜友等[165-166]研究了重组弱胶结岩土在循环荷载作用下的长期变形数学模型;孙世军[167]、李贤等[168]通过 CT-三轴试验对重组膨胀岩土的宏细观演化规律进行了分析;唐朝生等[169]、王国体等[170]、马乙一[171]、易志宏[172]研究了重组岩体的应力-应变关系演化规律、应力重塑方法及其在治理边坡中的应用;冷艳秋[173]、肖宏彬等[174]、熊承仁[175]、崔颖[176]、汪东林等[177-178]、刘敏捷等[179]分别研究了重塑弱胶结岩土在非饱和状态下的变形及强度、干湿循环特征和结构特征。

目前关于岩体结构重组演化规律和重组结构的力学特性演化规律的研究相对较少。孟庆彬[180]对某一特定矿物组分的泥质弱胶结岩体的结构重组特性进行了一系列探索性试验,主要包括:① 泥质弱胶结破裂岩体的结构重组演化机制;② 含水率对结构重组岩体力学特性演化规律的影响;③ 建立了泥质弱胶结岩体的本构模型。然而,针对矿物组分和赋存环境等因素对泥质弱胶结岩体结构重组以及重组结构的力学特性演化规律的影响尚未深入开展,且鲜有报道。因此,本书在其研究基础之上,从矿物组分、重组应力环境、赋存环境以及重组岩体的损伤破坏等角度出发,进一步揭示泥质弱胶结破裂岩体在复杂条件下的结构重组机制和重组岩体的力学特性演化规律。

1.2.3　岩石损伤本构模型研究现状

自 Dougill 将损伤力学引入岩石材料后,J. L. Chaboche 等提出应变等效假设,并根据连续介质力学理论和不可逆过程热力学原理,建立损伤力学学科,并被广泛应用到工程实践中。损伤理论,特别是统计损伤理论,已经成为研究岩石材料本构关系的一种重要手段[181-187]。

研究统计损伤本构常用的方法和理论有 CT 扫描、声发射、统计强度理论、屈服准则等。杨永杰等[188]基于声发射监测数据建立了岩石在三轴压缩条件下的损伤演化模型,并将岩石的损伤演化过程分为四个阶段——初始损伤阶段、损伤稳定发展阶段、损伤加速发展阶段和损伤破坏阶段。杨圣奇等[189]基于双参数的韦伯统计分布假设和应变强度理论,建立了岩石在单轴压缩条件下的损伤统计本构模型。游强等[190]基于试验结果,分别建立基于韦伯分布和幂函数分布理论的统计损伤本构模型,并将二者与试验数据进行对比分析,指出韦伯分布比幂函数分布更适合作为岩石微元强度的概率分布函数。康亚明等[191]基于岩石内部缺陷分布的随机性,建立了围压和轴压共同作用下的岩石统计损伤本构模型,并通过砂岩三轴压缩试验确定了模型的形态参数,分析了围压对岩石损伤程度的影响。张子明等[192]建立韦伯统计分布函数和混凝土材料的细观损伤本构模型,并通过编制有限元程序对混凝土试件进行了单轴拉伸和压缩条件下的数值破坏试验数值模拟。

上述研究成果表明,基于统计强度理论(特别是基于韦伯统计分布假设)的损伤本构模型及本构关系被大量学者应用于描述岩石的力学特性演化规律。泥质弱胶结岩体既具有岩石的特征,又表现出土的特征,其力学特性同时受含水率和应力的影响,因此本书基于前人的研究成果,研究泥质弱胶结岩体在水化和应力共同作用下的损伤演化规律,揭示泥质弱胶结岩体的水化-力学耦合损伤本构模型。

1.3　研究内容和研究方法

1.3.1　研究内容

本书以泥质弱胶结地层中 3 种不同黏土矿物含量的原生岩样为主要研究对象,首先进行基本物理与力学性能试验,然后采用自行研发的试验装置进行泥质弱胶结岩体的失、吸水演化过程试验,再进行泥质弱胶结岩体的结构重组试验研究。结合理论研究和数值分析,构建泥质弱胶结岩体的损伤本构模型,揭示不同赋存环境下的巷道围岩稳定性演化规律,为泥质弱胶结地层巷道围岩控制方案的确定奠定基础。

本书主要研究内容包括:

(1)泥质弱胶结岩体基本物理与力学性能。

开展了泥质弱胶结岩体的液、塑限,矿物组分,细观结构和风化水理特性等试验和原生地层岩样的常规力学性能试验,揭示了泥质弱胶结岩体的基本物理与力学性能及其随黏土矿物含量变化的演化规律,为开展赋存环境影响下泥质弱胶结岩体的结构重组演化试验研究奠定基础。

(2)不同赋存环境下的泥质弱胶结岩体失、吸水演化。

开展泥质弱胶结岩体不同赋存环境(温度场、湿度场)下的失、吸水演化试验,揭示黏土矿物含量、温度和湿度等对泥质岩体失、吸水演化过程的影响,为揭示泥质弱胶结破裂岩体的结构重组条件和重组结构的力学参数奠定基础,并为构建水化-力学耦合损伤本构模型和开展数值分析奠定基础。

(3)泥质弱胶结岩体结构重组及再承载力学性能。

基于赋存环境、应力环境等影响研究,开展破裂泥质弱胶结岩体的结构重组试验和重组试样的再承载力学性能试验,揭示泥质弱胶结岩体的结构重组演化机制,揭示黏土矿物含量、含水率和初始应力状态等因素对泥质弱胶结岩体力学性能影响的演化规律,为泥质弱胶结岩体水化-力学耦合损伤本构模型的研究和验证提供试验数据,为数值分析模型的力学参数赋值和泥质弱胶结岩体巷道的围岩稳定性研究提供依据。

(4)泥质弱胶结岩体水化-力学耦合损伤本构模型。

基于泥质弱胶结岩体的水化损伤和力学损伤研究,构建泥质弱胶结岩体水化-力学耦合损伤本构模型,为深入研究泥质弱胶结岩体在赋存环境、黏土矿物含量、含水率以及重组荷载等因素影响下力学性能演化规律奠定基础。

(5)复杂赋存环境下泥质弱胶结巷道围岩稳定性演化规律。

开展泥质弱胶结岩体围岩稳定性的数值分析,揭示复杂赋存环境和应力环境作用下泥质弱胶结地层巷道围岩的稳定性演化规律;同时研发基于数值计算结果的二次数值计算程序,揭示泥质弱胶结地层巷道开挖后的扰动主应力偏转规律,为研究扰动主应力偏转对巷道围岩稳定性的影响奠定基础。

1.3.2 研究方法

本书采用室内试验、数值模拟和理论分析相结合的技术路线,揭示了环境因素影响下的泥质弱胶结岩体结构重组的演化机制,技术路线如图 1-1 所示。针对技术路线中的研究内容,采用的研究方法主要如下:

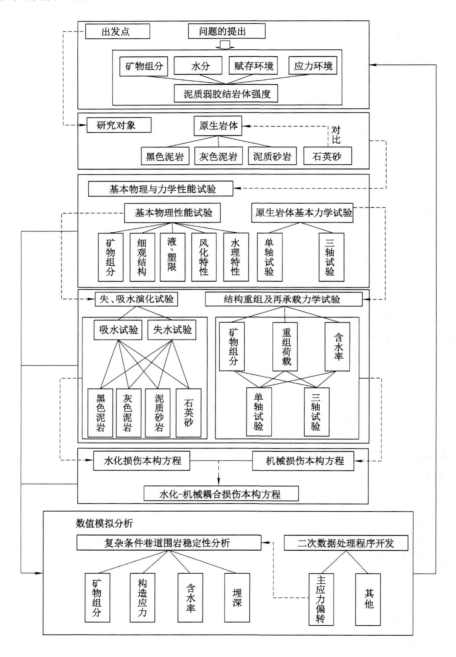

图 1-1　技术路线图

（1）采用 X 射线衍射仪（XRD）、扫描电子显微镜（SEM）和光电液塑限联合测定仪等试验仪器，对 3 种不同黏土矿物含量的泥质弱胶结岩体试样进行矿物组分，细观结构，液、塑限，风化和水理特征等试验；分别采用 WDW-D100 万能试验机和 GDS 高级岩土三轴试验仪对原生岩体试样开展单、三轴力学性能试验。

（2）采用自行研发的集监测和记录于一体的高精度失、吸水演化试验系统，对不同黏土矿物含量的泥质弱胶结岩体和石英砂试样进行失水和吸水试验；采用改进的泥质弱胶结岩体结构重组试验装置进行不同黏土矿物含量和不同重组荷载条件下的重组演化试验，并采用 GDS 高级岩土三轴试验仪对结构重组后的岩体试样进行单、三轴力学性能试验。

（3）根据泥质弱胶结岩体的失、吸水试验结果和试样的力学试验数据及统计损伤力学、等效应变假设、屈服准则等建立泥质弱胶结岩体的损伤演化方程和水化-力学耦合损伤本构模型。

（4）根据试验和理论研究结果，对复杂环境（黏土矿物含量、含水率、赋存环境和应力环境等）下泥质弱胶结地层巷道围岩的稳定性进行数值分析，并基于 Visual Basic，开发数值计算结果二次批处理程序，实现对三维模型中任一截面的单一扰动应力矢量的分析，研究扰动主应力轴偏转规律，分析扰动主应力轴偏转对巷道围岩稳定性的影响。

2 泥质弱胶结岩体基本物理与力学性能试验研究

岩石的力学特征包括物理性能和力学性能等,是影响岩石力学强度和变形特性的基本要素[193-194]。其中,岩石的物理性能包括矿物组分,风化水理特性,密度及宏、细观结构等(泥质弱胶结岩体还包括液、塑限等内容),并用相应的指标参数来表征[195];岩石的力学性能是指外力作用下岩石从压密、弹性和塑性变形直至发生破坏过程中的应力、应变特征,主要由不同应力路径下的强度及变形指标(弹性模量、泊松比、内摩擦角和黏聚力)等表示[196]。它是研究岩体本构关系的基础,是影响岩体工程(如边坡、大坝和地下巷道围岩等)稳定性的主要内在因素,也是研究工程布置方案和相应支护设计的基础和出发点。

影响泥质弱胶结岩体基本物理与力学性能的内因主要包括矿物组分和结构,外因包括水、温度、湿度及力学环境等。受黏土矿物的影响,泥质弱胶结岩体易发生失水风化、吸水软化和崩解。

本章结合泥质弱胶结岩体矿物组分的定性和定量分析结果,分别对基于不同黏土矿物含量的岩石质量指标,密度,细观结构,液、塑限和风化水理特性进行分析,揭示泥质弱胶结岩体的基本物理性能,为后续开展基于赋存环境的泥质弱胶结岩体失、吸水规律研究奠定基础。并对原生地层的岩体试样进行单轴和三轴试验,初步揭示黏土矿物含量、含水率及尺寸效应等因素影响下的力学性能演化规律,为后续开展泥质弱胶结破裂岩体的结构重组机制试验研究以及基于损伤变量的泥质弱胶结岩体的本构关系研究奠定基础。

2.1 泥质弱胶结岩体基本物理性能

五间房矿区位于内蒙古自治区中部华力西褶皱带,贺根山复背斜南翼,中、新生界属二连盆地群东段。煤田呈宽缓向斜形态,平均倾角 5.5°,采用斜井盘区上下山开拓,白垩系下白垩统巴彦花组为含煤地层,主采煤层为3-3煤、4煤、5煤。

本试验岩样取自内蒙古自治区五间房煤矿西一矿1302工作面回风巷道,取样位置的平均埋深约为 300 m,该回风巷道所处地层为新近系、古近系黏土层中胶结程度极差的白垩系泥岩、泥质砂岩等,力学性能极差,且存在严重的风化泥化和崩解现象,煤岩层主要岩性特征见表 2-1。

表 2-1 煤岩层主要岩性特征

类别	岩性	平均厚度/m	抗压强度/MPa	主要岩性特征
基本顶	泥岩	13.6	6.5	极软岩,水平层理
直接顶	泥质砂岩	2.2	4.3	极软岩,水平层理

表 2-1(续)

类别	岩性	平均厚度/m	抗压强度/MPa	主要岩性特征
3-3 煤	褐煤	10.5	8.7	水平层理
底板	泥岩	1.5	4.4	极软岩,弱胶结
4 煤	褐煤	2.9	9.3	水平层理

在泥质弱胶结地层中钻孔取芯得到的原生地层岩样按颜色和岩性可分为黑色泥岩、灰色泥岩和泥质砂岩,如图 2-1 所示。

(a) 黑色泥岩　　　　　(b) 灰色泥岩　　　　　(c) 泥质砂岩

图 2-1　泥质弱胶结岩体原生地层岩样

2.1.1　泥质弱胶结岩体矿物组分定性分析及定量分析

岩石由矿物组成,组成岩石矿物的种类和含量的差异是影响岩体物理性能和力学性能的最根本内在因素,如石英的抗压强度大于方解石,从而石英岩的力学性能通常优于大理岩。对于泥质弱胶结岩体而言,其物理与力学特性主要受岩体内部黏土矿物含量的影响。总的说来,黏土矿物含量越高,岩石越容易吸水崩解,相应的岩体强度越低。

黏土矿物主要包括高岭石、伊利石、蒙脱石及混层结构等,黏土矿物晶体结构的差异使岩体表现出不同的力学性能(图 2-2)。如黏土矿物中蒙脱石的"三明治"晶体结构使其具有很强的吸附力和阳离子交换能力,吸水后极易膨胀,其含量越高,岩体的膨胀性越强[197-198]。因此分析泥质弱胶结岩体的矿物组分,特别是对黏土矿物进行定量分析和定性分析是研究黏土矿物含量对泥质弱胶结岩体的物理性能与力学性能影响的首要条件。本研究对象为取自五间房矿区西一煤矿泥质弱胶结地层的 3 种岩石样本,分别在中国矿业大学现代分析与计算中心和北京北达燕园微构分析测试中心有限公司进行 XRD 衍射分析测试,包括全岩矿物和黏土矿物的定性分析和定量分析。泥质弱胶结试样的 XRD 衍射分析图谱如图 2-3 所示。

由图 2-3 可知:该泥质弱胶结地层岩体在全岩组分分析过程中的黏土矿物衍射波谱不明显,因此,参考石油工业黏土矿物相对含量分析方法标准和用 X 射线衍射仪测定沉积岩黏土矿物的定量分析方法[199-200],采用离心法制作 3 个定向片(N 片/自然定向片、T 片/高温片、E 片/乙二醇饱和片),并结合全岩矿物组分分析结果得到黏土矿物成分的定量分析结果,见表 2-2 和表 2-3。

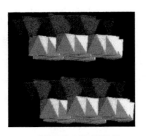

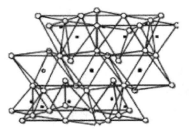

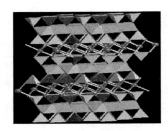

（a）高岭石三斜晶层状　　　　　（b）蒙脱石"三明治"结构　　　　　（c）伊利石单斜晶层状

图 2-2　黏土矿物的分子晶体结构

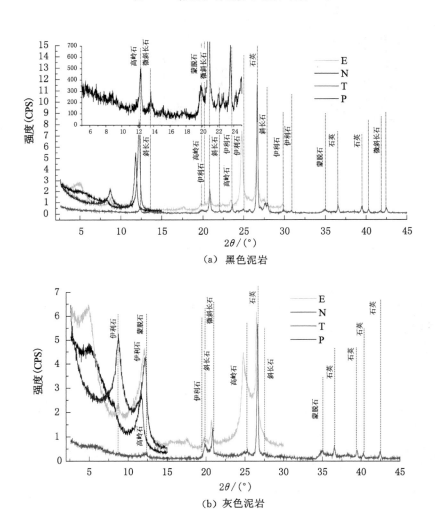

（a）黑色泥岩

（b）灰色泥岩

图 2-3　泥质弱胶结试样 XRD 衍射图

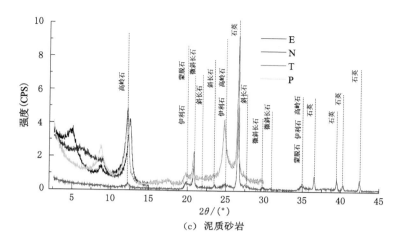

（c）泥质砂岩

图 2-3（续）

表 2-2　全岩矿物成分定性及定量分析结果（质量分数）

试样名称	石英	斜长石	微斜长石	黏土总量
泥质砂岩	58%	11%	10%	21%
灰色泥岩	58%	4%	5%	33%
黑色泥岩	40%	3%	5%	52%

表 2-3　黏土矿物成分的定性及定量分析结果（质量分数）

试样名称	黏土矿物相对含量		混层比（%S）	
	伊蒙混层（I/S）	伊利石（It）	高岭石（Kao）	伊蒙混层（I/S）
泥质砂岩	23%	9%	68%	55%
灰色泥岩	39%	10%	51%	55%
黑色泥岩	61%	3%	36%	55%

注：%S 为混成比。

由表 2-2 和表 2-3 可知：五间房矿区西一煤矿泥质弱胶结岩体中非黏土矿物主要由石英、斜长石和微斜长石等组成，其中石英含量最高（占非黏土矿物 73.4%～84.33%），斜长石和微斜长石的含量相当。3 种泥质弱胶结岩体中的黏土矿物均主要由高岭石、伊利石和伊蒙混层等组成，其中高岭石的平均含量约为 51%，伊蒙混层的平均含量约为 55%。将泥质弱胶结岩体研磨成粉末与熔融石英砂粉末的表观成像进行对比（图 2-4）。根据泥质弱胶结岩体矿物成分的定性及定量分析结果可知：随着黏土矿物含量的增加，泥质弱胶结岩体由白色逐渐转变为黑色。

2.1.2　泥质弱胶结岩体质量指标（类 RQD 法）

泥质弱胶结岩体的取芯率极低，若直接采用 RQD 值来评价泥质弱胶结岩体的岩石质

  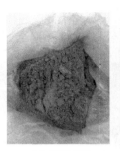 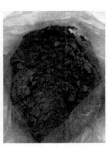

（a）熔融石英砂　　　（b）泥质砂岩　　　（c）灰色泥岩　　　（d）黑色泥岩

图 2-4　不同黏土矿物含量粉末状试样

量指标,则 3 种不同黏土矿物含量岩石质量指标的差异性较小,不利于分析黏土矿物含量对泥质弱胶结岩体质量的影响。因此,采用放大分析法将 RQD 计算方法中的岩芯段长度由 10 cm 减小至 5 cm,可计算得到具有明显差值的泥质弱胶结岩体的类 RQD 值。

（1）取样方法及方案

目前获得岩芯的常规方法为钻孔取芯。钻孔取芯包括三种途径:

① 将现场掘进和回采过程中得到的块状岩体进行室内钻孔取芯;

② 直接在现场取得标准直径(50 mm)的岩芯后,再在室内对其进行切割打磨并加工至标准长度;

③ 首先在现场取得直径较大(≥100 mm)的岩芯后,再在室内对其进行二次取芯并加工成标准尺寸。

泥质弱胶结岩体受高岭石、伊利石和蒙脱石等黏土矿物影响,遇水易泥化、崩解,考虑到在泥岩取芯过程中用干钻法极容易烧钻头,以及用水钻法取芯时高压水流对岩芯泥化、崩解及含水率等因素的影响,且取芯管较长,水钻法低压水流又极易造成岩芯堵管等使取标准岩芯难度较大,结合现场实际情况最终确定取芯方案为:先用 ϕ135 mm×1 500 mm 的岩芯管在现场取得直径较大的岩芯后在实验室内对其二次取芯。

（2）类 RQD 计算方法

为研究黏土矿物含量对泥质弱胶结地层岩体质量指标的影响,参考 RQD 方法,提出类 RQD 的评价方法:① 将岩芯管(ϕ135 mm)在原生地层中取得长度大于 50 mm 的岩芯总长度(L_1)与该回次进尺(L_2)之比设为 RQD_1;② 对现场钻取的部分粗岩芯再次进行室内取芯,得到直径为 50 mm 且长度大于 50 mm 的岩芯个数(N_1)与钻取个数(N_2)之比设为 RQD_2;③ 用 RQD_1 乘以 RQD_2 得到相应黏土矿物含量岩体的类 RQD 值,用 RQD_s 来表示。具体的计算方法为:

$$RQD_1 = L_1/L_2$$
$$RQD_2 = N_1/N_2$$
$$RQD_s = RQD_1 \cdot RQD_2 \tag{2-1}$$

与标准 RQD 法相比,类 RQD 法得到的值偏大,更有利于研究黏土矿物含量对泥质弱胶结岩体质量指标的影响,现场取芯和室内取芯统计结果见表 2-4。

表 2-4　岩体取芯数据统计

取芯地点	岩芯参数	黑色泥岩 （$w_{黏土}=51\%$）	灰色泥岩 （$w_{黏土}=33\%$）	泥质砂岩 （$w_{黏土}=21\%$）
现场	L_1/m	23.7	9.3	8
	L_2/m	5.8	5.2	8
	RQD_1	24.47%	55.91%	100%
室内	$N_1/个$	18	20	12
	$N_2/个$	0	15	10
	RQD_2	0	75%	83.33%
	RQD_s	0	41.93%	83.33%

由表 2-4 可知:随着黏土矿物含量的增加,泥质弱胶结岩体的取芯率逐渐降低,当黏土矿物含量达到全岩矿物含量的 51% 时,几乎很难取得标准岩芯($\phi 50\ mm\times 100\ mm$)。

2.1.3　矿物组分对泥质岩体密度的影响分析

由于矿物组分的相对分子质量不同,不同黏土矿物含量岩体的密度也有差别。为了分析黏土矿物含量对泥质弱胶结岩体密度的影响,将不同黏土矿物含量的泥质弱胶结岩体粉末放在体积相同的容器中进行称量对比,具体试验步骤如下:

(1) 将泥质弱胶结岩体试样放入球磨机中研磨,并选用过 200 目筛子的粉末;

(2) 将不同矿物组分的试样粉末分类放入干燥箱中进行 24 h 烘烤干燥;

(3) 将烘干后的试样粉末分别装入体积为 30 mL 的量杯中,装入方法有分层压实和自然填充,每一种粉末装 3 份以降低试验误差,分别求得岩石粉末在压实和松散条件下的密度;

(4) 用调土刀将量杯中的粉末抹平,并用高精度电子秤进行称重,该质量减去量杯质量后除以量杯体积就得到相应条件下的密度。

试验步骤如图 2-5 所示,试验数据见表 2-5。

（a）球磨机研磨　　　　　　　　（b）筛分　　　　　　　　（c）烘干

（d）试样制备　　　　　　　（e）称重

图 2-5　试验步骤

表 2-5 泥质弱胶结岩体粉末的压实密度和松散密度

	编号	黑色泥岩 ($w_{黏土}=51\%$)	灰色泥岩 ($w_{黏土}=33\%$)	泥质砂岩 ($w_{黏土}=21\%$)	石英砂 ($w_{黏土}=0$)
压实后净质量/g	1	42.05	33.86	30.10	27.34
	2	42.09	34.04	30.25	27.39
	3	41.97	33.92	30.40	27.24
平均值/g		42.04	33.94	30.25	27.33
压实密度/(g/mL)		1.40	1.13	1.01	0.91
松散净质量/g	1	27.72	21.57	18.79	16.27
	2	27.49	21.95	18.51	16.49
	3	27.78	21.76	18.63	16.38
平均值/g		27.66	21.76	18.64	16.38
松散密度/(g/mL)		0.92	0.73	0.62	0.55

分析表 2-5 可知：石英砂（$w_{黏土}=0$）的压实密度和松散密度分别为 0.91 g/mL 和 0.55 g/mL，当黏土矿物含量增加到 51% 时，岩体粉末的压实密度和松散密度分别提高到 1.40 g/mL 和 0.92 g/mL，说明岩体粉末的松散密度和压实密度均随着黏土矿物含量的增加逐渐增大，这是因为石英主要由 SiO_2 组成，其相对分子质量远低于黏土矿物。

2.1.4 泥质弱胶结岩体细观结构分析

岩体的细观结构是指岩体内部不同矿物组分颗粒之间按照一定结构排列的组合，细观结构特征影响岩体的物理、力学特性（如渗透性、风化和崩解速率等）[201]。另外，岩体的细观结构是研究岩体损伤破裂和建立相应力学方程的基础[202-203]。

本书采用 FEI Quanta TM 250 扫描电子显微镜对原生地层中不同黏土矿物含量的 3 种泥质弱胶结岩体进行电镜扫描，以揭示黏土矿物含量对原生结构岩体细观结构的影响。黑色泥岩、灰色泥岩和泥质砂岩电镜扫描结果分别如图 2-6、图 2-7 和图 2-8 所示。

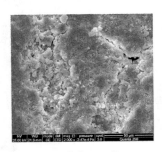  

（a）放大 2 000 倍　　　　（b）放大 5 000 倍　　　　（c）放大 10 000 倍

图 2-6 黑色泥岩细观结构

黏土矿物颗粒在泥质弱胶结岩体中起胶结非黏土矿物（如石英、斜长石等）并形成岩体的作用。由图 2-6 至图 2-8 可知：

    （a）放大2 000倍　　　　　　（b）放大5 000倍　　　　　　（c）放大10 000倍

图 2-7　灰色泥岩细观结构

    （a）放大2 000倍　　　　　　（b）放大5 000倍　　　　　　（c）放大10 000倍

图 2-8　泥质砂岩细观结构

（1）当黏土矿物含量较高时（$w_{黏土} \geq 50\%$），高岭石和伊利石等黏土矿物呈鳞片状结构相互重叠，与非黏土矿物颗粒直接接触形成岩体，鳞片状结构间存在交错贯通的微裂隙和尚未完全贯通的微孔洞，微裂隙发育程度高，如图 2-6 所示。

（2）随着黏土矿物含量降低，岩体细观结构仍以鳞片状为主，但鳞片状结构间主要以未贯通成微裂隙的微孔洞为主，交错贯通的裂隙发育程度较低，微孔洞发育程度较高，如图 2-7 所示。

（3）随着弱胶结岩体中黏土矿物含量的继续降低和非黏土矿物颗粒数量的增加，岩体的细观结构由鳞片状结构逐渐转变为絮状结构，如图 2-8 所示，除一条自左上角至右下角的微裂隙外，絮状结构内部几乎不存在交错贯通的裂隙，且絮状结构间孔洞发育程度相对较低。

上述分析表明：

（1）从岩体细观的组成结构形态来看，泥质弱胶结岩体随着黏土矿物含量的增加，细观结构逐渐由絮状转变为鳞片状，单个鳞片状结构的面积逐渐增大，且絮状结构和鳞片状结构各自内部的孔洞发育程度逐渐提高，当黏土矿物含量达到一定值时，即细观结构的孔洞发育到一定程度后，产生交错贯通的微裂隙。

（2）从宏观表现来看，电镜扫描的结果在一定程度上解释了泥质弱胶结岩体中黏土矿物含量越高，取芯率越低，且取出的岩芯宏观裂纹越多，越破碎（图 2-1）。再者，细观结构形态的转变（由絮状转变为鳞片状），解释了相同目数条件下的泥质弱胶结岩体粉末，当黏土矿物含量越高时，手感越细腻。此外，黏土矿物含量较低时的细观絮状结构之间相互交错,而黏土矿物含量较高时的细观鳞片状结构主要以层层叠加形成宏观结构。因此,黏土矿物含量较低时的絮状结构之间作用力远高于黏土矿物含量较高时的鳞片状结构,从而导致鳞片状结构遇水极易片落,相对应于高黏土矿物含量的岩体极易崩解,从一定程度上解释了黏土矿物含量较高的岩体取芯过程受岩芯管扰动影响较大,取芯率较低。黏土矿物含量越高时,由于孔洞和微裂隙越发育,水分极易浸入而导致结构发生片状脱落,加速裂纹的扩展和贯通,从宏观表象上解释了黏土矿物含量较高时,泥质弱胶结岩体遇水越易发生崩解和泥化。

2.1.5 泥质弱胶结岩体液、塑限分析

泥质弱胶结岩体是一种特殊的软岩硬土型岩石,具有似岩非岩、似土非土的特点。当含水率较低时,泥质弱胶结岩体具有岩石的物理性能、力学性能,受矿物组分中高岭石、伊利石等黏土矿物的影响,吸水后极易崩解和泥化,又具有土的特性。由于泥质弱胶结岩体具有土的特性,因此,将液限和塑限作为泥质弱胶结岩体的一项重要的物理特性指标,以反映水对泥质弱胶结岩体性能的影响[204-205]。

同时,为了研究这种具有似岩非岩、似土非土的泥质弱胶结岩体在赋存环境(温度和湿度等)等因素影响下岩体含水率的演化规律,从而为揭示环境因素对泥质弱胶结岩体力学特性的影响和结构重组演化机制奠定基础。从优化试验方案和加快试验进度的角度来看,必须对泥质弱胶结岩体的液限和塑限进行分析讨论,研究黏土矿物含量对泥质弱胶结岩体的液、塑限影响,同时为开展环境因素影响下的失、吸水演化试验制样和结构重组试验提供参考和依据。

根据泥质弱胶结岩体似岩似土的物理性能、力学性能,本书进行了泥质弱胶结岩体液限和塑限测定,其步骤和方法参考《土工实验方法标准》(GBT 50123—2019)[206],试验仪器采用 GYS-2 型光电式液塑限联合测定仪,如图 2-9 所示。

（a）制样　　　　　　　（b）锥入试验　　　　　　（c）含水率测定

图 2-9　泥质弱胶结试样液塑限联合测定试验

采用液塑限联合测定仪分别对 3 种不同黏土矿物含量的泥质弱胶结岩体进行试验,并将试验数据绘制在双对数坐标系上,如图 2-10 所示。根据锥入深度,采用液、塑限联合计算的解析法[204-207],得到 3 种不同矿物含量泥质弱胶结岩体的液限（w_L）、塑限（w_P）和塑性指数（I_P）等参数,见表 2-6。

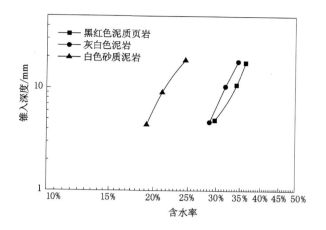

图 2-10　液、塑限联合测定结果

表 2-6　泥质弱胶结试样不同黏土矿物含量的液、塑限参数表

试样	组号	第一次锥入深度/mm	第二次锥入深度/mm	平均锥入深度/mm	含水率	液限 w_L	塑限 w_P	偏差值	I_P
黑色泥岩	1	4.88	4.92	4.90	29.7%				
	2	10.95	10.75	10.80	34.17%	36.30%	28.70%	1.75%(<2%)	7.6
	3	17.82	17.58	17.70	36.25%				
灰色泥岩	1	4.78	4.60	4.69	28.69%				
	2	10.50	10.34	10.42	31.77%	34.50%	27.10%	0.54%(<2%)	7.4
	3	18.20	18.02	18.11	34.47%				
泥质砂岩	1	4.45	4.41	4.43	19.1%				
	2	9.15	9.05	9.10	21.1%	24.50%	18.80%	0.91%(<2%)	5.7
	3	18.60	18.70	18.65	24.5%				

由表 2-6 可知:随着黏土矿物含量的增加,泥质弱胶结岩体的液、塑限分别逐渐由泥质砂岩($w_{黏土}=21\%$)的 24.50% 和 18.80% 逐渐上升到黑色泥岩($w_{黏土}=51\%$)的 36.30% 和 28.70%。在下文中研究赋存环境对泥质弱胶结岩体失、吸水规律的影响以及开展泥质弱胶结岩体结构重组试验时,可参考相应黏土矿物含量岩体的液、塑限值进行制样并开展相关试验。

2.1.6　泥质弱胶结岩体风化特性分析

岩石的风化作用是指岩石在自然界各种风化营力(如阳光、水、空气和动植物等)影响下,岩石自身发生机械崩解和化学分解的现象。岩石经历风化作用后,力学强度降低,且处于不同风化阶段的岩石,其力学性质各不相同。因此,岩石的风化作用一直是地球科学和工程研究的重要内容[208]。前人根据风化营力的实质和相应作用下岩石特性的变化,将风化作用大致分为物理风化、化学风化、冻融风化和生物风化,风化后的岩体如图 2-11 所示[209-211]。

泥质弱胶结岩体含有大量高岭石、伊利石和伊蒙混层等黏土矿物成分,在高温、低湿环

(a)　　　　　　　　　　　　　　　　(b)

图 2-11　泥质岩体风化示意图

境条件下极易发生失水和岩体开裂型的风化,而在低温、高湿环境条件下又容易发生吸水泥化和崩解型的风化。在实际环境中,温度、湿度随时间变化的循环交替作用加快了岩体的风化。为了研究黏土矿物含量对泥质弱胶结岩体风化速率的影响,将内蒙古自治区五间房矿区西一煤矿 3 种不同黏土矿物含量的泥质弱胶结岩体放在室外进行风化对比试验,3 种不同黏土矿物含量泥质弱胶结岩体风化过程分别如图 2-12、图 2-13 和图 2-14 所示。

(a) 0 d　　　　　　　　(b) 60 d　　　　　　　　(c) 120 d

图 2-12　黑色泥岩的风化

(a) 0 d　　　　　　　　(b) 60 d　　　　　　　　(c) 120 d

图 2-13　灰色泥岩的风化

(a) 0 d   (b) 60 d   (c) 120 d

图 2-14 泥质砂岩的风化

2.1.7 泥质弱胶结岩体水理特性分析

岩石的水理性质是指岩石与水接触后表现出的与水分贮容和运移有关的性质,包括水解性、水胀性、溶水性、给水性、持水性和透水性[212]。研究表明:黏土类岩石透水性差,通常被视为不透水岩体,对于黏土型岩体的水理特性研究,主要分析其在水作用下的膨胀性和崩解性[213]。影响软岩膨胀性主要是黏土矿物中的蒙脱石,软岩的膨胀等级通常按蒙脱石所占全岩矿物的质量分数来划分[214]。针对本书的研究对象——泥质弱胶结岩体,其黏土矿物主要由高岭石和伊利石组成,属于非膨胀类黏土矿物,因此本书主要讨论泥质弱胶结岩体的水理崩解特性。

为了分析黏土矿物含量对泥质弱胶结岩体水理崩解特性的影响,分别将 3 组不同黏土矿物含量的试样放入相同水环境中,进行水理崩解试验,分别如图 2-15、图 2-16 和图 2-17 所示。

(a) 0 min   (b) 3 min   (c) 7 min   (d) 10 min

图 2-15 黑色泥岩的崩解演化过程

由图 2-15 至图 2-17 可知:泥质弱胶结岩体的崩解速度远快于岩体的风化速度,泥质弱胶结岩体的崩解在 10～40 min 内全部完成,同时,泥质弱胶结岩体的崩解速度与岩体中的黏土矿物含量正相关。

黑色泥岩遇水崩解的速度最快,黑色泥岩遇水时迅速吸水并充填岩体中的微孔隙,

(a) 0 min   (b) 3 min   (c) 10 min   (d) 20 min

图 2-16   灰色泥岩的崩解演化过程

(a) 0 min   (b) 15 min   (c) 20 min   (d) 40 min

图 2-17   泥质砂岩的崩解演化过程

使岩体中的宏、细观裂隙增生和扩展。此外,微孔隙空间被水充填,孔隙中的空气被排出岩体,因此,黑色泥岩在吸水崩解时有气泡不间断地从岩体中释放,并发出剧烈的"吱吱"声响。从宏观上看,黑色泥岩的崩解是片状掉落由表及里逐步发生,这与 2.1.4 节中 SEM 扫描电镜得到的鳞片状结构有关,但是崩解速度相当快,黑色泥岩在浸泡 10 min 内就几乎完成崩解。

随着黏土矿物含量的减少,泥质弱胶结岩体的崩解速度也逐渐降低。由灰色泥岩(图 2-16)和泥质砂岩(图 2-17)的崩解演化过程来看,和黑色泥岩的崩解速度相比,前两者的崩解速度较慢,其中深灰色泥岩完全崩解的时间约为 20 min,而泥质砂岩 20 min 时还未完全崩解,但是通过岩体崩解沉淀量来看,岩石的崩解程度越来越高,大约在 40 min 时完全崩解。

相关研究也表明[215-216]:只要泥质弱胶结岩体中伊利石和高岭石的含量达到一定值,即使不含蒙脱石,也会发生软化崩解;泥质弱胶结岩体内部的黏土矿物颗粒结构呈点面接触或面面接触,该微观结构在水的作用下通过溶解部分黏土矿物等方式破坏岩体内部微结构,并使颗粒间产生错动,从而在宏观上表现出软化和崩解。泥质弱胶结岩体的崩解与水作用下的物质组成、微结构和微孔隙的变化密切相关。泥质弱胶结岩体的崩解是岩体内部微孔隙与微结构遇水后的宏观反映。

2.2 泥质弱胶结岩体基本力学性能

岩石的力学性能是指岩石在荷载作用下所表现出来的变形性能和强度性能,其中,岩石的变形性能所表现的是岩石对外力的几何尺寸响应,岩石的强度性能所表现的是岩石抵抗外力破坏的力学能力。表征岩石力学性能的主要参数有[217-218]强度极限、弹性模量、泊松比、内摩擦角和黏聚力等。

根据实际取芯结果,对灰色泥岩($w_{黏土}=33\%$)和泥质砂岩($w_{黏土}=21\%$)进行力学试验,初步揭示黏土矿物含量对泥质弱胶结岩体力学性能的影响,为后续开展不同黏土矿物含量的泥质弱胶结岩体的结构重组演化机制和力学性能研究奠定基础。

2.2.1 泥质弱胶结岩体单轴抗压强度特性

为研究泥质弱胶结岩体强度性能及变形性能,采用 WDW-D100 型万能试验机分别对通过二次取芯得到的泥质弱胶结岩体原生试样进行单轴压缩试验。试验对象为灰色泥岩、砂质泥岩和带结构面的半泥半砂原生岩样(图 2-18),分别研究尺寸效应、黏土矿物含量、含水率及结构面作用下泥质弱胶结岩体的强度性能和变形性能参数。

(a) 灰色泥岩	(b) 泥质砂岩	(c) 半泥半砂

图 2-18 泥质弱胶结岩体试样

由图 2-18 可知:二次取芯得到灰色泥岩试样的表面光滑。泥质砂岩由于黏土矿物含量相对较少且颗粒粒径相对较大,从而泥质砂岩取样后的试样颗粒感明显。半泥半砂试样是在现场取芯过程中岩芯管穿越灰色泥岩和泥质砂岩得到的粗岩芯,并通过室内取芯得到半泥半砂试样,其分界线沿岩体试样上、下两端的对角线布置[图 2-18(c)中白色斜线]。

2.2.1.1 尺寸效应对泥质弱胶结岩体力学性能的影响分析

岩石的力学性能试验通常是将岩体加工成一定形状的岩石试样,再利用各种试验机对试样进行加载,结合国际岩石力学学会(ISRM)和我国煤炭地质相关部门建议的方法[219-220],标准岩体试样的尺寸通常为 $\phi50$ mm$\times100$ mm。对于尺寸不同的试样,国际岩石力学与工程学会(ISRM)也给出了修正公式,此外,刘宝琛等[221]、郭中华等[222]在研究岩石抗压强度时分别提出了尺寸效应与抗压强度的关系式。

为研究尺寸效应对泥质弱胶结岩体力学性能的影响,将取芯过程中长度不足 100 mm 的试样进行切割打磨,得到直径均为 50 mm,长度分别为 50 mm、60 mm、70 mm、80 mm 和 90 mm 的试样。通过单轴压缩试验得到不同长度的泥质弱胶结岩体单轴压缩时的应力-应变关系曲线,如图 2-19 所示。试样尺寸效应对灰色泥岩强度性能和变形性能的影响如图 2-20 所示,相关力学参数见表 2-7。

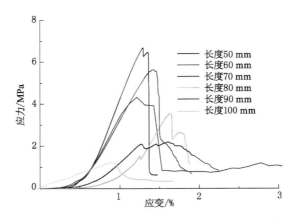

图 2-19 不同长度灰色泥岩的应力-应变关系曲线

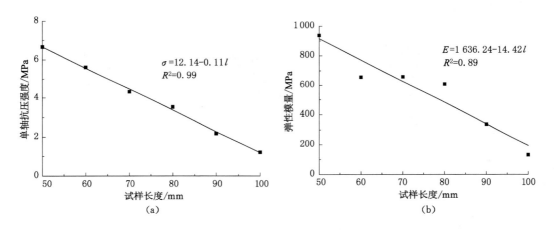

图 2-20 尺寸效应对灰色泥岩强度性能和变形性能的影响

表 2-7 单轴压缩条件下不同长度灰色泥岩力学参数

编号	试样长度/mm	单轴抗压强度/MPa	泊松比	弹性模量/MPa	残余强度/MPa
1	50	6.68	0.33	938	0.64
2	60	5.62	0.36	656	0.70
3	70	4.32	0.31	659	0.72
4	80	3.54	0.34	608	1.12
5	90	2.20	0.23	337	0.85
6	100	1.21	0.22	131	0.34

　　由图 2-19 可知:不同长度的灰色泥岩(含水率约为 10%)在单轴压缩过程中经历了压密阶段、线弹性阶段、塑性变形阶段、应变软化阶段和残余应力阶段五个阶段。灰色泥岩试样在二次取样过程中受岩芯管转动、钻头冲击等扰动影响,试样内部产生微裂隙和微孔隙。在加载初期,试样中的微裂隙和微孔隙在较低荷载作用下闭合,此时的应力-应变关系曲线为一段上凹曲线,即试样的压密过程。随着荷载的增加以及微裂隙和微孔隙的闭合,灰色泥岩试样的应力-应变关系曲线为一段线性增加的斜直线,即灰色泥岩试样进入线弹性变形阶段;在线弹性阶段之后,应力-应变关系曲线偏离线性变化并向下凹,试样进入塑性变形阶段,试样产生塑性变形并形成新的微裂隙。随着应变的继续增大,试样中的微裂隙逐渐增加、扩展、发育和贯通。对于部分试样(图 2-19 中试样长度为 50 mm和 60 mm 的应力-应变关系曲线),应力达到峰值后出现应力跌落,试样表现为脆性破坏,破坏后的试样仍具有一定的残余强度,且残余强度几乎不再变化而应变持续增大。对于另一部分试样(图中试样长度为 90 mm 和 100 mm 的应力-应变关系曲线),当应力达到峰值后,应力随着应变的增加而逐渐降低,试样进入应变软化阶段,当应力降到其残余强度后,不再随应变的增大而变化。

　　由表 2-7 和图 2-20 可知:灰色泥岩试样的强度极限和弹性模量随着试样长度近似呈线性变化,试样的高径比越小,试样的抗压强度和弹性模量越大,反之越小。分别对随试样长度变化的抗压强度和弹性模量进行拟合,得到灰色泥岩(含水率约为 10%)的抗压强度(σ)与试样长度(l)的关系式:$\sigma = 12.14 - 0.11l$,$R^2 = 0.99$;弹性模量(E)与试样长度(l)的关系式:$E = 1\ 636.24 - 14.42l$,$R^2 = 0.89$。

2.2.1.2　含水率对岩体强度及变形性能的影响

　　泥质弱胶结岩体中含有大量黏土矿物,在钻孔取芯等加工过程中受水流及赋存环境的影响,试样含水率有差异。对取样后得到的标准尺寸(ϕ50 mm×100 mm)的试样进行单轴压缩试验,在完成每组试验后立即测试试样的含水率,测试过程如图 2-9(c)所示。根据测试结果分析含水率对泥质弱胶结岩体单轴抗压强度的影响。不同含水率泥质弱胶结试样单轴压缩时的应力-应变关系曲线如图 2-21 所示,相关参数见表 2-8。

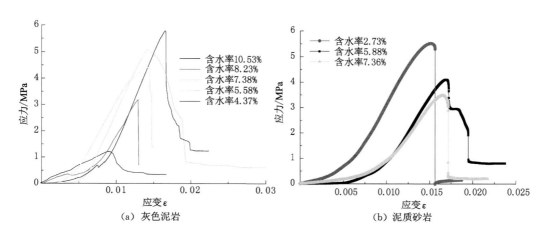

图 2-21　泥质弱胶结岩体的全应力-应变关系曲线

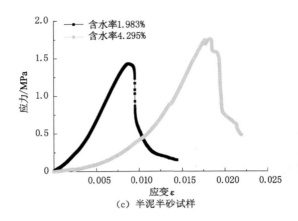

（c）半泥半砂试样

图 2-21（续）

表 2-8　单轴压缩时不同含水率泥质弱胶结原生岩体试样的力学参数

编号	岩性	含水率	抗压强度/MPa	泊松比	弹性模量/MPa	残余强度/MPa
1-1		4.37%	5.79	0.18	687	0.34
1-2		5.58%	5.09	0.19	628	0.73
1-3	灰色泥岩	7.38%	4.42	0.20	511	1.36
1-4		8.23%	3.18	0.23	358	0.64
1-5		10.53%	1.21	0.22	131	1.24
2-1		2.73%	5.52	0.19	608	0.15
2-2	泥质砂岩	5.88%	4.11	0.21	478	0.80
2-3		7.36%	3.49	0.22	325	0.07
3-1	半泥半砂	1.983%	1.43	0.18	223	0.15
3-2	试样	4.295%	1.76	0.20	225	0.48

由图 2-21 可知：

（1）含水率对泥质弱胶结岩体力学性能的影响同尺寸效应影响下的灰色泥岩的应力-应变规律类似，试样在压缩过程中经历了压密阶段、线弹性阶段、塑性变形阶段、应变软化阶段和残余应力阶段五个阶段。以峰值强度为试样全应力-应变关系曲线的分界点，将压密阶段、线弹性阶段和塑性变形阶段作为试样压缩过程中的峰前区域，随着含水率的降低，岩体原生结构试样的峰值强度逐渐增大。将应变软化阶段及残余应力阶段作为试样在压缩过程中的峰后区域，随着含水率的降低，试样的应力-应变关系逐渐由应变软化转变为脆性破坏，直至应力降低到残余应力阶段，此后试样的轴向荷载几乎不发生变化，而应变持续增加。

（2）结合表 2-8 中数据可知：在相同含水率情况下泥质砂岩的单轴抗压强度略低于灰色泥岩，这是由于灰色泥岩的颗粒粒径以及试样的粗糙度相对于泥质砂岩更小，从而在取样过程中受扰动影响相对较小造成的。灰色泥岩和泥质砂岩在相同含水率情况下的单轴抗压强度高于半泥半砂试样,这是由于半泥半砂试样的交界面为弱面,在荷载作用下半泥半砂试样首先在交界面处发生剪切破坏。

单轴压缩时灰色泥岩的抗压强度和弹性模量随含水率变化的规律如图 2-22 所示。

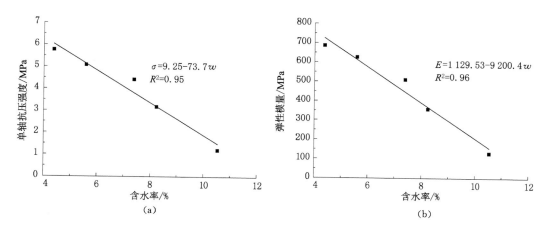

图 2-22　含水率对灰色泥岩抗压强度和弹性模量的影响

由表 2-8 和图 2-22 可知:灰色泥岩试样的抗压强度和弹性模量随着含水率的增大近似呈线性递减,即试样的含水率越高,其抗压强度和弹性模量越小,反之则越大。分别对灰色泥岩的抗压强度和弹性模量随含水率变化的规律进行拟合,得到灰色泥岩的抗压强度(σ)与含水率(w)的关系式:$\sigma = 9.25 - 73.7w$,$R^2 = 0.95$;弹性模量(E)与试样长度(l)的关系式:$E = 1\ 129.53 - 9\ 200.4w$,$R^2 = 0.96$。

2.2.2　泥质弱胶结岩体三轴抗压强度

采用 GDS(global digital system)高级岩土三轴试验仪来进行不同围压时的泥质弱胶结岩体三轴试验,如图 2-23 所示,其中含水率约为 10% 的灰色泥岩和泥质砂岩在不同围压作用下的应力-应变关系曲线分别如图 2-24 和图 2-25 所示,相关力学参数见表 2-9。

图 2-23　GDS 高级岩土三轴试验仪

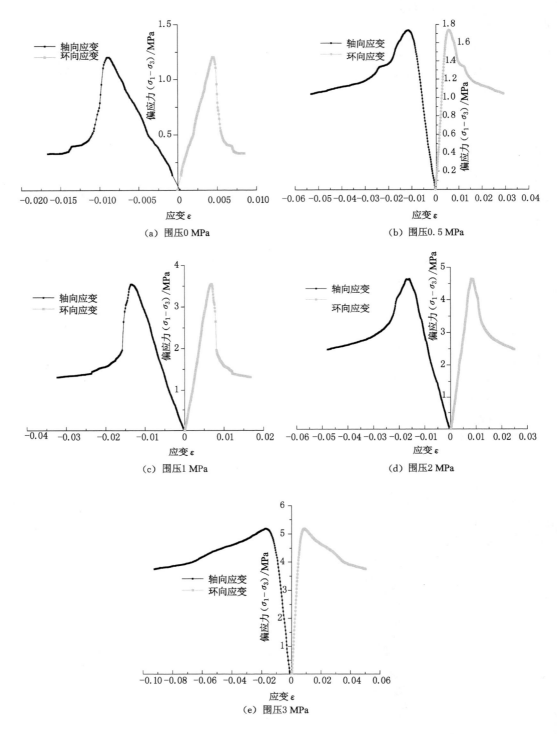

图 2-24　灰色泥岩在不同围压作用下的应力-应变关系曲线

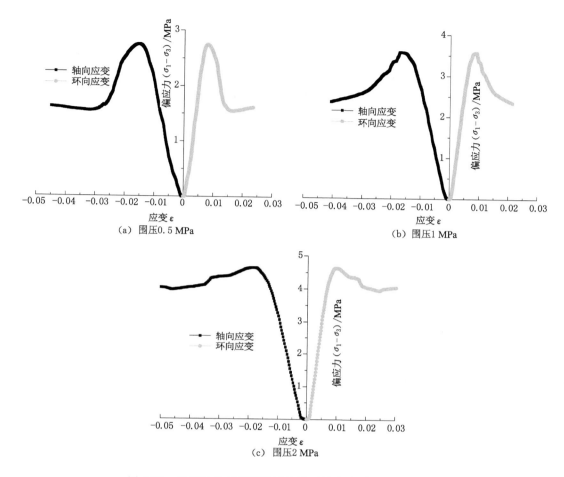

图 2-25 泥质砂岩在不同围压作用下的应力-应变关系曲线

表 2-9 泥质弱胶结原生岩体试样三轴试验时的力学性能参数

编号	岩性	围压/MPa	含水率	偏应力/MPa	弹性模量/MPa	残余强度/MPa	环向峰值应变	轴向峰值应变
1-1	灰色泥岩	0	10.53%	1.21	131	0.33	0.004 53	0.009 12
1-2		0.5	12.56%	1.74	186	1.04	0.005 89	0.011 44
1-3		1	10.38%	3.56	296	1.31	0.006 42	0.013 21
1-4		2	9.14%	4.65	308	2.48	0.007 83	0.015 98
1-5		3	11.36%	5.18	399	3.76	0.013 19	0.017 33
2-1	泥质砂岩	0.5	8.98%	2.78	245	1.52	0.008 518	0.015 75
2-2		1	9.39%	3.57	285	2.34	0.008 853	0.017 29
2-3		2	10.07%	4.63	352	3.53	0.009 342	0.019 03

由表 2-9、图 2-24 和图 2-25 可知：灰色泥岩和泥质砂岩（$w \approx 10\%$）在不同围压作用下全应力-应变关系曲线经历了线弹性阶段、塑性阶段、应变软化阶段和残余应力阶段四个阶段。在围压和轴向荷载作用下，试样的应力-应变关系曲线的压密段不明显，几乎直接进入线弹

性变形阶段。随着荷载的增大,应力-应变关系曲线逐渐进入塑性变形阶段,试样逐渐出现微裂隙。随着微裂隙的发育、扩展和贯通,试样中出现宏观破裂面,同时试样的轴向应力达到最大值。随着应变增大,试样进入应变软化阶段,轴向应力逐渐减小,应变软化阶段的应力衰减速度随着围压的增大逐渐减缓。随着应变的继续增大,当应力降至一定值后几乎不再随应变发生衰减,此时试样进入残余变形阶段。

灰色泥岩和泥质砂岩在不同围压作用下的最大轴向应力与围压的关系曲线如图 2-26 所示。分别对试验数据进行线性拟合,得到灰色泥岩最大轴向应力与围压的关系式为:$\sigma_1 = 1.47 - 2.38\sigma_3$,$R^2 = 0.96$。泥质砂岩最大轴向应力与围压的关系式为:$\sigma_1 = 2.75 - 1.50\sigma_3$,$R^2 = 0.88$。对参数进行拟合,采用库仑准则计算,分别得到灰色泥岩和泥质砂岩的黏聚力分别为 0.98 MPa 和 0.45 MPa,与之相对应的内摩擦角分别为 11.43° 和 27.818°。

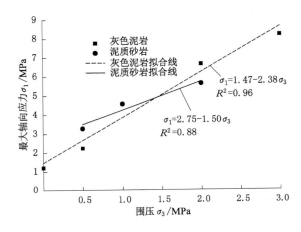

图 2-26　泥质弱胶结岩体围压与最大轴向应力的关系曲线

2.2.3　泥质弱胶结岩体破坏形态分析

由上述分析可知:泥质弱胶结岩体(灰色泥岩和泥质砂岩)在单轴、三轴荷载作用下分别表现出峰后的脆性破坏和延性破坏,虽然泥质弱胶结岩体在荷载作用下的应力-应变类型应相同,但是受黏土矿物含量和结构面等诸多因素的影响,试样的破坏形态略有差异。

2.2.3.1　泥质弱胶结岩体单轴压缩破坏形态分析

灰色泥岩试样、半泥半砂试样和泥质砂岩试样在单轴压缩作用下的破坏形态如图 2-27 和图 2-28 所示。

在进行单轴压缩试验之前,在试样上、下端面和承压板之间涂抹适量起润滑作用的凡士林,消除端部的环箍效应。在单轴压缩作用下,泥质弱胶结岩体主要发生张拉劈裂破坏和剪切破坏,如图 2-27 和图 2-28 所示。

(1)灰色泥岩试样的单轴压缩破坏形态为张拉劈裂破坏。在压缩过程中,试样轴向压缩,根据泊松效应发生环向膨胀。由于岩体试样抗压不抗拉,当试样进入全应力-应变关系曲线的塑性变形阶段后,试样中产生张拉微裂隙,随着荷载的增大,微裂隙逐渐发育、扩展并贯通,最终形成沿试样轴线布置的宏观张拉破裂面。

(2)泥质砂岩试样的单轴压缩破坏形态为剪切破坏。在压缩荷载作用下,试样内部的

 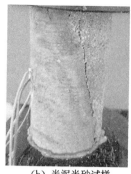 

（a）灰色泥岩试样　　　　（b）半泥半砂试样　　　　（c）泥质砂岩试样

图 2-27　泥质弱胶结岩体试样的单轴压缩破坏形态

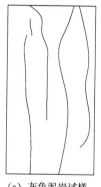 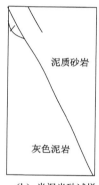 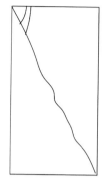

（a）灰色泥岩试样　　　　（b）半泥半砂试样　　　　（c）泥质砂岩试样

图 2-28　泥质弱胶结岩体试样的单轴压缩破坏形态示意图

拉应力尚未达到抗拉强度之前，试样内部的剪应力已达到其抗剪强度，此时发生剪切破坏。泥质砂岩试样在单轴压缩作用下的剪切破坏面发生在沿试样上、下两端的对角线上，破坏后的试样被剪切破坏面分成大小和形状均近似相等的三角块，如图 2-28(b)和图 2-28(c)所示。

（3）半泥半砂试样由灰色泥岩和泥质砂岩组成，其在地层中位于灰色泥岩和泥质砂岩的交界处，其单轴压缩破坏形态与泥质砂岩类似，发生剪切破坏，且剪切破坏面发生在沿灰色泥岩和泥质砂岩的交界面上，主要原因是交界面通常为弱面，该位置处岩石颗粒的抗拉强度、抗压强度和抗剪强度都较低。

2.2.3.2　泥质弱胶结岩体三轴压缩破坏形态分析

灰色泥岩和泥质砂岩在三轴压缩下的破坏形态如图 2-29 所示，其破坏形态示意图如图 2-30 所示。

由图 2-29 和图 2-30 可知：灰色泥岩和泥质砂岩在三轴荷载作用下的破坏形态主要为剪切破坏，包括单一剪切破坏和多组剪切破坏，其中单一剪切破坏是指破坏试样中只存在一个剪切面，多组剪切破坏是指破坏试样中存在一个主剪切破坏面的同时沿主剪切破坏面上还发育有其他次生剪切破坏面。与单轴剪切破坏形态不同的是，当含水率约为 10% 时，泥质弱胶结岩体的三轴剪切破坏面并不沿试样上、下端面的对角线布置，而是与两侧轮廓线相

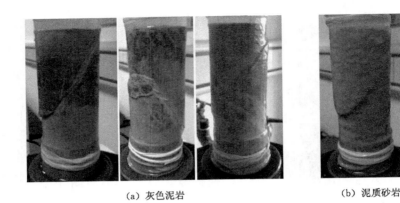

（a）灰色泥岩 （b）泥质砂岩

图 2-29 泥质弱胶结岩体试样的三轴压缩破坏形态

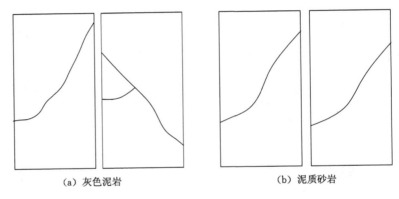

（a）灰色泥岩 （b）泥质砂岩

图 2-30 泥质弱胶结岩体试样的三轴压缩破坏形态示意图

交,被主剪切破坏面分开的试样的示意图近似梯形。

2.3 本章小结

本章针对内蒙古自治区五间房矿区泥质弱胶结地层不同黏土矿物含量的岩体试样,进行了基本的物理与力学性能试验研究,主要研究结论如下:

（1）3 种典型泥质弱胶结岩体试样 XRD 全岩矿物和黏土矿物的定性及定量分析结果表明:该地层泥质弱胶结岩体的非黏土矿物部分以石英为主,还包含(斜)长石等。黏土矿物主要由高岭石、伊利石和伊蒙混层等组成。黑色泥岩、灰色泥岩和泥质砂岩三种泥质弱胶结岩体的黏土矿物含量分别为 51%、33% 和 21%。

（2）对岩石质量指标(RQD)进行放大,分析了黏土矿物含量对泥质弱胶结岩体取芯率和岩体密度的影响。结果表明:黏土矿物含量越高,试样的取芯率越低,且当黏土矿物含量达到 51% 以后,几乎不能在原生地层或岩块中得到标准尺寸岩芯。黏土矿物含量越高,岩体的密度越大。

（3）采用扫描电镜(SEM)对不同黏土矿物含量泥质弱胶结岩体的细观结构进行了分

析。当黏土矿物含量在 33% 以上时,泥质弱胶结岩体的细观结构呈鳞片状,层层重叠,由黏土矿物胶结石英等非黏土矿物颗粒形成弱胶结岩体宏观结构。随着黏土矿物含量的增加,孔洞和微裂隙逐渐增加,且发育程度逐渐提高。当黏土矿物含量低于 33% 时,岩体细观结构由鳞片状逐渐转变为絮状,细观结构中裂隙和微孔隙数量逐渐减少。

(4)黏土矿物含量越高,岩体的液限、塑限和塑性指数均越大。其中,黑色泥岩、灰色泥岩和泥质砂岩的塑限分别为 28.7%、27.10% 和 18.80%,相对应的液限分别为 36.30%、34.50% 和24.50%。

(5)泥质弱胶结岩体遇水后在 $10 \sim 40$ min 内完全崩解,岩体的崩解速度远大于风化速度,风化速度以月为单位来计,且随着黏土矿物含量的增加,岩体崩解和风化的速度加快。

(6)基于灰色泥岩试样和泥质砂岩试样的单轴试验和三轴试验,初步探索了尺寸效应和含水率对泥质弱胶结岩体强度和变形的影响。强度和变形随着试样长度和含水率呈线性变化。当 $w \approx 10\%$ 时,灰色泥岩的抗压强度(σ)与试样长度(l)的关系式:$\sigma = 12.14 - 0.11l$,弹性模量(E)与试样长度(l)的关系式:$E = 1\ 636.24 - 14.42l$;抗压强度(σ)与含水率(w)的关系式:$\sigma = 9.25 - 73.73w$;弹性模量(E)与含水率(w)的关系式:$E = 1\ 129.53 - 9\ 200.40w$。

(7)灰色泥岩试样和泥质砂岩试样在单轴压缩下的破坏形态分别以张拉劈裂破坏和斜面剪切破坏为主,而在三轴荷载作用下的破坏均以剪切破坏为主。

3 基于赋存环境的泥质弱胶结岩体失、吸水演化规律研究

由第 2 章泥质弱胶结岩体基本物理性能与力学性能试验可知：泥质弱胶结岩体受黏土矿物的影响，暴露在空气中易失水风化、吸水软化、泥化和崩解。由原生结构试样的力学性能试验可知：含水率对泥质弱胶结岩体的力学性能影响显著，而岩体含水率主要受开挖后岩体所处环境影响，赋存环境主要包括温度和湿度。因此，研究赋存环境对泥质弱胶结岩体含水率的影响规律，可以为揭示环境因素对泥质弱胶结岩体力学性能的影响奠定基础。

在实际工程环境中，岩体含水率与赋存环境之间随时间变化存在某种演化对应关系，可根据这种对应关系，并结合含水率对岩体力学性能的影响研究结论，揭示赋存环境对泥质弱胶结岩体力学性能的影响。然而，查阅大量资料后发现，关于泥质弱胶结岩体含水率与赋存环境之间的演化对应关系或相关的研究鲜有报道。因此本章采用自行研发的高精度赋存环境试验装置对该科学问题进行深入研究，以揭示赋存环境（温度和湿度）对泥质弱胶结岩体的失、吸水演化影响规律，同时，在相同赋存环境条件下进行不同黏土矿物含量的泥质弱胶结岩体的失、吸水试验，揭示黏土矿物含量对泥质弱胶结岩体含水率的影响规律，同时为泥质弱胶结岩体中的工程施工奠定技术基础。

3.1 泥质弱胶结岩体失、吸水试验

进行泥质弱胶结岩体的失、吸水演化规律研究之前需要分析影响岩体发生失水和吸水的因素，在此基础上明确并细化研究内容，设计合理的试验方案，研发高精度的集监测与记录于一体的失、吸水试验系统，确定合适的试样尺寸和试验流程，为揭示泥质弱胶结岩体在赋存环境条件下的失、吸水演化规律奠定基础。

3.1.1 研究内容及影响因素

3.1.1.1 影响因素

影响泥质弱胶结岩体含水率的因素包括内在因素和外在因素。内在因素主要是指泥质弱胶结岩体中的黏土矿物含量和岩体孔隙等。外在因素是指泥质弱胶结岩体的赋存环境，主要包括温度、相对湿度和绝对湿度等。

3.1.1.2 研究内容

（1）当温度场恒定时，研究泥质弱胶结岩体的含水率在特定湿度场中随时间的变化规律，揭示泥质弱胶结岩体随湿度场变化的失、吸水规律。

（2）当湿度场恒定时,研究泥质弱胶结岩体的含水率在特定温度场中随时间的变化规律,揭示泥质弱胶结岩体随温度场变化的失、吸水规律。

（3）当温度场和湿度场均恒定时,研究泥质弱胶结岩体的含水率随黏土矿物含量变化的规律,揭示黏土矿物含量在不同温度场、湿度场中对泥质弱胶结岩体失、吸水规律的影响。

（4）根据相对湿度与绝对湿度之间的对应关系,分别将相对湿度、绝对湿度、温度和黏土矿物含量视为影响泥质弱胶结岩体含水率的影响因子。基于上述试验结果,对各个影响因子的权重进行对比分析,确定最有利于泥质弱胶结岩体稳定的赋存环境。

此外,在进行研究赋存环境对泥质弱胶结岩体失、吸水的影响之前应明确几个问题:

（1）本书中温度场是指赋存环境中空气的温度,而非岩体的温度,在相对低温环境中,岩体的温度通常低于空气温度,因此,当空气温度达到 0 ℃时,围岩的温度通常为零下。

（2）由于存在凝露和水流等液态水,很难将赋存环境中的湿度对泥质弱胶结岩体含水率的影响进行量化分析,因此本书重点讨论不存在凝露情况下的赋存环境对泥质弱胶结岩体含水率的影响,即只讨论空气中水蒸气（气态水）的影响,以量化各个因素的影响权重。然而,由于实际高湿度环境中存在凝露和水流等液态水,因此试验数据比实际值略低。

3.1.1.3　分析方法

为研究泥质弱胶结岩体在不同赋存环境（温度和湿度）条件下的失、吸水规律,引入石英砂（黏土矿物含量为 0）作为参考对比的试样,并采用以下方法分别分析岩体的吸水规律和失水规律:

（1）在吸水试验中,用干燥石英砂试样中含水率的变化作为 $w_{黏土}＝0$ 的岩体吸水率,结合 3 种不同黏土矿物含量原生泥质弱胶结岩体的吸水规律,揭示黏土矿物含量和赋存环境对岩体吸水规律的影响。

（2）在失水试验中,石英砂中的水分全部以自由水的形态存在,以石英砂的含水率变化规律来表示相应赋存环境下岩体中自由水的散失规律,并与 3 种不同黏土矿物含量的原生岩体的水分散失进行对比,揭示泥质弱胶结岩体中自由水和结合水随赋存环境和黏土矿物含量变化的规律。

（3）对试样在失、吸水过程中的含水率监测数据进行拟合,得到岩体受赋存环境和黏土矿物含量影响的拟合曲线及相关参数,并对拟合方程进行求导分析,得到泥质弱胶结岩体每个时间点的失、吸水速率,以及失、吸水达到稳定所需的时间。

（4）在失水试验过程中,假设试样中的自由水和结合水同时受环境因素影响而散失,但是在自由水完全散失之前,散失的结合水会由试样中剩余的自由水转变为结合水,因此,在自由水完全散失之前不考虑结合水的丢失。

3.1.2　失、吸水试验系统及试验方案

3.1.2.1　试验系统简介

为了进行温度场及湿度场共同作用下的泥质弱胶结岩体含水率试验,自行研发了一套集监测与记录于一体的高精度失、吸水演化试验系统,如图 3-1 所示。该试验系统主要由恒温恒湿箱体、试验平台、温湿度监测和控制系统、含水率监测和记录系统等组成。

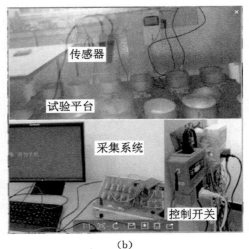

(a)   (b)

图 3-1　集监测与记录于一体的高精度失、吸水演化试验系统

该试验系统除了温、湿度控制开关和数据监测、记录仪外,其他部件均布置在箱体内部。试验平台包括平台自身、高精度称重传感器和试样容器。试验平台布置在箱体内最上层,其目的是降低试样受加湿装置的影响。箱体中温度场和湿度场分别通过温、湿度控制开关根据高精度工业级温、湿度探头监测到的实时数据来控制。同时,在试验平台的 4 个边角分别布置 1 个高精度工业级温、湿度探头,分别与计算机相连接,监测并记录箱体内的温、湿度变化规律,为后期试验数据的分析提供依据。

本试验系统的工作原理:在进行正式的失、吸水演化试验之前,先通过控制开关将箱体内的温度和湿度调节到试验设计值附近,并在至少 2 h 内达到稳定后将开展失水和吸水的试样分别放入试验平台各个容器中。通过称取传感器采集各个试样的质量变化,根据相应公式转换得到岩体在该赋存环境下的含水率变化规律。

本试验的相关技术参数:

(1) 温度场控制范围:0~30 ℃,分辨率 0.1 ℃,控制精度 ±0.5 ℃。

(2) 湿度场控制范围:RH=30%~100%,分辨率为 0.1%RH,控制精度为 ±2%RH。

(3) 温、湿度监测和记录范围:温度为 −40~100 ℃,温度分辨率为 0.1 ℃,控制精度为 ±0.5 ℃,湿度为 0~100%RH,分辨率为 0.1%RH,控制精度为 ±2 %RH,最大记录容量为 60 000 组,采集时间间隔为 1 s~24 h。

(4) 称重传感器:最大量程为 100 g,分辨率为 0.000 1 g,精度为 ±0.001 g。

本书采用自行研发的失、吸水演化试验系统来进行试验,因为现有的试验装置不具有实时监测和记录的功能,且对温、湿度的控制精度低,稳定性差,试样极容易受凝露等影响。与现有的试验箱相比,本失、吸水演化试验系统具有如下优点:

(1) 具有抽湿和加湿功能,能对试验箱内的湿度和湿度进行更为精确控制,并实时监测泥质弱胶结岩体试样的质量变化,以转化为相应泥质弱胶结岩体的含水率。而常规混凝土养护箱主要用于研究雨水等水汽对试样的影响,通常采用大面积加湿,因此凝露明显,影响试验结果,无法定量分析空气湿度对泥质弱胶结岩体的影响。而前者试样的容器周围并不存在水珠,试验结果明显优于后者。

(2)培育箱虽然能起到恒温恒湿效果,但是其内部的除湿主要通过降温来实现。首先,降温除湿对试验装置中的温度场有影响。其次,由于湿度分为相对湿度和绝对湿度,降温除湿只能降低环境条件下的绝对湿度,而相对湿度却始终保持在较高值,几乎实现不了在恒温条件下对相对湿度进行调整,因此,采用培育箱也不如本试验系统的效果好。

3.1.2.2 试验方案及内容

为研究各赋存环境因素对泥质弱胶结岩体的含水率演化的影响规律,设计出赋存环境对泥质弱胶结岩体失、吸水规律影响的试验方案,详见表 3-1。

表 3-1 赋存环境对泥质弱胶结岩体失、吸水规律影响的试验方案

湿度场影响方案				温度场影响方案			
编号	温度/℃	相对湿度	试样	编号	温度/℃	相对湿度	试样
1-2			A-0	5-1			A-0
1-3		40%RH	B-21%	5-2	5		B-21%
1-4			C-33%	5-3			C-33%
			D-51%	5-4			D-51%
2-1			A-0	6-1			A-0
2-2		60%RH	B-21%	6-2	10		B-21%
2-3			C-33%	6-3			C-33%
2-4	20		D-51%	6-4		100%RH	D-51%
3-1			A-0	7-1			A-0
3-2		80%RH	B-21%	7-2	20		B-21%
3-3			C-33%	7-3			C-33%
3-4			D-51%	7-4			D-51%
4-1			A-0	8-1			A-0
4-2		100%RH	B-21%	8-2	30		B-21%
4-3			C-33%	8-3			C-33%
4-4			D-51%	8-4			D-51%

注:A-0 是指黏土矿物含量为 0 的熔融石英砂试样;B-21% 是指黏土矿物含量为 21% 的泥质砂岩试样;C-33% 是指黏土矿物含量为 33% 的灰色泥岩试样;D-51% 是指黏土矿物含量为零的黑色泥岩试样。

本章主要试验内容包括:

(1)将湿度控制在相对湿度为 100%RH,开展赋存环境的空气温度为 5 ℃、10 ℃、20 ℃和 30 ℃时不同黏土矿物含量泥质弱胶结岩体的失水和吸水演化试验,以揭示温度变化对不同黏土矿物含量泥质弱胶结岩体含水率的影响。

(2)将装置试验箱内的温度控制在 20 ℃,分别开展赋存环境中空气相对湿度为 40%RH、60%RH、80%RH 和 100%RH 时不同黏土矿物含量泥质弱胶结岩体的失水和吸水演化试验,以揭示湿度变化对不同黏土矿物含量泥质弱胶结岩体含水率的影响。

(3)引入熔融石英砂(石英质量分数≥99.0%),按照相同的方法进行制样并将其作为

参考试样,揭示黏土矿物含量对泥质弱胶结岩体失、吸水规律的影响,以及不同黏土矿物含量的泥质弱胶结岩体中自由水和结合水存在的临界点。

在进行试验的过程中,除了采用多个温、湿度传感器监测试验箱内的温度和湿度稳定性以外,为提高试验数据的精度,进行如下操作:

(1)制备 3 份相同黏土矿物含量的试样,并同时进行失、吸水演化试验,对各分时的监测数据求平均值,以降低试验结果的离散性,提高试验数据的可靠性。

(2)在试验过程中,将 4 个未装试样的容器放在试验平台不同的位置,分别采集容器质量变化,以监测试验环境中是否存在凝露现象,以及试样含水率是否受凝露的影响,为后期试验数据的分析提供可靠的依据。

3.1.3 试样的制备及试验过程

为揭示泥质弱胶结岩体在赋存环境影响下的含水率变化规律,需制作进行失、吸水演化试验的试样,但是在查阅大量已有的研究成果和试验规程后,均未发现与本书失、吸水演化试验相关的资料或规程。通过分析不难发现,将试样视为岩体的一个单元,试样的尺寸对试验精度和时间的影响存在如图 3-2 所示关系。

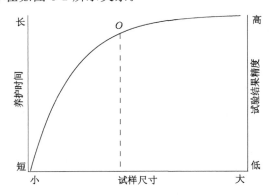

图 3-2 试样尺寸与试验结果精度和养护时间的关系曲线

由图 3-2 可知:若该试样尺寸大小(如以粉末或微小颗粒的形态出现),将影响试验结果的精度。相反,若该试样尺寸过大(如力学试验的标准试样尺寸),考虑到试验时间、试验装置体积和湿度供给等影响,又不利于试验的进行。

分析试样尺寸对试验精度和时间的影响,找出适合开展演化试验的 O 点近邻位置。具体如下:制作一定尺寸的试样,将其在高湿度条件下的失水和吸水演化试验时间控制在 15 d 左右达到稳定,低湿度条件下的失水和吸水演化试验控制在 10 d 内达到稳定,从试验开展和试验数据分析来讲都较为合适,并制订如下试样制备方案(制样流程如图 3-3 所示):

(1)将岩块研磨成 200 目的粉末并装入烧杯中,根据相应泥质弱胶结岩体的塑限,加入适当的蒸馏水以保证搅拌后的岩体颗粒具有一定的可塑性,并密封放置 2 d,以保证岩体中水均匀扩散,如图 3-3(a)至图 3-3(c)所示。

(2)将混合后的岩体放入试样制备器中(本书试验采用的是医用针管,并将针管头部截去)并压实,以避免试样中存在宏观孔隙,最后将岩体从针管中推出,按照 5~6 cm 长度截断,如图 3-3(d)所示。

（a）研磨　　　　　　　　　　（b）筛分

（c）加水搅拌后静置　　　　　　　（d）成样

图 3-3　失、吸水演化试样的制作流程

（3）将制备的试样放入干燥箱中烘烤 24 h（烘烤温度 110°），以得到含水率接近 0 的干燥试样，并对烘干前、后的试样进行称重，以测试试样的初始含水率，为开展失水演化试验提供初始参考数据。将称重后的试样立即放入演化试验箱中，以避免室内温、湿度环境对试验数据造成影响，而对于泥质弱胶结岩体的失水演化试验，直接将制备好的试样放入试验箱中。

（4）试验容器宜采用体积适中、不吸水且抗氧化的金属材料，避免影响试验结果，且容器的质量小于试样质量，以提高试验精度。本试验选用的装试样容器为抗氧化的铝制取土盒。

（5）试验数据处理：首先对每个容器进行称重 $m_{容器}$，再将烘干后的试样放入容器中进行称重，得到试验开展前的初始质量 $m_{干1}$。试验过程中对各阶段试样和容器的总质量（$m_{吸}$）进行采集，通过监测数据得到试样吸水后各阶段的含水率 $w_{吸}$：

$$w_{吸} = \frac{m_{吸} - m_{干1}}{m_{干1} - m_{容器}} \tag{3-1}$$

对于失水试验，在试验完成后将试样烘干，并得到试样的初始含水率 $w_{初}$。设试验试样的初始总质量为 $m_{初}$，失水后的质量为 $m_{失}$，则试样失水后的含水率 $w_{失}$ 为：

$$w_{失} = \frac{m_{初} \cdot w_{初} - m_{失}}{m_{初}} \tag{3-2}$$

3.1.4　试验系统的可靠性论证

试验系统的精度和稳定性是开展试验的首要条件。本试验系统的可靠性论证包括：（1）分析试验过程中是否存在凝露等液态水汽对试验结果造成影响；（2）分析试验过程中装置对湿度场和温度场控制的稳定性。

3.1.4.1 凝露环境的影响分析

定量研究赋存环境对泥质弱胶结岩体含水率变化的影响。试验过程中在试样平台上放置 4 个空容器,通过采集空容器质量的变化来判断是否存在凝露影响试验结果。恒温变湿场和恒湿变温场中空容器质量的监测数据差值分别如图 3-4 和图 3-5 所示。

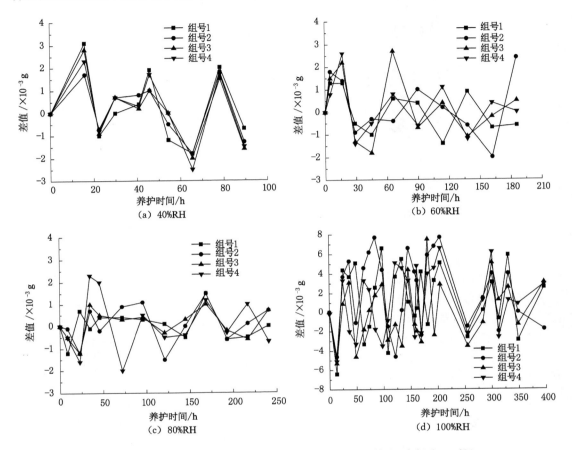

图 3-4 恒温不同湿度场中空容器质量的监测数据差值(温度场为 20 ℃)

由图 3-4 和图 3-5 可知:无论是在恒温的不同湿度场中,还是在恒湿的不同温度场中,容器质量的最大变化值仅为 0.008 g,该变化差值主要由电压纹波(约为 ±2 μV)产生,且对应于试样含水率的变化值几乎为零。此外,该差值在 0 轴上下来回波动,而并非单方向上升或下降。因此,可以认为通过高精度温、湿度传感器及控制开关调节后,试验环境中几乎不存在凝露等液态水汽对试验结果产生影响。

3.1.4.2 试验环境中温、湿度场的稳定性分析

为研究试验过程中温度场和湿度场对泥质弱胶结岩体含水率的影响,必须保证温度场和湿度场恒定,各失、吸水演化试验条件下温、湿度场的监测数据分别如图 3-6 和图 3-7 所示,数据的采集频率为 5 min/次。

由图 3-6 和图 3-7 可知:监测数据中温度场或湿度场存在突然升高或降低的点,这是在试验过程中不定期开箱检测或给加湿器注水,而温、湿度传感器的灵敏度又非常高造成的,

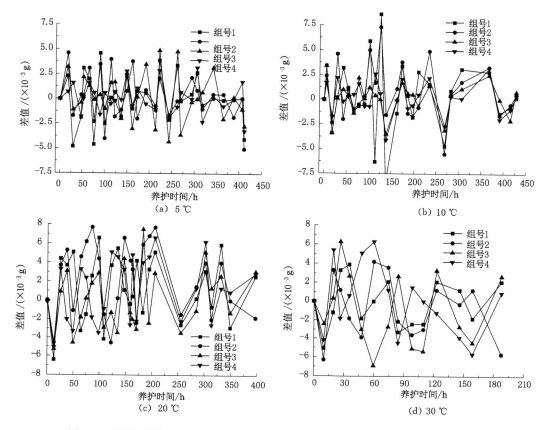

图 3-5 恒湿不同温度场中空容器质量的监测数据差值(相对湿度为 100％RH)

但是在关闭试验箱后,通过调节试验系统,箱内的赋存环境迅速恢复至设定值。分别对整个试验期内的温度场和湿度场监测数据求平均值(具体数据详见表 3-2)可知:试验环境中湿度场监测数据的平均值与设计值的最大误差仅为 0.65％RH,温度场监测数据的平均值与设计值的最大误差仅为 0.73 ℃。监测数据表明:本书通过自行研发的失、吸水演化试验系统能较好地实现不同赋存环境条件下的恒温、恒湿失、吸水演化试验,试验数据精度高且可靠。

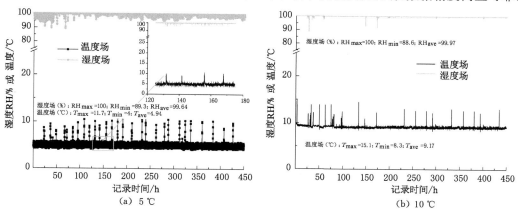

图 3-6 恒湿不同温度场条件下的赋存环境监测数据(相对湿度为 100％RH)

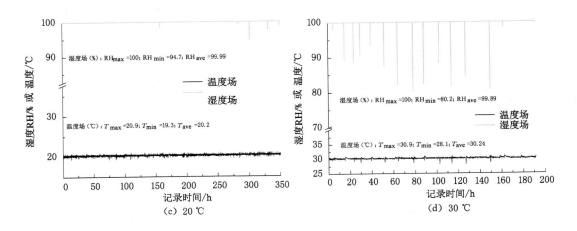

（c）20 ℃ 　　　　　　　　　　（d）30 ℃

图 3-6（续）

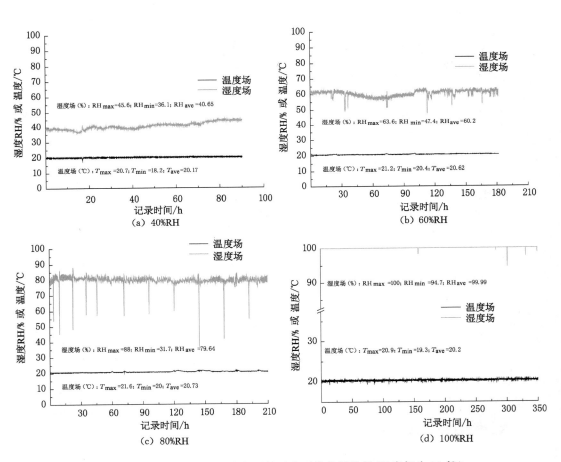

（a）40%RH 　　　　　　　　　　（b）60%RH

（c）80%RH 　　　　　　　　　　（d）100%RH

图 3-7　恒温不同湿度场条件下的赋存环境监测数据（温度场为 20 ℃）

表 3-2　试验箱内的温、湿度监测数据

编号	赋存环境	温度场监测数据/℃			湿度场监测数据/RH		
		最大值	最小值	平均值	最大值	最小值	平均值
1	5 ℃,100%RH	11.7	4.0	4.94	100%	89.3%	99.64%
2	10 ℃,100%RH	15.1	8.3	9.17	100%	88.6%	99.97%
3	20 ℃,100%RH	20.9	19.3	20.20	100%	94.7%	99.99%
4	30 ℃,100%RH	30.9	28.1	30.24	100%	80.2%	99.89%
5	20 ℃,40%RH	20.7	18.2	20.17	45.6%	36.1%	40.65%
6	20 ℃,60%RH	21.2	20.4	20.62	63.6%	47.4%	60.2%
7	20 ℃,80%RH	21.6	20	20.73	88%	31.7%	79.64%
8	20 ℃,100%RH	20.9	19.3	20.2	100%	94.7%	99.99%

3.2　泥质弱胶结岩体的吸水规律

　　泥质弱胶结岩体中含有高岭石、伊利石和伊蒙混层等亲水性黏土矿物,干燥后的泥质弱胶结岩体试样极易吸收空气中的水分,对岩体的力学性能产生影响。影响泥质弱胶结岩体吸水量和吸水速率的主要因素为黏土矿物含量、温度场和湿度场。在相同赋存环境下,黏土矿物含量越高,其吸水量和吸水速率越大;温度场决定了空气中水分子的活性,并相应影响泥质弱胶结岩体的吸水速率和吸水量;湿度场改变空气中水分子的含量,并影响岩体的吸水速率和吸水量。

3.2.1　温度场对泥质弱胶结岩体吸水规律的影响

　　为揭示温度场对泥质弱胶结岩体吸水规律的影响,将试验系统的湿度环境设定为100%RH,温度环境(空气温度)分别设定为 5 ℃、10 ℃、20 ℃和 30 ℃。

3.2.1.1　岩体吸水规律及离散性

　　当试验装置中的相对湿度恒为 100%RH 时,不同黏土矿物含量的干燥泥质弱胶结岩体试样在温度场为 5°、10°、15°和 20°时发生吸水的含水率变化规律分别如图 3-8、图 3-9、图 3-10 和图 3-11 所示。

　　由图 3-8 至图 3-11 可知:

　　(1) 当赋存环境中的相对湿度保持恒定(100%RH)时,干燥的泥质弱胶结岩体吸水后的含水率随时间呈指数增长,如图 3-12(a)所示,可将试样的吸水过程分为三个阶段——近似线性吸水阶段(OA 段)、减速吸水阶段(AB 段)和吸水后稳定阶段(BC 段)。

　　(2) 同组 3 份试样监测结果表现出一定的离散性。监测结果的离散性主要发生在吸水曲线的 BC 段和 AB 段,而 OA 段同组 3 份试样的吸水率保持一致,离散性小。泥质弱胶结岩体吸水的离散值如图 3-12(b)所示。

　　由图 3-12(b)可知:

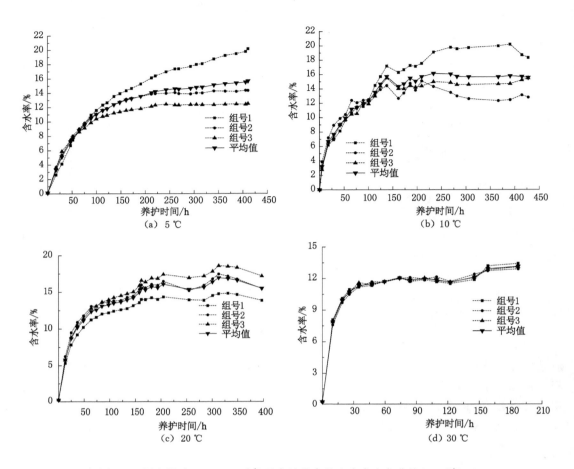

图 3-8 黑色泥岩（$w_{黏土}＝51\%$）吸水过程中的含水率变化曲线（100％RH）

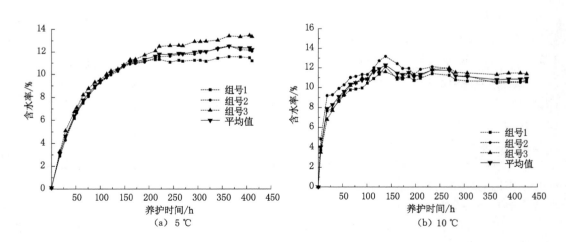

图 3-9 灰色泥岩（$w_{黏土}＝33\%$）吸水过程中的含水率变化曲线（100％RH）

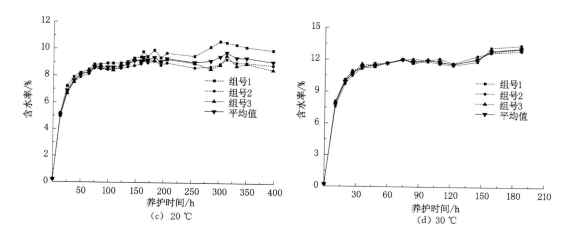

图 3-9(续)

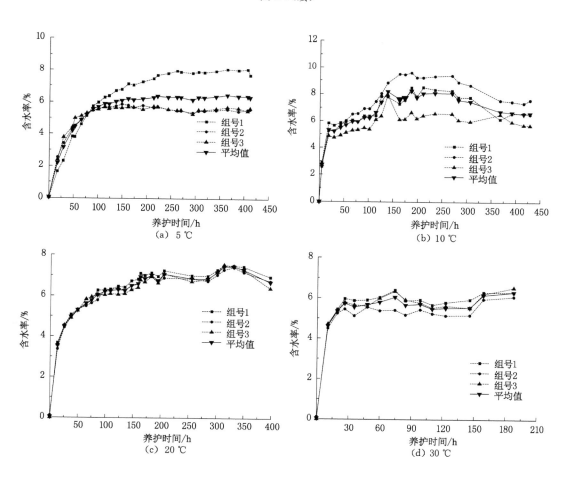

图 3-10 泥质砂岩($w_{黏土}$=21%)吸水过程中的含水率变化曲线(100%RH)

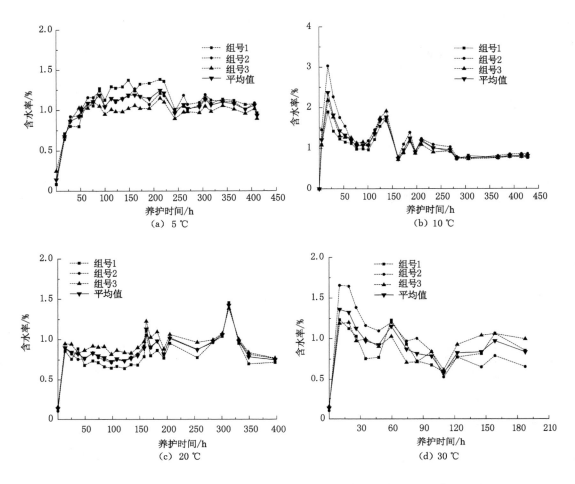

图 3-11　石英砂($w_{黏土}＝0$)吸水过程中的含水率变化曲线（100％RH）

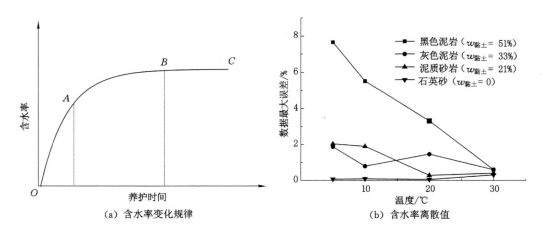

图 3-12　干燥的泥质弱胶结岩体吸水后的含水率变化曲线

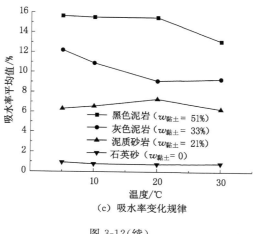

图 3-12（续）

（1）当湿度环境为 $100\%RH$ 时，同组 3 份试样吸水稳定后的离散性随着温度的升高逐渐降低，且当温度增至 30 ℃以后，该离散值均降至 0.6% 以下。

（2）在相同赋存条件下，试验结果的离散性随黏土矿物含量的减少而降低。

（3）在低温度场条件下，各组黏土矿物含量试样最低值与高温度场条件下试样的均值接近。

泥质弱胶结岩体 3 份试样的最终吸水率随温度场变化可能是因为受试样中微孔隙的影响。试样在制作过程中产生了微孔隙，微孔隙越多，岩体吸水后容易以自由水的形式储存在微孔隙中。在相对低温（如 5 ℃）条件下，微孔隙中的水分不容易挥发，因此导致不同孔隙率的岩体吸水率差值较大。随着温度的升高，孔隙水更容易蒸发，岩体中自由水含量减少，因此各试样间的离散性降低。

对 3 份试样的吸水率监测数据取平均值，得到泥质弱胶结岩体的吸水率随温度的变化规律，如图 3-12（c）所示。由图 3-12（c）可知：

（1）当黏土矿物含量较高时（黑色泥岩 $w_{黏土}=51\%$），温度从 5 ℃增至 20 ℃的过程中，岩体的吸水率基本保持在 15% 附近，仅当温度从 20 ℃继续增至 30 ℃时，吸水率从 15.50% 降至 13.13%。

（2）当黏土矿物含量 $w_{黏土}=33\%$（灰色泥岩）时，温度从 5 ℃增至 20 ℃过程中，岩体的吸水率从 12.21% 逐渐降至 9.11%，而在 20～30 ℃区间内，该值几乎不发生变化。

（3）对于泥质砂岩（$w_{黏土}=21\%$）和石英砂（$w_{黏土}=0$）试样，其吸水率几乎不随温度变化，分别保持在 6.5% 和 0.82% 左右。

3.2.1.2 岩体吸水监测数据的拟合参数

为分析相同赋存环境条件下黏土矿物含量对试件吸水率变化规律的影响，将处于相同赋存环境条件下 4 种不同黏土矿物含量试样的平均吸水率变化规律进行指数拟合（图 3-13），并对该拟合曲线求导数，得到对应时间点的吸水速率（图 3-14），相关拟合参数详见表 3-3。泥质弱胶结岩体吸水规律的拟合指数函数通式为：

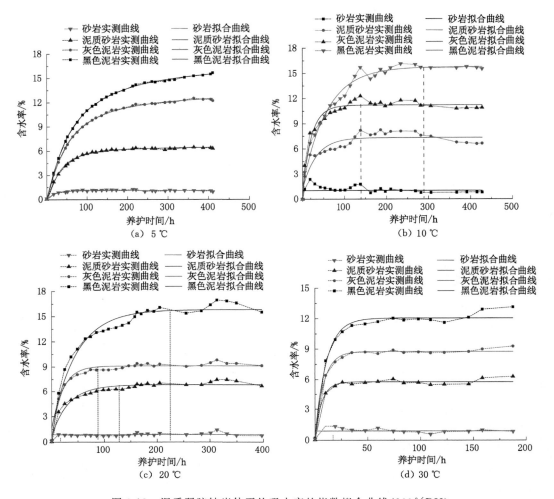

图 3-13 泥质弱胶结岩体平均吸水率的指数拟合曲线（100％RH）

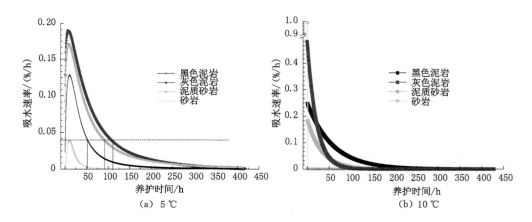

图 3-14 泥质弱胶结岩石试样的吸水速率曲线（100％RH）

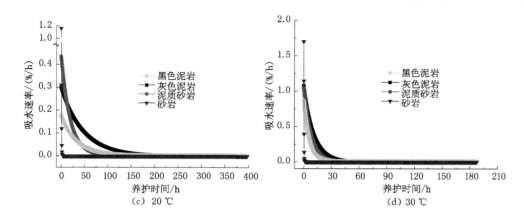

图 3-14（续）

表 3-3　岩石试样在恒湿不同温度场中的吸水速率拟合曲线的相关参数（100%RH）

编号	$w_{黏土}$	温度/℃	R^2	y_0	A_1	t_1
1-1	51%		0.99	15.50	14.71	80.95
1-2	33%	5	0.99	12.22	11.82	68.72
1-3	21%		0.99	6.33	6.21	43.54
1-4	0		0.87	1.10	0.96	21.62
2-1	51%		0.98	15.77	14.31	57.69
2-2	33%	10	0.95	11.22	10.29	21.15
2-3	21%		0.90	7.31	6.10	32.28
2-4	0		0.07	1.02	0.85	0.06
3-1	51%		0.96	15.81	14.19	47.24
3-2	33%	20	0.97	9.10	8.66	19.73
3-3	21%		0.93	6.85	6.12	33.59
3-4	0		0.44	0.88	0.75	0.42
4-1	51%		0.98	12.05	11.73	10.77
4-2	33%	30	0.99	8.75	8.62	8.17
4-3	21%		0.97	5.77	5.73	6.43
4-4	0		0.30	0.89	0.49	0.18

$$y = y_0 - A_1 e^{-x/t_1} \tag{3-3}$$

式中，x 为干燥试样在赋存环境条件下的吸水演化时间；y 为干燥试样在 x 时间点吸水后所对应的含水率；y_0 为试样的最大含水率；t_1 为与试样吸水达到稳定阶段所需时间正相关的参数；A_1 为吸水曲线的振幅，同时也是 y_0 和 t_1 的综合修正系数。具体的，若 A_1 越大，则 y_0 和 t_1 越大，反之则越小。

由图 3-13 和图 3-14 可知：

（1）泥质弱胶结岩体的吸水速率随着时间增加逐渐降低。

（2）将石英砂试样作为对比试样，它不含黏土矿物，试验过程中其含水率约为0.97%，吸收的水分以自由水的形态储存在试样孔隙中，随着温度的增加逐渐降低。

（3）与砂岩相比，当黏土矿物含量不为0时，泥质弱胶结岩体的初始吸水速率随着温度的增加逐渐增大，这是由于温度的升高增加了空气中水分子的活性，相应提高了岩体吸水速率。然而，干燥泥质弱胶结岩体试样的最终含水率随着温度的升高逐渐降低，这表明低温度场中试验前期的吸水速率低于高温度场，然而它的吸水速率衰减越慢，拟合式（3-3）中参数t_1的值也就越大，即吸水达到稳定阶段的时间越长。同时对应于图3-14，在5 ℃环境中，泥质弱胶结岩体在试验200 h后还有一定的吸水速率，而当温度增加到30 ℃后，泥质弱胶结岩体在试验30 h之后的吸水速率几乎为零。

试样在恒湿（100%RH）不同温度场中的吸水拟合曲线的相关参数见表3-3，由表3-3可知：

（1）当湿度保持100%RH时，泥质弱胶结岩体的各组试样吸水拟合曲线的误差系数（R^2）的最大值为0.99，最小值为0.93，均值为0.97，说明干燥泥质弱胶结岩体吸水量呈指数增长。

（2）分析拟合参数t_1的变化可知：t_1随着温度的升高逐渐减小，表明温度越高，泥质弱胶结岩体吸水达到稳定阶段的时间越短；而t_1随着黏土矿物含量的增加逐渐增大，说明黏土矿物含量越高，岩体吸水达到稳定阶段的时间越长。

（3）分析拟合参数A_1的变化可知：A_1随着黏土矿物含量的增加逐渐减大，说明黏土矿物含量越高，试样的最终含水率也就越大，同时也表明：随着A_1的增大，试样吸收水分并达到吸水稳定性所需的时间越长，这与参数t_1的结论一致。

（4）分析拟合参数y_0的变化可知：y_0随着黏土矿物含量的增加而增大，说明泥质弱胶结岩体的最终吸水率与黏土矿物含量正相关，与参数A_1的分析结果一致。干燥试样在相应赋存环境下的最大吸水率随黏土矿物含量变化曲线如图3-15所示。

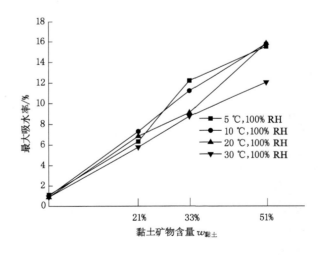

图3-15　岩石试样最大吸水率与黏土矿物含量的关系曲线（恒湿、变温）

由图3-15可知：总的来说，泥质弱胶结岩体的最大吸水率随黏土矿物呈线性增加，由平均值0.97%（$w_{黏土}=0$）逐渐增加到14.78%（$w_{黏土}=51\%$），吸水后的含水率离散性也逐渐增大。对于黑色泥岩($w_{黏土}=51\%$),当温度低于 20 ℃时,其最大吸水率受温度场的影响较小,平均吸水率为 15.69%,而当温度达到 30 ℃时,该试样的最大吸水率陡然降低至 12.05%。对于灰色泥岩($w_{黏土}=33\%$),其受温度影响的表现最明显,随着温度的升高,最终吸水率逐渐降低,这说明当黏土矿物含量为 33%时,泥质弱胶结岩体最终吸水率受温度变化的影响最大。

3.2.1.3 恒湿不同温度场中岩体吸水因子权重

为揭示影响泥质弱胶结岩体含水率对吸水率的影响(分别讨论温度场和黏土矿物含量的影响),引入影响因子概念,将 5~30 ℃作为温度场影响区间,将 $w_{黏土}=0\sim51\%$ 作为黏土矿物含量影响区间。

用影响因子 $Q_{T-n-吸}$ 和 $Q_{n-T-吸}$ 分别表示温度场和黏土矿物含量对泥质弱胶结岩体吸水的影响。对两种因子进行权重分析时,必须进行同向影响的比较,由于黏土矿物含量与岩体的吸水率正相关,因此,将 $w_{黏土}=0$ 时的吸水率作为参考值来计算 $Q_{n-T-吸}$;相反,温度场与岩体的吸水率负相关,因此,将 $T=30$ ℃的吸水率作为参考值来计算 $Q_{T-n-吸}$。

$Q_{T-n-吸}$ 和 $Q_{n-T-吸}$ 分别以温度场为 30 ℃和黏土矿物含量为 0 时作为参考值进行计算:

$$Q_{T-n-吸} = \frac{w_T}{w_{T=30\text{ ℃}}} \tag{3-4}$$

$$Q_{n-T-吸} = \frac{w_w}{w_{w=0\%}} \tag{3-5}$$

式中,w_T 表示黏土矿物含量不变时,试样在某温度条件下的吸水率;w_w 表示温度场不变时,试样在某黏土矿物含量条件下的吸水率。

根据监测数据,通过式(3-4)和式(3-5)分别求得影响因子 $Q_{n-T-吸}$(黏土矿物含量对岩体吸水率的影响)和影响因子 $Q_{T-n-吸}$(温度场对岩体吸水率的影响),见表 3-4。

表 3-4 温度场中的影响因子(吸水)

$Q_{n-T-吸}$					$Q_{T-n-吸}$				
$w_{黏土}$	5 ℃	10 ℃	20 ℃	30 ℃	$w_{黏土}$	5 ℃	10 ℃	20 ℃	30 ℃
0	1.00	1.00	1.00	1.00	0	1.29	1.31	1.31	1.00
21%	5.73	7.18	7.74	6.49	21%	1.40	1.28	1.04	1.00
33%	11.07	11.02	10.29	9.84	33%	1.10	1.27	1.19	1.00
51%	14.05	15.49	17.87	13.54	51%	1.24	1.14	0.99	1.00

由表 3-4 可知:$Q_{n-T-吸}$ 的最大值和平均值分别为 17.87 和 8.39,而 $Q_{T-n-吸}$ 的最大值和平均值分别为 1.40 和 1.16。从影响因子来看,无论是最大值还是平均值,$Q_{n-T-吸}$ 均高于 $Q_{T-n-吸}$,这说明黏土矿物含量对泥质弱胶结岩体吸水率的影响高于温度场。

为了进一步揭示泥质弱胶结岩体中黏土矿物含量和温度场对泥质弱胶结岩体吸水效果的影响,引入影响因子权重的概念,影响因子权重的计算方法如下[223]:

$$\begin{cases} N_{T-n|n} = \dfrac{Q_{T-n|n}}{Q_{n-T|T} + Q_{n-T|T}} \\ N_{T-n|T} = \dfrac{Q_{n-T|T}}{Q_{n-T|T} + Q_{T-n|n}} \end{cases} \tag{3-6}$$

式中, N_{T-n} 为温度场对泥质弱胶结岩体吸水率影响的权重; N_{nT} 为黏土矿物含量对泥质弱胶结岩体吸水率影响的权重。

$0 \leqslant N \leqslant 1$, N 值越大, 影响越大。对于双因素对比, 当权重 N 的值大于 0.5 时, 说明该影响因素对泥质弱胶结岩体吸水率的影响大于另外一个因素, 反之则该因子的影响小于另一因子。

结合表 3-4, 根据式(3-6), 得到泥质弱胶结岩体在温度场影响下吸水过程中黏土矿物含量的影响因子权重和温度场的影响因子权重, 见表 3-5。

表 3-5　温度场中影响因子的权重(吸水)

$N_{nT-吸}$					$N_{T-n-吸}$				
$w_{黏土}$	5 ℃	10 ℃	20 ℃	30 ℃	$w_{黏土}$	5 ℃	10 ℃	20 ℃	30 ℃
0	0.44	0.43	0.43	0.5	0	0.56	0.57	0.57	0.5
21%	0.80	0.85	0.88	0.87	21%	0.20	0.15	0.12	0.13
33%	0.91	0.90	0.90	0.91	33%	0.09	0.10	0.10	0.09
51%	0.92	0.93	0.95	0.93	51%	0.08	0.07	0.05	0.07

由表 3-5 可知: 黏土矿物含量的影响因子权重的最大值和平均值分别为 0.95 和 0.78, 温度场影响因子权重的最大值和平均值分别为 0.56 和 0.22。从影响因子的权重值可以看出, 黏土矿物含量的变化对泥质弱胶结岩体吸水率的影响远大于温度场变化对泥质弱胶结岩体吸水率的影响。

3.2.2　湿度场对泥质弱胶结岩体含水率的影响

为研究湿度场对泥质弱胶结岩体吸水规律的影响, 将试验系统的温度环境设定为 20 ℃, 湿度环境分别设定为 40%RH、60%RH、80%RH 和 100%RH 来开展相关试验。

3.2.2.1　岩体吸水规律及离散性

当赋存环境温度场恒定为 20 ℃时, 不同黏土矿物含量的干燥岩体在相对湿度场为 40%RH、60%RH、80%RH 和 100%RH 条件下的含水率随试验时间的变化曲线分别如图 3-16、图 3-17、图 3-18 和图 3-19 所示。

由图 3-16 至图 3-19 可知:

(1) 与温度场的影响分析相同的是: 改变湿度场后, 干燥泥质弱胶结岩体在吸水后的含水率随时间的变化规律同样呈指数增长, 吸水过程同样分为三个阶段——近似线性吸水阶段(OA 段)、减速吸水阶段(AB 段)和吸水后稳定阶段(BC 段), 如图 3-12(a)所示。

(2) 与恒湿变温场不同之处: 当赋存环境中温度场保持不变(恒温 20 ℃)时, 对于不同湿度场条件下的任何黏土矿物的泥质弱胶结岩体吸水演化试验, 当且仅当湿度场中的相对湿度达到 100%RH 时, 同组 3 份试样的吸水监测数据才出现较为明显的离散性, 而当赋存环境中相对湿度值低于 100%RH 时, 相同赋存环境(温度场和湿度场均相同)条件下, 任意黏土矿物含量的 3 组试样的监测数据几乎完全与 3 组数据的平均值曲线重合。这表明低湿度条件下泥质弱胶结岩体的吸水规律一致, 即低湿度环境下泥质弱胶结岩体

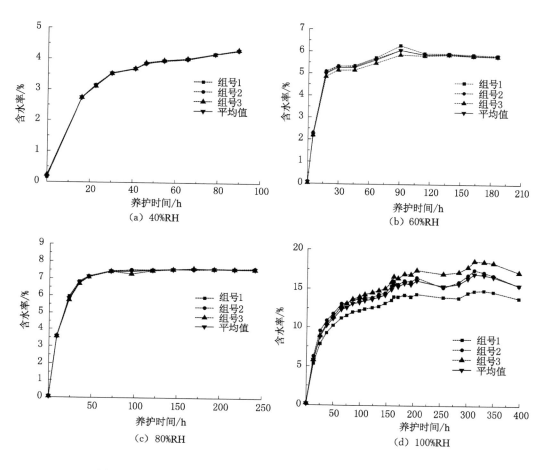

图 3-16　黑色泥岩吸水后含水率变化曲线($w_{黏土}=51\%$,恒温 20 ℃)

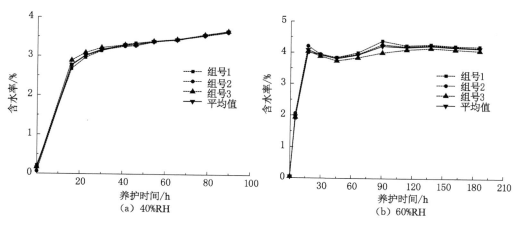

图 3-17　灰色泥岩吸水后含水率变化曲线($w_{黏土}=33\%$,恒温 20 ℃)

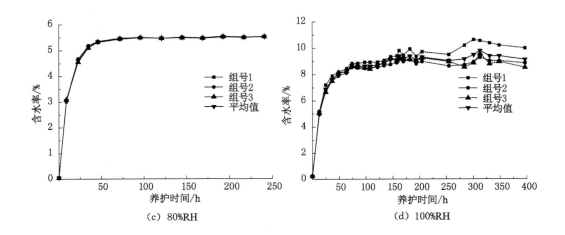

（c）80%RH

（d）100%RH

图 3-17（续）

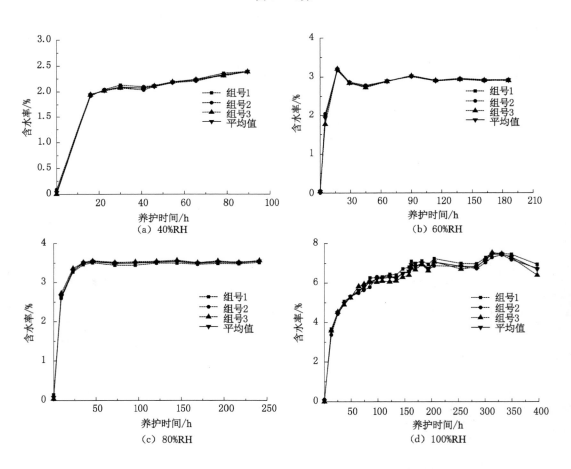

（a）40%RH

（b）60%RH

（c）80%RH

（d）100%RH

图 3-18　泥质砂岩吸水后含水率变化曲线（$w_{黏土}$＝21％，恒温 20 ℃）

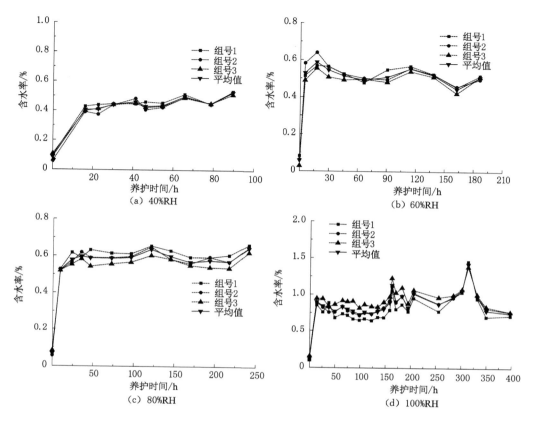

图 3-19　石英砂吸水后含水率变化曲线（$w_{黏土}=51\%$，恒温 20 ℃）

吸收的水分主要以结合水的形式存在于岩体中，自由水含量较低。

在恒温不同湿度环境中，岩体吸水达到稳定后的平均吸水率与相对湿度的关系曲线如图 3-20 所示。

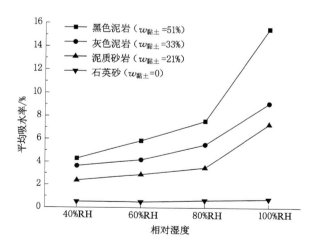

图 3-20　岩体平均吸水率与相对湿度的关系曲线

由图 3-20 可知:岩体平均吸水率随着湿度的增大而增大,当湿度在 40%RH~80%RH 区间内时,岩体的平均吸水率与相对湿度呈线性增加,该阶段的斜率相对较低,而当湿度在 80%RH~100%RH 区间内时,岩体的平均吸水率随相对湿度变化,其斜率急剧增大,且当黏土矿物含量越高时,增幅越大,这说明赋存环境中相对湿度越高,相对湿度对岩体平均吸水率的影响越大。

3.2.2.2 岩体吸水监测数据的拟合参数

为揭示恒温不同湿度的赋存环境下黏土矿物含量与湿度对泥质弱胶结岩体的吸水变化规律的影响,将处于相同赋存环境下各黏土矿物含量的平均吸水率变化曲线进行指数拟合,拟合方程及相关参数见式(3-3),拟合参数见表 3-6,得到赋存环境中温度场恒温 20 ℃,湿度分别为 40%RH、60%RH、80%RH 和 100%RH 条件下泥质弱胶结岩体的平均吸水规律曲线,如图 3-21 所示,并对拟合曲线方程求导,对应时间点的吸水速率如图 3-22 所示。

表 3-6　恒温变湿条件下试样吸水拟合曲线相关参数

编号	$w_{黏土}$	湿度	R^2	y_0	A_1	t_1
1-1	51%		0.99	4.16	3.95	16.71
1-2	33%	40%RH	0.99	3.46	3.30	11.08
1-3	21%		0.98	2.21	2.17	8.71
1-4	0		0.93	0.47	0.38	10.68
2-1	51%		0.98	5.79	5.7	10.05
2-2	33%	60%RH	0.98	4.11	4.11	6.86
2-3	21%		0.98	2.93	2.92	4.36
2-4	0		0.92	0.52	0.45	0.07
3-1	51%		0.99	7.53	7.42	15.13
3-2	33%	80%RH	0.99	5.47	5.38	11.78
3-3	21%		0.99	3.51	3.43	6.68
3-4	0		0.97	0.59	0.53	4.57
4-1	51%		0.96	15.81	14.19	47.24
4-2	33%	100%RH	0.97	9.10	8.66	19.73
4-3	21%		0.93	6.85	6.12	33.59
4-4	0		0.44	0.88	0.75	0.42

由图 3-21 和图 3-22 可知:泥质弱胶结岩体的吸水速率随时间的增加逐渐降低,岩体的平均吸水率随着相对湿度增加而增大,且相对湿度越大,岩体吸水达到稳定需要的时间越长(由 40%RH 的 40 h 增加到 100%RH 时的 170 h)。

由表 3-6 可知:

(1)由拟合曲线的相关系数(R^2)可知泥质弱胶结岩体的相关系数平均值为 0.98,这表明对恒温变湿的吸水演化试验数据采用指数函数拟合是合理的。

(2)综合分析拟合参数 A_1 和 t_1 的变化规律可知:在恒温变湿度场中,当湿度相同时,随着黏土矿物含量的增加,拟合参数 A_1 和 t_1 均逐渐增大,随着赋存环境中相对湿度的增

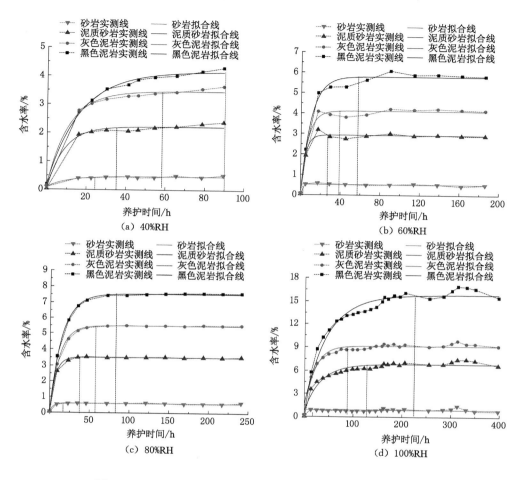

图 3-21　泥质弱胶结岩体试样平均吸水率的指数拟合曲线（20 ℃）

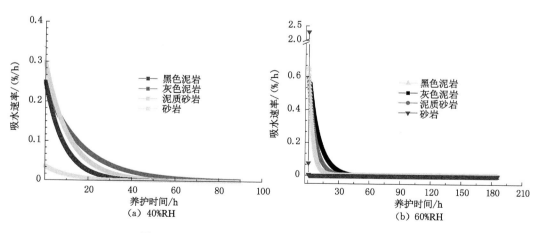

图 3-22　泥质弱胶结岩体的吸水速率曲线（20 ℃）

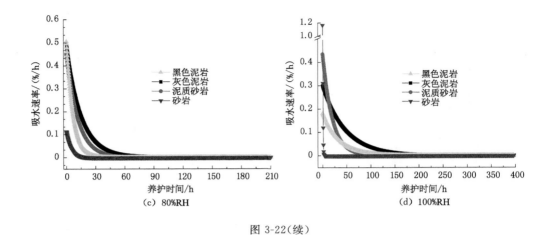

（c）80%RH　　　　　　　　（d）100%RH

图 3-22（续）

大，拟合参数 A_1 和 t_1 均同样逐渐增大。这说明黏土矿物含量和湿度的增大，干燥岩体吸水达到稳定阶段的时间越长。

（3）分析参数 y_0 和 A_1 随黏土矿物含量和湿度的变化规律可知：随着黏土矿物含量和相对湿度的增大，y_0 和 A_1 均增大。结合式（3-3）中的参数说明可知：泥质弱胶结岩体的吸水率随着黏土矿物含量的增加而升高，当黏土矿物含量不变时，干燥泥质弱胶结岩体的吸水率随赋存湿度的增大而提高。总的说来，在恒温变湿度场中，相对湿度越大，干燥岩体的吸水率越大，且黏土矿物含量越高，干燥岩体的吸水率越大。吸水率与黏土矿物含量的关系曲线如图 3-23 所示。

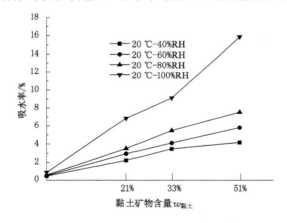

图 3-23　试样吸水率与黏土矿物含量的关系曲线（恒温、变湿）

由图 3-23 可知：吸水率随黏土矿物含量的增加逐渐增大，试样的平均吸水率由 0.62% 逐渐增加到 8.32%；吸水率随着湿度场的增大而增大，湿度场差异造成的吸水率差值由 0.41% 逐渐增加到 11.65%，相对于温度场的差值由 0.21% 增加到 3.64%，湿度场的影响振幅更大，说明湿度场对岩体吸水率的影响大于温度场。

3.2.2.3　恒温不同湿度场中岩体吸水因子权重

对于湿度场中影响因子权重的分析，参考温度场权重的分析方法，将湿度场 40%RH～100%RH 区间作为湿度场的影响区间，0%～51% 作为黏土矿物含量的影响区间，用 $Q_{h\text{-}n\text{-}吸}$

表示湿度场对岩体吸水影响的因子，$Q_{n\text{-}h\text{-}吸}$ 表示黏土矿物对岩体吸水影响的因子，$Q_{h\text{-}n\text{-}吸}$ 和 $Q_{n\text{-}吸}$ 分别以湿度场为 40％RH 和黏土矿物含量为 0 时作为参考值，计算方法参考式（3-4）至式（3-6），分别得到黏土矿物影响因子 $Q_{n\text{-}h\text{-}吸}$、湿度场影响因子 $Q_{h\text{-}n\text{-}吸}$、黏土矿物的影响权重 $N_{n\text{-}h\text{-}吸}$ 和湿度场的影响权重 $N_{h\text{-}n\text{-}吸}$，详见表 3-7 和表 3-8。

表 3-7　湿度场的影响因子（吸水）

$w_{黏土}$	$Q_{n\text{-}h\text{-}吸}$				$w_{黏土}$	$Q_{h\text{-}n\text{-}吸}$			
	40％RH	60％RH	80％RH	100％RH		40％RH	60％RH	80％RH	100％RH
0	1.00	1.00	1.00	1.00	0	1.00	1.11	1.26	1.88
21％	4.70	5.63	5.95	7.74	21％	1.00	1.33	1.59	3.10
33％	7.36	7.90	9.27	10.29	33％	1.00	1.19	1.58	2.63
51％	8.85	11.13	12.76	17.87	51％	1.00	1.39	1.81	3.80

表 3-8　湿度场中影响因子的权重（吸水）

$w_{黏土}$	$N_{n\text{-}h\text{-}吸}$				$w_{黏土}$	$N_{h\text{-}n\text{-}吸}$			
	40％RH	60％RH	80％RH	100％RH		40％RH	60％RH	80％RH	100％RH
0	0.5	0.47	0.44	0.35	0	0.5	0.53	0.56	0.65
21％	0.82	0.81	0.79	0.71	21％	0.18	0.19	0.21	0.29
33％	0.88	0.87	0.85	0.80	33％	0.12	0.13	0.15	0.20
51％	0.90	0.89	0.88	0.82	51％	0.10	0.11	0.12	0.18

由表 3-7 可知：在恒温变湿场中，黏土矿物含量对泥质弱胶结岩体吸水率影响因子的最小值、最大值和平均值分别为 1、17.87 和 7.09，湿度场对泥质弱胶结岩体吸水率影响因子的最小值、最大值和平均值分别为 1、3.80 和 1.67。从影响因子来看，黏土矿物含量的影响因子均高于湿度场的影响因子，说明黏土矿物含量对泥质弱胶结岩体吸水的影响高于湿度场。

从权重角度分析，由表 3-8 可知：黏土矿物含量的影响因子权重的最小值、最大值和平均值分别为 0.35、0.90 和 0.74，而湿度场因子权重的最小值、最大值和平均值分别为 0.10、0.65 和 0.26。由权重值可知：在恒温变湿赋存环境中，黏土矿物含量对岩体吸水率的影响大于湿度场变化带来的影响。在恒温变湿赋存环境中，当岩体中不含黏土矿物时，湿度场对岩体含水率的影响大于黏土矿物含量的影响。而当岩体中存在黏土矿物时，随着黏土矿物含量的逐渐增加，黏土矿物含量的权重值逐渐增大，说明黏土矿物含量越高，其影响越大。

同时，以黏土矿物含量的权重作为中介，对比湿度场和温度场对泥质弱胶结岩体吸水率的影响，由上文可知温度场影响因子权重的最大值和平均值分别为 0.56 和 0.22，均略小于湿度场的最大值（0.65）和平均值（0.26），这说明通过改变湿度场对泥质弱胶结岩体吸水率的影响大于改变温度场。

3.3　泥质弱胶结岩体的失水规律

泥质弱胶结岩体容易吸水，含水率较高时，受赋存环境的影响，岩石中的水分又易散失，从而又影响岩体的力学性能。影响泥质弱胶结岩体失水量和失水速率的因素主要有黏土矿物含量、温度和湿度。

为研究泥质弱胶结岩体的失水规律,在开展泥质弱胶结岩体的失水试验前,需将试样制备成一定含水率的试样。为揭示泥质弱胶结岩体中自由水和结合水的散失规律,需将制备试样的含水率控制在相应岩体的塑限和液限之间,以保证试样的可塑性,且在试验初期含有充足的自由水和结合水。

3.3.1 温度场对泥质弱胶结岩体失水规律的影响

温度场不仅对泥质弱胶结岩体的吸水规律产生影响,对失水规律也产生影响。为揭示温度场对泥质弱胶结岩体失水规律的影响,将试验系统的湿度环境设定为100％RH,温度环境(空气温度)分别设定为5 ℃、10 ℃、20 ℃和30 ℃来进行相关试验。

3.3.1.1 岩体失水规律及离散性

当试验系统的相对湿度恒为100％RH时,不同黏土矿物含量的泥质弱胶结岩体试样在温度场为5°、10°、15°和20°条件下发生失水时的含水率变化曲线分别如图3-24、图3-25、图3-26和图3-27所示。

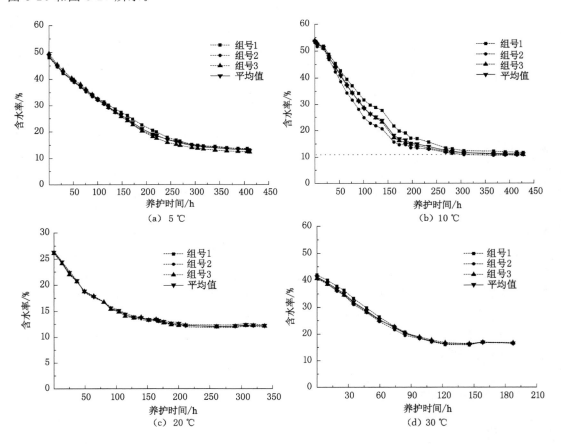

图 3-24　黑色泥岩失水过程中的含水率变化曲线($w_{黏土}=51\%$,湿度为100％RH)

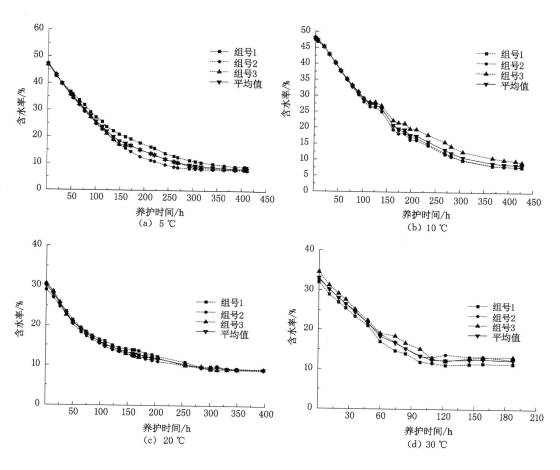

图 3-25　灰色泥岩失水过程中含水率变化曲线($w_{黏土}=33\%$,湿度为 100%RH)

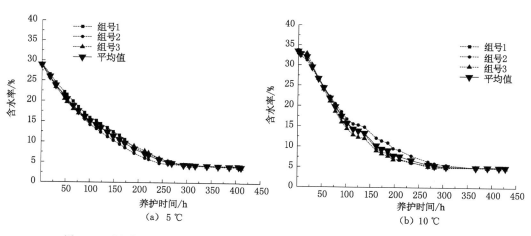

图 3-26　泥质砂岩失水过程中含水率变化曲线($w_{黏土}=21\%$,湿度为 100%RH)

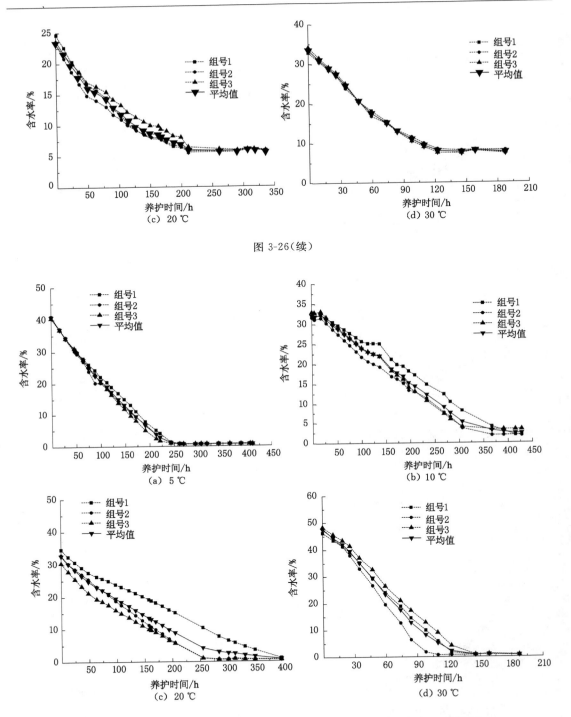

图 3-26（续）

图 3-27　石英砂失水过程中的含水率变化曲线（$w_{黏土}=0$，湿度为 100%RH）

　　由图 3-24 至图 3-27 可知：各黏土矿物含量的 3 个试样的初始含水率和试验结果的离散性很小，虽然在试验过程中存在微小差值，但最终都收敛，而泥质弱胶结岩体吸水试验得到的最大含水率试验结果受赋存环境影响而具有一定的离散性。不同黏土矿物含量和温度场条件下进行试验的试样初始含水率值略有差异,主要是因为在制作试样前需在研磨后的岩体粉末中分别加入适量蒸馏水以充分均匀搅拌,而受盛装试样的容器内壁、调土刀搅拌散失水分等影响,很难控制每次加入蒸馏水的量。

　　由图 3-24 至图 3-27 可知:泥质弱胶结岩体含水率均先经历一段近似直线的线性失水阶段,然后再进入失水斜率逐渐降低的曲线段,随着斜率的持续降低而趋于水平,此后试样的含水率保持稳定,此时,试样的失水试验完成。因此,可将试样中的水分散失过程分为三个阶段——线性失水阶段(AB 段)、减速失水阶段(BC 段)和失水后的含水率稳定阶段(CD 段),如图 3-28 所示。

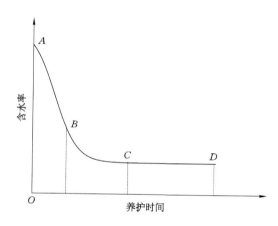

图 3-28　泥质弱胶结岩体的失水过程

3.3.1.2　岩体失水监测数据的拟合参数

　　将图 3-24 至图 3-27 中岩体含水率变化的均线按温度场进行分类,并分别按照失水规律的三个阶段进行拟合。其中,不同温度场条件下的线性失水阶段(AB 段)的含水率拟合曲线,如图 3-29 所示。不同温度场条件下的减速失水阶段(BC 段)和含水率稳定阶段(CD 段)的含水率拟合曲线,如图 3-30 所示。

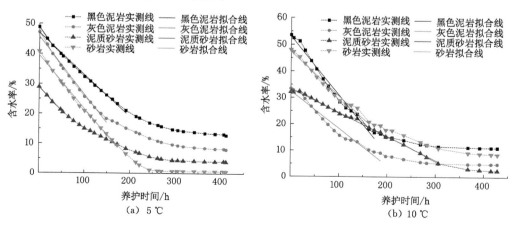

图 3-29　不同温度场条件下的线性失水阶段的含水率拟合曲线(湿度为 $100\%RH$)

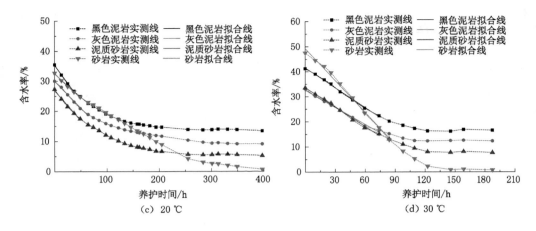

图 3-29（续）

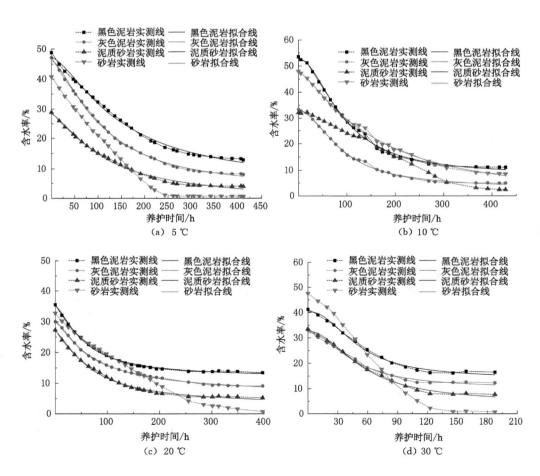

图 3-30　岩体减速失水和含水率稳定阶段的含水率拟合曲线（湿度为 100％RH）

对不同黏土矿物含量和温度场条件下的泥质弱胶结岩体失水曲线的直线段进行线性拟合,相关拟合参数见表 3-9,线性拟合方程通式为:

$$y = a - bx \tag{3-7}$$

式中,x 为泥质弱胶结岩体的失水试验时间;y 为在时间点 x 的试样含水率;a 为失水试验的初始含水率;b 为失水速率,b 越大,失水越快。

表 3-9 泥质弱胶结岩体线性失水阶段的拟合参数(湿度为 100%RH)

编号	赋存环境温度/℃	$w_{黏土}=51\%$			$w_{黏土}=33\%$			$w_{黏土}=21\%$			$w_{黏土}=0$		
		R^2	a	b	R^2	a	b	R^2	a	b	R^2	a	b
1	5	0.99	48.76	0.22	0.99	45.65	0.19	0.99	39.46	0.18	0.99	28.79	0.16
2	10	0.98	53.05	0.22	0.96	32.38	0.19	0.99	33.32	0.18	0.98	47.35	0.17
3	20	0.99	35.35	0.24	0.99	30.04	0.21	0.99	26.91	0.20	0.99	32.51	0.16
4	30	0.99	41.54	0.27	0.99	32.58	0.23	0.99	33.63	0.22	0.99	49.26	0.42

由表 3-9 可知:

(1) 由线性拟合的相关系数 R^2 可知:线性相关系数的最大值、最小值和平均值分别为 0.99、0.96 和 0.99,说明线性拟合度较高,同时表明在高湿度不同温度的赋存环境中,在失水试验前期,泥质弱胶结岩体的含水率随时间均呈线性逐渐降低。

(2) 当赋存环境中温度为 5~20 ℃时,随着黏土矿物含量的增加,泥质弱胶结岩体失水斜率 b 逐渐增大,相对应的失水速率由 0.16%/h 逐渐增加到 0.24%/h,这表明泥质弱胶结岩体中黏土矿物含量越高,岩体在线性失水阶段的含水率散失速率越大,而当赋存环境中温度增加到 30 ℃之后,b 值随着黏土矿物含量的减少而增大,相对应的失水速率随着黏土矿物含量的降低逐渐由 0.27%/h 增加到 0.42%/h。

(3) 当黏土矿物含量不变时,随着赋存环境温度的升高,泥质弱胶结岩体失水斜率 b 逐渐增大,表明赋存环境温度越高,泥质弱胶结岩体的失水速率越大。同时,通过不同温度场条件下相同试样的拟合参数 b 的差值可知:在 5~20 ℃区间,岩体失水速率的增幅较小,而 20~30 ℃的增幅明显大于 5~20 ℃,特别是石英砂,失水速率增幅最大,岩体失水速率的加速度增大。

为揭示泥质弱胶结岩体在线性失水后的含水率变化规律,对减速失水阶段和失水后稳定阶段的含水率变化曲线进行拟合。为使拟合曲线更接近失水整个阶段的变化,采用的分析方法:先对全阶段进行拟合,然后取减速失水和稳定阶段的数据来分析,考虑到岩体试样在失水演化前期,试样含水率并非直接进入线性失水阶段,而是在经历了一段较短的加速阶段后再进入线性失水阶段,失水曲线呈"Z"形,如图 3-29(b)所示,因此,对完整的失水曲线采用逻辑回归分析,拟合参数见表 3-10,其通式为:

表 3-10　失水阶段逻辑回归参数(湿度为 100％RH)

编号	$w_{黏土}$	拟合参数	赋存环境温度/℃			
			5	10	20	30
1-1		R^2	0.99	0.99	0.99	0.99
1-2		A_1	47.11	52.74	35.076	40.31
1-3	51％	A_2	5.07	8.14	11.91	14.10
1-4		x_0	143.74	91.29	55.51	50.12
1-5		P	1.54	1.95	1.46	2.18
2-1		R^2	0.99	0.99	0.99	0.98
2-2		A_1	46.14	47.80	30.23	32.10
2-3	33％	A_2	2.47	3.46	6.38	10.18
2-4		x_0	106.29	146.92	71.75	45.85
2-5		P	1.52	1.36	1.26	1.97
3-1		R^2	0.99	0.99	0.99	0.99
3-2		A_1	28.36	33.25	26.79	32.67
3-3	21％	A_2	1.41	2.74	2.86	4.43
3-4		x_0	114.82	87.56	67.29	54.74
3-5		P	1.35	1.82	1.39	1.96

$$\begin{cases} y = \dfrac{A_1 - A_2}{1 + (x/x_0)} + A_2 \\ \left(\dfrac{x_1}{x_0}\right)^P = \dfrac{P-1}{P+1} = 0 \\ y''_{x=x_1} = 0 \end{cases} \tag{3-8}$$

式中，x 为岩体试样的失水演化时间；y 为在时间点 x 处失水后的含水率；x_0 为与黏土矿物含量和赋存环境相关的参数，x_0 越大，表示图 3-28 中 AB 阶段的斜率越小，即线性阶段的失水速率越小，线性失水后进入减速失水阶段的初始含水率越大，且在减速失水上凹段的曲线半径越大，即减速失水段的时间越长(即图 3-28 中 BC 阶段的时间增加)；A_1 为岩体的初始含水率；A_2 为失水稳定后的含水率；P 为修正系数，该值决定了岩体三个阶段的失水规律，P 值越大，泥质弱胶结岩体前期失水越小，若 P 值达到 10，第一阶段表现不失水，则拟合失真。

由表 3-10 可知：

(1)分析各组拟合曲线的相关系数(R^2)可知相关系数的均值为 0.99，说明采用逻辑回归对泥质弱胶结岩体失水规律曲线的拟合度高，采用该拟合方程是合理可行的。

(2)由拟合参数 A_2 可知：当黏土矿物含量不变时，A_2 随着温度的升高逐渐增大，说明温度越高，泥质弱胶结岩体失水稳定后的含水率逐渐增大，当温度不变时，A_2 随着黏土矿物含量的增加逐渐增大，表明黏土矿物含量越高，岩体失水后的含水率也越高，即保水性越好。

(3)由拟合参数 x_0 可知：x_0 随着温度的升高逐渐减小，表明岩体在线性失水阶段的失水速率随着温度的升高而增大(即图 3-28 中 AB 段的斜率减小)，且在进入减速失水阶段后以相对较短的减速失水周期进入泥质弱胶结岩体失水的稳定期（即图 3-28 中 BC 段的时长随着温度的升高逐渐变短）。

为更深一步揭示赋存环境温度对不同黏土矿物含量的岩体失水规律的影响，对图 3-30 中拟合曲线 BC 段进行求导，并结合线性失水段 AB 的失水速率（斜率），得到相应赋存环境下泥质弱胶结岩体在失水过程中的失水速率随时间的变化规律如图 3-31 所示。

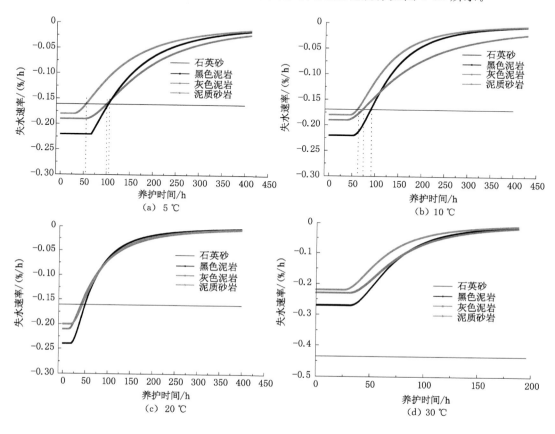

图 3-31　岩体失水速率曲线（湿度为 100％RH）

在图 3-31(a)至图 3-31(d)中水平线表示石英砂试样的失水速率（失水阶段近似斜直线段的斜率）。图 3-31 中，失水速率的直线段表示泥质弱胶结岩体线性失水阶段，曲线段表示泥质弱胶结岩体减速失水阶段。

与泥质弱胶结岩体不同的是，引入作为对比的石英砂试样（$w_{黏土}=0$）的失水规律仅包含线性失水阶段（图 3-28 中 AB 阶段）和失水后稳定阶段（图 3-28 中 CD 阶段），且失水后稳定阶段的含水率接近 0，而不包含减速失水阶段（图 3-28 中 BC 段），又由于石英砂中的水分全部以自由水的形态存在，因此，用石英砂试样的失水速率（AB 阶段线性失水的斜率）表示该赋存环境下的自由水散失速率。

由图 3-31 可知：

（1）当温度在 5～20 ℃区间时，石英砂的失水速率与泥质弱胶结岩体的减速失水阶段的斜率相交，泥质弱胶结岩体线性失水阶段的斜率高于石英砂，即在这个温度区间内，泥质弱胶结岩体的失水速率大于石英砂,而石英砂的失水速率为相应赋存环境中自由水的散失速率。上述分析表明:当湿度为100%RH而温度在5～20 ℃区间时,泥质弱胶结岩体中的黏土矿物加速了自由水的散失,或者说黏土矿物在这种温度场环境下对自由水的散失有加速的作用。

(2) 当温度在5～20 ℃区间时,泥质弱胶结岩体在进入减速失水阶段后的失水速率在与石英砂的失水速率相等前,尽管失水速率相对降低,但是仍大于自由水的散失速率,说明这个阶段泥质弱胶结岩体中水分仍然以自由水的形式散失。自由水散失速率降低可能是泥质弱胶结试样中自由水含量的降低造成的,且岩体在失水过程中同时存在一定量的吸水,岩体的失水和吸水一样,在失水或吸水过程中均同时存在失水和吸水现象,只是失水或吸水的能量大于另外一方,从而体现出失水或吸水,对于温度在5～20 ℃区间的失水过程,当试样中自由水含量减少后,岩体失水和吸水时能力逐渐降低,即对应于图中失水速率曲线逐渐接近于0。

(3) 当温度在5～20 ℃区间时,泥质弱胶结岩体失水速度曲线与石英砂失水曲线相交后,泥质弱胶结岩体失水速率低于自由水的散失速率,此阶段可视为以泥质弱胶结岩体中结合水散失为主的水分散失规律。

(4) 当温度达到30 ℃之后,石英砂的失水速率由0.16%/h陡然增大到0.42%/h,远高于泥质弱胶结岩体的失水速率(黑色泥岩为0.27%/h)。泥质弱胶结岩体的失水速率曲线与石英砂中自由水的散失水平线不相交,然而此时泥质弱胶结岩体中仍然先发生自由水的散失,且散失速率相对于温度在5～20 ℃区间时的(黑色泥岩为0.21%/h～0.24%/h)也是增加的,但是其增幅比石英砂的失水速率变化小。这表明在较高的温度环境下(30 ℃),黏土矿物对泥质弱胶结岩体中自由水的散失起到了阻尼作用。

3.3.1.3 恒湿不同温度场中岩体失水因子权重

为揭示泥质弱胶结岩体在失水过程中黏土矿物含量与温度场对岩体失水影响的大小,参考温度场作用下泥质弱胶结岩体吸水规律研究过程中的影响因子及权重分析法,将温度场在5～30 ℃区间作为影响区间,将黏土矿物含量 $w_{黏土}=0～51\%$ 作为黏土矿物含量的影响区间。

用 $Q_{T\text{-}n\text{-}失}$ 表示黏土矿物为恒定值时温度场对泥质弱胶结岩体失水影响的因子,$Q_{nT\text{-}失}$ 表示温度为恒定值时黏土矿物含量对泥质弱胶结岩体失水影响的因子。$Q_{T\text{-}n\text{-}失}$ 和 $Q_{nT\text{-}失}$ 分别以温度场为0 ℃和黏土矿物含量为0%时的失水速率,作为参考值进行计算,计算方法参考式(3-4)至式(3-6),分别得到黏土矿物影响因子 $Q_{nT\text{-}失}$、温度场影响因子 $Q_{T\text{-}n\text{-}失}$、黏土矿物的影响权重 $N_{nT\text{-}失}$ 和温度场的影响权重 $N_{T\text{-}n\text{-}失}$,详见表3-11和表3-12。

表3-11　温度场的影响因子(失水)

$Q_{nT\text{-}失}$					$Q_{T\text{-}n\text{-}失}$				
$w_{黏土}$	5 ℃	10 ℃	20 ℃	30 ℃	$w_{黏土}$	5 ℃	10 ℃	20 ℃	30 ℃
0	1.00	1.00	1.00	1.00	0	1.00	1.06	1.00	2.63
21%	1.13	1.06	1.25	0.52	21%	1.00	1.00	1.11	1.22
33%	1.19	1.12	1.31	0.55	33%	1.00	1.00	1.11	1.21
51%	1.38	1.29	1.5	0.64	51%	1.00	1.001	1.09	1.23

表 3-12 温度场中影响因子的权重(失水)

$N_{nT\text{-}失}$					$N_{Tn\text{-}失}$				
w黏土	5 ℃	10 ℃	20 ℃	30 ℃	w黏土	5 ℃	10 ℃	20 ℃	30 ℃
0	0.50	0.49	0.50	0.28	0	0.50	0.51	0.50	0.72
21%	0.53	0.51	0.53	0.30	21%	0.47	0.49	0.47	0.70
33%	0.54	0.53	0.54	0.31	33%	0.46	0.47	0.46	0.69
51%	0.58	0.56	0.58	0.34	51%	0.42	0.44	0.42	0.66

由表 3-11 可知:黏土矿物含量对泥质弱胶结岩体直线段失水速率影响的影响因子的最大值和平均值分别为 1.5 和 1.0,而温度场对泥质弱胶结岩体直线段失水速率影响的影响因子的最大值和平均值分别为 2.63 和 1.12,从影响因子的角度来看,无论是最大值还是平均值,温度场对泥质弱胶结岩体失水速率影响均高于黏土矿物含量,这与温度场条件下岩体吸水规律的影响因子大小相反。

从权重角度来分析,由表 3-12 可知:黏土矿物含量的影响因子权重的最大值和平均值分别为 0.58 和 0.48,而温度场影响因子权重的最大值和平均值分别为 0.72 和 0.52,表明对于泥质弱胶结岩体失水规律的影响而言,温度场变化的影响高于黏土矿物含量变化的影响,这与温度场条件下岩体吸水时的情况相反(表 3-5),干燥岩体吸水时,黏土矿物含量对吸水率的影响高于温度场。

当温度在 5~20 ℃ 之间时,黏土矿物含量变化的影响远大于温度场变化的影响,且随着黏土矿物含量的增加,这种影响会逐渐增大,然而当温度场升高到 30 ℃ 以后,温度场影响权重陡然增大,而黏土矿物权重的影响大幅降低。

3.3.2 湿度场对泥质弱胶结岩体失水规律的影响

为研究湿度场对泥质弱胶结岩体失水规律的影响,将试验系统的温度环境设定为 20 ℃,湿度环境分别设定为 40%RH、60%RH、80%RH 和 100%RH 来开展试验。

3.3.2.1 岩体失水规律及离散性

与温度场一样,湿度场不仅影响泥质弱胶结岩体的吸水规律,而且同样对岩体的失水规律产生影响。在恒温的不同湿度场中,当赋存环境中温度场恒定为 20 ℃ 时,岩体试样在相对湿度场为 40%RH、60%RH、80%RH 和 100%RH 时的含水率随试验时间的变化曲线分别如图 3-32、图 3-33、图 3-34 和图 3-35 所示。

由图 3-32 至图 3-35 可知:

(1) 与图 3-24 至图 3-27 中岩体失水过程中含水率的变化规律不同,在低湿度场中(湿度场小于 100%RH),相同赋存环境下同步试验的一组 3 份试样失水后的含水率变化曲线与其含水率变化均线几乎完全重合,即岩体失水过程中含水率的离散性变化非常小,这与低湿度场中岩体吸水后含水率变化的离散性一致(图 3-16 至图 3-19),说明低湿度场条件下试验数据的离散性小,而当湿度场达到 100%RH 后,同种试样的 3 组监测数据在失水曲线的中段位置存在一定的离散性,但是失水初值和最终值都分别相等。

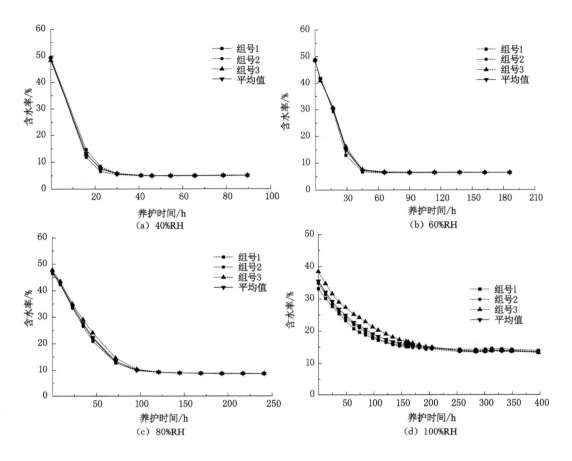

图 3-32　黑色泥岩吸水后含水率变化曲线（$w_{黏土}$＝51％,恒温 20 ℃）

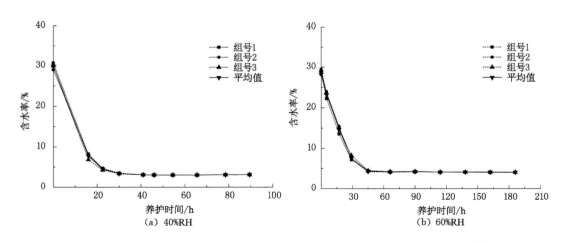

图 3-33　灰色泥岩吸水后含水率变化曲线（$w_{黏土}$＝33％,恒温 20 ℃）

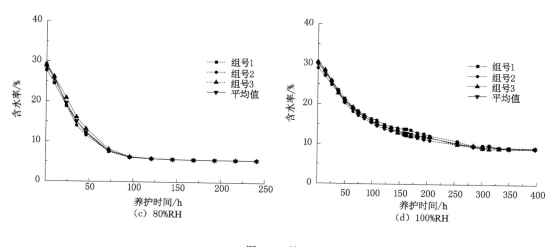

图 3-33（续）

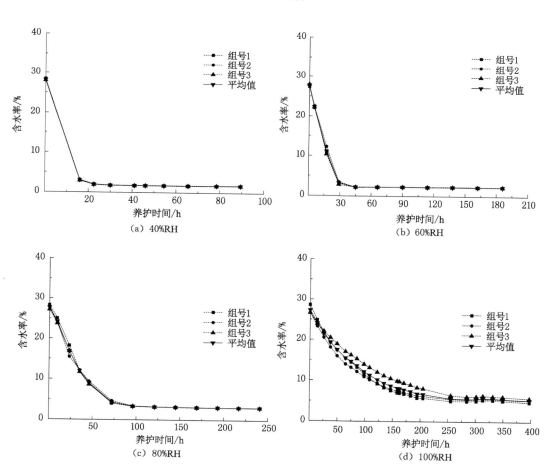

图 3-34 泥质砂岩吸水后含水率变化曲线（$w_{黏土}=21\%$，恒温 20 ℃）

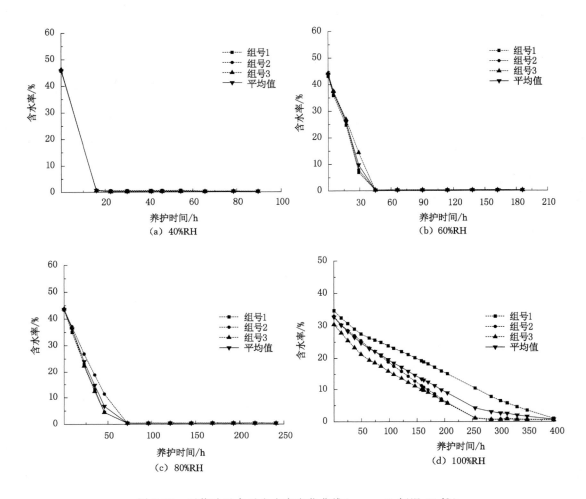

图 3-35　石英砂吸水后含水率变化曲线（$w_{黏土}=0$，恒温 20 ℃）

（2）与恒湿变温场失水过程中含水速率的变化规律相同，可将泥质弱胶结岩体的失水规律分为三段（图 3-28）——线性失水阶段（AB 段）、减速失水阶段（BC 段）和失水后的含水率稳定阶段（CD 段）。

3.3.2.2　岩体失水监测数据的拟合参数

将图 3-32 至图 3-35 中岩体含水率变化的均线按湿度场进行分析，并按照失水规律的三个阶段分别进行拟合。其中，不同湿度场条件下的试样线性失水阶段（AB 段）的含水率拟合曲线如图 3-36 所示。

对不同湿度场条件下的岩体线性失水阶段含水率进行拟合，拟合方程和参数含义参考式（3-7），得到泥质弱胶结岩体线性失水阶段的拟合参数，详见表 3-13。

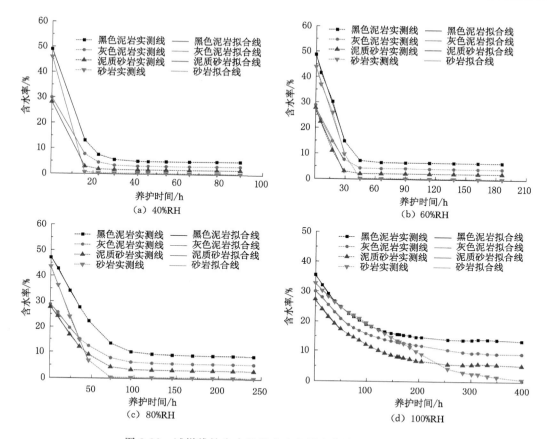

图 3-36　试样线性失水阶段含水率拟合曲线(恒温 20 ℃)

表 3-13　泥质弱胶结试样线性失水阶段的含水率拟合参数(20 ℃)

编号	赋存环境（湿度）	$w_{黏土}=51\%$			$w_{黏土}=33\%$			$w_{黏土}=21\%$			$w_{黏土}=0$		
		R^2	a	b	R^2	a	b	R^2	a	b	R^2	a	b
1	40％RH	0.99	45.98	2.24	0.99	29.8	1.38	0.99	28.1	1.58	0.99	45.9	2.83
2	60％RH	0.98	48.28	1.13	0.98	27.7	0.72	0.99	26.8	0.85	0.98	42.3	1.14
3	80％RH	0.99	47.35	0.56	0.99	28.8	0.39	0.99	27.9	0.46	0.99	43.3	0.81
4	100％RH	0.99	35.35	0.24	0.99	30.1	0.21	0.99	26.9	0.20	0.99	32.5	0.16

由表 3-13 可知：

（1）由线性拟合的相关系数 R^2 可知其最大值、最小值和平均值分别为 0.99、0.98 和 0.988，说明线性拟合度较高，同时表明在温度相同、湿度不同的赋存环境中，在失水试验前期，泥质弱胶结岩体的含水率随时间变化均近似呈线性降低。

（2）与高湿度(100％RH)不同温度场条件下的失水规律不同，在低湿度场条件(40％RH～80％RH)下，泥质弱胶结岩体的线性失水斜率 b 与试样的初始含水率有关，初始含水率越高，b 值越大，即失水速率越大(表 3-13 中 $w_{黏土}=51\%$ 和 $w_{黏土}=0$ 时的初始含水率比

$w_{黏土}=33\%$ 和 $w_{黏土}=21\%$ 时的高,在相同赋存环境下的线性失水速率越大),而对于初始含水率相同的试样(如 $w_{黏土}=33\%$ 和 $w_{黏土}=21\%$、$w_{黏土}=51\%$ 和 $w_{黏土}=0$),其黏土矿物含量越低,初始失水速率越大。

(3)湿度场变化中失水速率的最大值和平均值(分别为 $2.83\%/h$ 和 $0.92\%/h$)均大于温度场变化过程中失水速率的最大值和平均值(分别为 $0.42\%/h$ 和 $0.22\%/h$),说明湿度场变化对泥质弱胶结岩体失水速率的影响远高于温度场。

(4)当黏土矿物含量不变时,随着赋存环境中湿度的增大,泥质弱胶结岩体失水斜率 b 逐渐减小,这表明泥质弱胶结岩体在越高的湿度场中的线性失水速率越小,线性失水阶段的斜率 b 随着湿度的变化如图 3-37 所示。由图 3-37 可知线性失水阶段的斜率 b 随湿度场呈指数递减,即湿度越高,失水加速度(速率的增加幅度)越小,而黏土矿物含量对这种失水加速度的影响这里不再赘述。

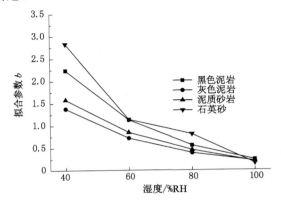

图 3-37　线性失水阶段的斜率随湿度变化的规律

对于减速失水阶段和失水后的含水率稳定阶段,同温度场对岩体在线性失水后的分析方法类似:首先采用逻辑回归方程对岩体失水过程曲线进行拟合(逻辑回归曲线如图 3-38 所示),然后取其中的减速失水阶段和失水后稳定阶段的数据及相关参数来分析,逻辑回归方程的通式和相关参数的含义见式(3-8)及对应的参数说明,相关回归参数详见表 3-14。

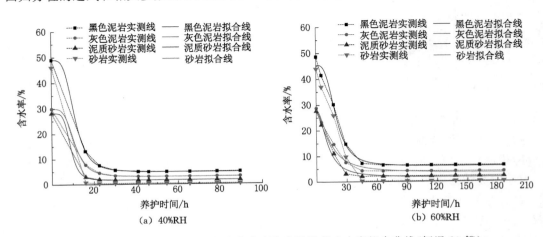

图 3-38　岩体减速失水阶段和含水率稳定阶段的含水率拟合曲线(恒温 20 ℃)

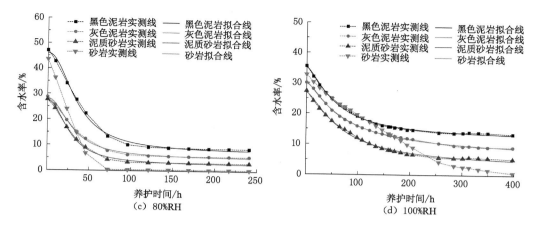

图 3-38（续）

表 3-14　失水阶段逻辑回归参数（恒温 20 ℃）

编号	$w_{黏土}$	拟合参数	赋存环境			
			40％RH	60％RH	80％RH	100％RH
1-1		R^2	0.99	0.99	0.99	0.99
1-2		A_1	48.98	45.44	45.96	35.076
1-3	51％	A_2	4.87	6.08	7.33	11.91
1-4		x_0	11.01	19.41	35.22	55.51
1-5		P	3.91	3.22	2.13	1.46
2-1		R^2	0.99	0.98	0.99	0.99
2-2		A_1	29.86	28.15	28.19	30.23
2-3	33％	A_2	3.01	3.33	4.77	6.38
2-4		x_0	10.89	13.26	30.22	71.75
2-5		P	4.00	1.79	2.00	1.26
3-1		R^2	0.99	0.99	0.99	0.99
3-2		A_1	28.15	27.23	27.24	26.79
3-3	21％	A_2	1.67	1.70	2.37	2.86
3-4		x_0	8.96	11.29	26.95	67.29
3-5		P	5.15	2.05	2.07	1.39

由表 3-14 可知：

（1）由各组拟合曲线的相关系数（R^2）可知，相关系数的平均值为 0.99，说明在恒温变湿度场中采用逻辑回归方程对泥质弱胶结岩体含水率变化曲线（失水）的拟合度较高，采用该方程进行拟合同样是合理可行的。

（2）由拟合参数 A_2 可知：在恒温变湿度场中，当黏土矿物含量不变时，A_2 随着赋存环境中相对湿度的增大逐渐增大，说明赋存环境湿度越大，泥质弱胶结岩体失水稳定后的含水率越高。当湿度场不变时，A_2 随着黏土矿物含量的增加也逐渐增大，说明黏土矿物含量越高,岩体失水后的最终含水率也越高,即岩体的保水性越好。

（3）由拟合参数 x_0 可知:x_0 随着湿度场的增加逐渐减小,表明泥质弱胶结岩体在失水第一阶段的失水速率随着赋存环境中湿度的增大而减小（图 3-28 中 AB 段的斜率随着湿度的增大而变大）,且在进入第二阶段后以一个相对较长的减速失水周期进入泥质弱胶结岩体失水后的稳定期（图 3-28 中 BC 段的时长随着湿度的增大而增大）。

为进一步研究赋存环境中湿度场对泥质弱胶结岩体失水速率的影响,采用与恒湿度变温场中失水速率变化研究相同的分析方法（图 3-31）,将石英砂试样线性失水阶段拟合直线的斜率作为相应赋存环境中不受黏土矿物含量影响的自由水散失速率,对泥质弱胶结岩体失水过程中的逻辑回归曲线求导,结合线性失水段的失水速率（斜率）,得到泥质弱胶结岩体的失水速率曲线,如图 3-39 所示。

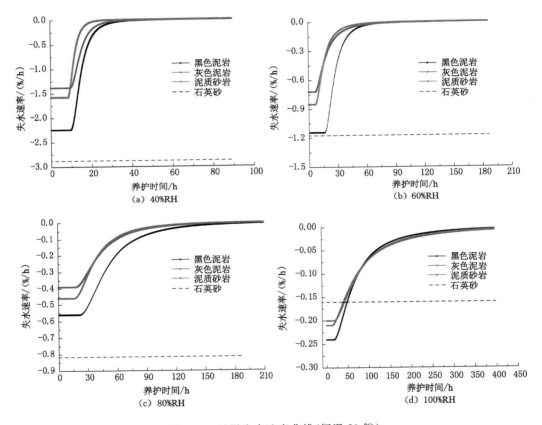

图 3-39　试样失水速率曲线（恒温 20 ℃）

由图 3-39 可知:

（1）随着湿度的升高,岩体失水速率逐渐减小,当相对湿度由 40％RH 增至 100％RH 时,黑色泥岩的最大失水速率逐渐由 2.83％/h 降至 2.24％/h。

（2）在相对较低的湿度环境下（40％RH～80％RH）,石英砂的失水速率大于泥质弱胶结岩体,并与泥质弱胶结岩体的失水速率曲线不相交,说明在低湿度环境下黏土矿物对泥质弱胶结岩体中水分的散失起阻尼作用,即抑制了岩体中自由水的散失,这与温度场中当赋存环境温度为 30 ℃时,黏土矿物对泥质弱胶结岩体中水分散失的抑制作用相同[参考图 3-31(d)及相关分析]。

（3）随着赋存环境中湿度的增大,石英砂的失水速率与泥质弱胶结岩体失水速率曲线的距离逐渐变短,并且当湿度达到 100%RH 时,石英砂的失水速率与泥质弱胶结岩体的失水速率曲线相交,相交位置位于泥质弱胶结岩体的减速失水阶段(图 3-28 中 BC 段),说明石英砂与泥质弱胶结岩体线性失水速率相等的临界湿度环境为 80%RH～100%RH(温度场为 20 ℃),且表明湿度场为 100%RH 时,黏土矿物对泥质弱胶结岩体中的自由水散失起加速作用,这与温度场中赋存环境温度为 5 ℃和 10 ℃(湿度均为 100%RH)时黏土矿物对泥质弱胶结岩体中水分散失的加速作用相同[参考图 3-31(a)和图 3-31(b)及相关分析]。

3.3.2.3 恒湿不同温度场中岩体失水因子权重

为揭示泥质弱胶结岩体在恒温变湿度场失水过程中黏土矿物含量与湿度对岩体失水速率的影响,参考温度场失、吸水的影响因子及权重分析法,将 40%RH～100%RH 作为湿度场的影响区间,将 0～51% 作为黏土矿物含量的影响区间。

用 $Q_{rh-失}$ 表示黏土矿物为恒定值时湿度对泥质弱胶结岩体失水影响的因子,$Q_{nh-失}$ 表示湿度为恒定值时黏土矿物含量对泥质弱胶结岩体失水影响的因子。为进行同向递增影响的对比,$Q_{rh-失}$ 和 $Q_{nh-失}$ 分别以湿度场为 60%RH 和黏土矿物含量为 51% 时的线性失水速率作为参考值进行计算,计算方法参考式(3-4)至式(3-6),分别得到黏土矿物含量影响因子 $Q_{nh-失}$、湿度场影响因子 $Q_{rh-失}$、黏土矿物的影响权重 $N_{nh-失}$ 和湿度场的影响权重 $N_{rh-失}$,详见表 3-15 和表 3-16。

表 3-15　湿度场的影响因子(失水)

$w_{黏土}$	$Q_{rh-失}$				$w_{黏土}$	$Q_{hn-失}$			
	40%RH	60%RH	80%RH	100%RH		40%RH	60%RH	80%RH	100%RH
0	1.62	1.00	1.14	2.05	0	9.33	6.57	7.9	17.69
21%	1.57	1.00	1.18	1.58	21%	4.71	3.43	4.25	7.13
33%	1.44	1.00	1.18	2.08	33%	2.33	1.86	2.3	5.06
51%	1.14	1.00	0.95	0.76	51%	1.00	1.00	1.00	1.00

由表 3-15 可知:在恒温变湿度场中,黏土矿物含量对泥质弱胶结岩体直线段失水率影响因子 $Q_{nh-失}$ 的最大值和平均值分别为 2.08 和 1.29,而湿度对泥质弱胶结岩体直线段失水率影响因子 $Q_{hn-失}$ 的最大值和平均值分别为 17.69 和 4.79。从影响因子的角度来看,无论是最大值还是平均值,湿度对泥质弱胶结岩体失水的影响均远高于黏土矿物含量的影响。

从权重角度分析,由表 3-16 可知:在恒温变湿度场中,黏土矿物含量影响因子权重的最大值和平均值分别为 0.53 和 0.29,而湿度影响因子权重的最大值和平均值分别为 0.9 和 0.71。因此,总的来说,对于湿度对泥质弱胶结岩体失水规律的影响而言,从影响因子值和因子权重值可以看出,湿度变化的影响大于黏土矿物含量。

表 3-16　湿度场中影响因子的权重(失水)

$N_{wh\text{-}失}$					$N_{k\text{-}n\text{-}失}$				
$w_{黏土}$	40%RH	60%RH	80%RH	100%RH	$w_{黏土}$	40%RH	60%RH	80%RH	100%RH
0	0.15	0.13	0.13	0.1	0	0.85	0.87	0.87	0.9
21%	0.25	0.23	0.22	0.18	21%	0.75	0.77	0.78	0.82
33%	0.38	0.35	0.34	0.29	33%	0.62	0.65	0.66	0.71
51%	0.53	0.5	0.49	0.43	51%	0.47	0.5	0.51	0.57

3.4　绝对湿度对泥质弱胶结岩体失、吸水的影响

　　湿度概念源自大气学科,是指空气中水分子含量的多少或空气干湿程度,具体的,湿度越大,空气也就越潮湿,相反,湿度越小,空气也就越干燥[224-225]。湿度可分为相对湿度和绝对湿度,其中,绝对湿度是指每立方米空气中水蒸气的质量,即水蒸气密度。相对湿度是指空气中水汽压与饱和水汽压的比值,其值介于 0～100% 之间,相对湿度用 RH 表示。

　　3.2 和 3.3 节研究了泥质弱胶结岩体在不同温度场和湿度场条件下的吸水和失水规律,其中,研究湿度的影响主要是基于相对湿度环境。本节为进一步揭示赋存环境对泥质弱胶结岩体力学性能的影响,从绝对湿度的角度出发,研究空气中水分子含量对泥质弱胶结岩体失、吸水规律的影响。绝对湿度的值可根据环境温度、相对湿度和大气压力得到,试验系统中的大气压力近似为一个大气压,因此,黄帝华统计了一个大气压(1 bar)作用下绝对湿度与相对湿度在不同温度条件下的对应关系(有关本试验赋存环境的数据见表 3-17)。因此,可根据试验过程中的温度和相对湿度值,查表 3-17 得到相应试验过程中试验系统内的绝对湿度。

表 3-17　与相对湿度和温度对应的绝对湿度(大气压:1 bar)　　　　　单位:g/m³

温度/℃	相对湿度(RH)			
	40%	60%	80%	100%
5	2.72	4.07	5.43	6.79
10	3.76	5.63	7.51	9.39
20	6.91	10.36	13.82	17.27
30	12.12	18.18	24.24	30.31

　　由表 3-17 可知:赋存环境中绝对湿度随着相对湿度和温度的升高逐渐增大,表明当大气压力不变时,温度越高,空气中所能容纳的气态水分子也越多。

3.4.1　绝对湿度对泥质弱胶结岩体的吸水规律的影响

　　根据泥质弱胶结岩体吸水试验的温度场和相对湿度环境,查表 3-17 得到相应的绝对湿度

值。例如,在恒温度变湿度场中,与 20 ℃、40％RH,20 ℃、60％RH,20 ℃、80％RH 和20 ℃、100％RH 对应的绝对湿度分别为 6.91 g/m³、10.36 g/m³、13.82 g/m³ 和 17.27 g/m³。在恒湿度变温度场中,与 5 ℃、100％RH,10 ℃、100％RH,20 ℃、100％RH 和 30 ℃、100％RH 对应的绝对湿度值分别为 6.79 g/m³、9.39 g/m³、17.27 g/m³ 和 30.31 g/m³。分别按温度和相对湿度值进行分类,得到不同黏土矿物含量的泥质弱胶结岩体在不同绝对湿度条件下吸水率的演化规律,如图 3-40 所示。

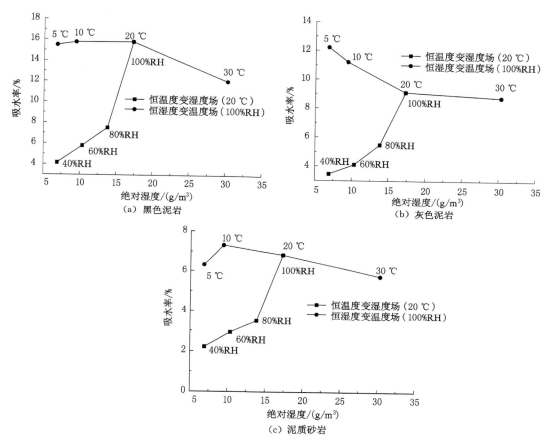

图 3-40　泥质弱胶结岩体绝对湿度与吸水率的关系曲线

由图 3-40 可知:

(1) 对于泥质弱胶结岩体,当温度不变时,相对湿度越高,其绝对湿度也就越大,相应的,泥质弱胶结岩体在这种赋存环境下的吸水量也就越多。

(2) 当相对湿度为恒值时,总的来说,泥质弱胶结岩体随着温度的升高,吸水量逐渐减少,这是因为温度越高,岩体中水分越容易挥发,相应的,岩体中水分散失与吸收平衡的临界点越低。

(3) 当绝对湿度为恒值时,温度越低,岩体吸水量越大。

上述分析表明:泥质弱胶结岩体的吸水量受赋存环境中绝对湿度的影响为:绝对湿度越大,岩体的吸水量越多,但是绝对湿度并不是影响岩体吸水的唯一因素,岩体吸水量还与温度有关(温度越高,岩体吸水率越低)。

3.4.2 绝对湿度对泥质弱胶结岩体的失水规律的影响

根据赋存环境中绝对湿度值,分别按照恒温度变湿度场和恒定相对湿度场进行分类,得到不同黏土矿物含量岩体在不同绝对湿度条件下失水后的含水率变化规律,用表 3-10 中各组试验数据的拟合参数 A_2 来表示(A_2 值小于实测值),如图 3-41 所示。

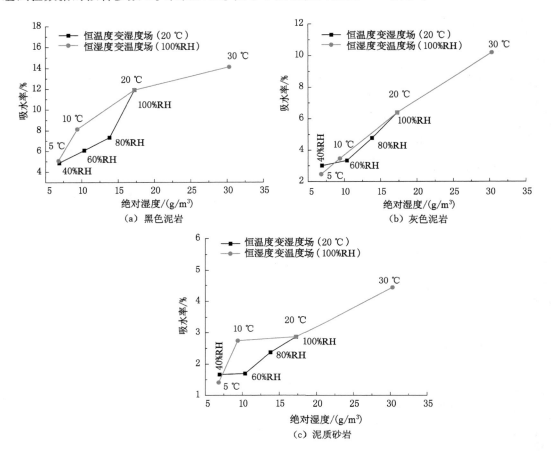

图 3-41　绝对湿度与泥质弱胶结岩体失水稳定后的含水率关系曲线

由图 3-41 可知:

(1)当赋存环境中的相对湿度为恒值时,绝对湿度随着温度的升高而增大,泥质弱胶结岩体失水后的最终含水率也逐渐增大。

(2)当赋存环境中温度恒定时,绝对湿度随着相对湿度的增大而增大,同时泥质弱胶结岩体失水后的最终含水率也逐渐增大。

(3)当绝对湿度为恒值时,赋存环境中温度越低或者是相对湿度越高,岩体的吸水率也越大,这可能是因为在相对低温或者相对湿度较高的条件下,泥质弱胶结岩体失水与吸水平衡的临界点升高,导致岩体的吸水率增大。当且仅当绝对湿度低于 8 g/m³ 左右时,对于灰色泥岩和泥质砂岩,赋存环境中温度场越低或者相对湿度越高,岩体的吸水率略降低,这可能是低温环境下水蒸气分子与岩体结合的活性降低导致的。

3.5　本章小结

本章利用自行研发的集监测与记录于一体的高精度失、吸水演化试样系统,结合石英砂($w_{黏土}=0$)的试验数据,对泥质弱胶结岩体在不同赋存环境(温度场、相对湿度和绝对湿度)和黏土矿物含量等因素影响下的失、吸水规律进行分析,主要结论如下:

(1)泥质弱胶结干燥岩体在赋存环境中吸水后的含水率变化规律随时间呈指数增大,演化曲线分为三个阶段——线性吸水阶段、减速吸水阶段和含水率稳定阶段,给出了该指数方程的通式,并解释了通式中各参数的物理意义。

(2)岩体吸水量随黏土矿物含量呈线性增加,且在吸水过程中,黏土矿物含量对岩体吸水量的影响高于赋存环境的影响,而赋存环境中湿度变化对吸水量的影响又大于温度场变化的影响。

(3)泥质弱胶结岩体在赋存环境中失水后的含水率随时间的变化规律符合逻辑回归方程,失水演化曲线也分为三个阶段——线性失水阶段、减速失水阶段和失水后含水率稳定阶段,解释了方程中各参数的物理含义。

(4)失水过程中,黏土矿物对泥质弱胶结岩体中水分的散失具有调节作用,具体的,在低湿度区间(40％RH～80％RH)或相对高温、高湿度(30 ℃、100％RH),黏土矿物对岩体中水分的散失起减速作用,而在相对低温、高湿度(5～20 ℃、100％RH)条件下,黏土矿物对岩体中水分的散失具有加速作用。

(5)岩体失水后的含水率同样随黏土矿物含量呈线性增大,且在失水过程中,赋存环境因素对岩体失水速率的影响高于黏土矿物含量的影响,而赋存环境中湿度场对岩体失水速率的影响又大于温度场的影响。

4 泥质弱胶结岩体结构重组与再承载力学性能试验研究

通过第 2 章和第 3 章的试验分析可知：泥质弱胶结岩石作为一种特殊的岩石，在低湿度条件下易失水风化，而在高湿度条件下又极易吸水泥化和崩解，具有"软岩硬土"特点。当泥质弱胶结岩体的含水率较低时，其力学特性表现出岩石的脆性；相反，当含水率较高时，其力学特性又表现出类似于土体的塑性。

岩石的力学性能是研究岩体力学性能、本构关系和地下煤岩层开挖后围岩稳定性的基础。若在原生地层中钻取泥质弱胶结岩体来进行力学性能试验研究，由于泥质弱胶结岩体所具有的特殊的物理、力学性能和原岩取芯工艺在软岩中钻取存在一定缺陷，在钻取岩芯过程中极易受岩芯管中水流及岩芯管扰动等诸多因素的影响，使泥质弱胶结岩体的取芯率异常低。然而，本书研究的对象岩体的胶结方式为泥质胶结，当其含水率达到一定值后具有可塑性，在力学环境作用下发生结构重组。因此，对于泥质弱胶结破裂岩体结构重组演化机制及重组岩体力学性能的研究，可采用分级加载的方法来模拟研究泥质弱胶结破裂岩体在不同支护力和围岩扰动应力条件下的结构重组演化机制，得到相应应力环境下的泥质弱胶结岩体的结构重组试样，并通过重组岩体试样的力学试验，揭示泥质弱胶结重组岩体的力学性能随支护力等应力状态变化的演化规律。

本书在前人研究的基础上，对文献[180]中的岩体结构重组装置进行改进，以提高该装置在试验过程中的安全性和荷载上限。采用改进后的结构重组装置进行泥质弱胶结岩体的结构重组试验，揭示不同应力状态下的泥质弱胶结岩体结构的重组演化规律，并得到不同荷载作用下形成的结构重组试样。对结构重组试样进行切割和打磨，得到泥质弱胶结重组结构的标准试样。采用 GDS 伺服控制系统对不同含水率的泥质弱胶结岩体结构重组试验进行不同应力路径下的岩体力学试验，研究结构重组后的泥质弱胶结岩体试样的强度与变形破坏特性，揭示不同应力状态下泥质弱胶结结构重组岩体的力学性能演化规律。

4.1 泥质弱胶结岩体结构重组试验装置及试验方案

泥质弱胶结岩体黏土矿物含量较高，遇水易崩解软化，软化后的岩体可塑性强。因此，根据泥质弱胶结岩体的物理性能，并参考《土工试验方法标准》(GB/T 50123—2019)[206]，在前人研究的基础上，对岩体结构重组固结装置进行改进，以满足泥质弱胶结破裂岩体在不同荷载作用下发生结构重组的试验要求，并提高试验过程的安全系数。

同时，采用数据采集仪和记录仪监测岩体结构重组过程中的应力、应变和位移等数据，根据监测数据分析泥质弱胶结破裂岩体的结构重组演化过程。

4.1.1 泥质弱胶结岩体的结构重组试验装置及其改进

泥质弱胶结岩体的结构重组装置主要由加载系统、岩体重组模具和数据采集记录系统三部分组成（图 4-1）[180]。

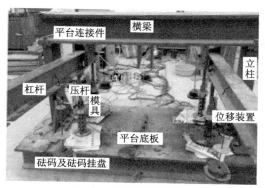

（a）加载系统及传感器部分　　　　　（b）采集和记录部分

图 4-1　泥质弱胶结岩体的结构重组试验装置

（1）加载系统

加载系统主要由重组固结平台和加压装置组成，如图 4-2 所示。重组固结平台由横梁、底板、立柱及相关连接件组成。横梁由 2 根槽钢（18# 钢）及焊接在槽钢上、下端面的 2 块钢板（20# 钢）组成，槽钢及钢板组成的横梁尺寸为 700 mm×200 mm×20 mm；平台底板由 3 根工字钢（20# 钢）及其上部焊接的 1 块钢板组成，平台底板的尺寸为 1 950 mm×900 mm×20 mm；横梁与平台底板通过立柱连接，立柱采用的是 20# 槽钢。此外，在横梁下端面焊接了 6 块钢板，钢板尺寸为 260 mm×180 mm×20 mm，钢板上有直径为 20 mm 的孔洞，每两块钢板为一组，通过连接螺栓将杠杆与重组固结平台连接，从而使加载系统成为一个整体[180]。

（a）重组固结平台　　　　　（b）砝码　　　　　（c）砝码挂盘

图 4-2　泥质弱胶结结构重组装置的加载系统

加压装置由加载杠杆、压杆、砝码及砝码挂盘组成。重组固结平台与加压装置间通过螺栓连接。其中，加载杠杆采用 14# 工字钢制作，工字钢长约 1 700 mm，为方便施加级配荷载，在工字钢上开槽并钻取 3 个砝码盘挂钩孔，3 个挂钩孔距加载点的距离约为 500 mm、

1 000 mm 和 1 500 mm。砝码挂盘由挂钩与托盘焊接而成,同时为了施加荷载且保证挂钩稳定,一个挂钩上焊接有多个托盘。荷载通过放置 1 kg、5 kg、10 kg 和 20 kg 的砝码施加。

（2）岩体重组模具

重组模具由模具与透水的刚性垫块等组成。在模具中的试样上、下端分别至少装填 1 块透水性刚性垫块,使岩石试样在发生结构重组过程中受力均匀,并起到约束作用。

重组模具主要由 4 个不同壁厚和不同自身约束方式的模具组成(图 4-3),以研究不同壁厚条件下泥质弱胶结岩体结构重组过程中的环向约束应力,揭示模具对泥质弱胶结岩体结构重组过程的影响。4 个模具中的净筒高均为 180 mm,尺寸大于标准试样 100 mm,这样设计的原因是泥质弱胶结岩体在发生结构重组的过程中会产生压缩变形,且须预留刚性垫块的厚度(35 mm),使其在模具中起到稳定性的导向作用。同时,为保证得到的结构重组试样

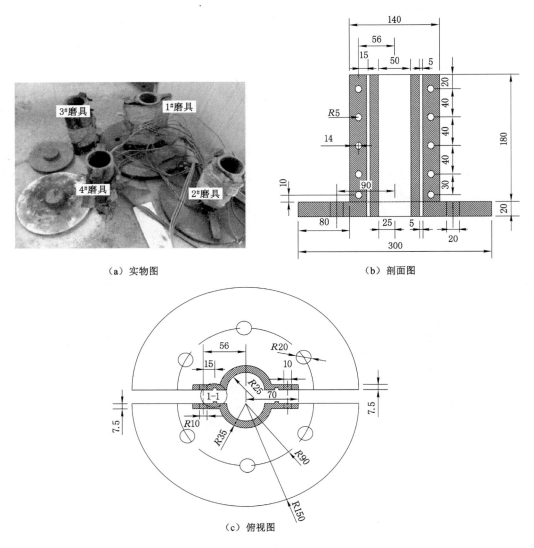

（a）实物图 　　　　　　　　　　（b）剖面图

（c）俯视图

图 4-3　泥质弱胶结重组模具(单位:mm)

尺寸满足为标准尺寸长度要求,因此,使结构重组后的试样尺寸略大于标准试样,通过切割打磨后再得到标准试样。4 个模具中,1# 和 2# 模具的圆筒直接焊接在具有 50 mm 圆孔的钢板上,钢板直径 300 mm,厚度 20 mm,1# 和 2# 模具的圆筒厚度分别为 10 mm 和 5 mm。由于底部钢板的作用,这 2 组模具在结构重组过程中的变形类似于悬臂梁受力变形,越往下部走,筒壁的微变形越小。同时对于 1# 和 2# 模具,在试验过程中需要在圆筒底部和顶部同时放置至少 1 枚刚性垫块以约束试样不会被从模具中挤压出去。3# 和 4# 模具为独立的圆筒,圆筒厚度分别为 10 mm 和 5 mm,并分别配 1 个底盘,底盘的直径分别为 150 mm 和 250 mm,厚度均为 20 mm。底盘采用 50 mm 的钢板上车削出直径为 50 mm 的圆柱形凸台,并在凸台上钻取均匀、对称的多个透水孔(孔径 1 mm),使凸台起到类似于刚性垫块并固定模具的作用。对于 3# 和 4# 模具,试验过程中直接放在凸台底盘上即可,模具底部无须再放垫块。

刚性垫块如图 4-4 所示,其高度为 35 mm,直径为 50 mm。垫块的直径精度高,与模具的匹配性好。同时,直径和高度与模具的耦合保证了试验过程中垫块在模具中不会发生歪倒从而导致试验失败,保证试样受力均匀。垫块由多个 1 mm 的透水孔沿其轴向贯通,保证重组过程中水的排出。垫块顶部有 1 个直径为 2 mm 的半球形孔,其作用是让垫块与压力盒上凸点的耦合接触,保证了压力盒不发生偏倒。泥质弱胶结岩体的黏性非常高,在重组固结过程中,垫块容易与试样黏合在一起,很难从模具中取出,因此在半球孔中心设计了 1 个直径为 5 mm、长度为 10 mm 的螺纹孔,其作用是通过 5 mm 的螺纹杆能方便地将其从模具中取出。

（a）垫块 　　　　　　　　（b）垫块与压力盒

图 4-4　重组模具垫块

（3）数据采集与记录系统

数据采集与记录系统主要由位移传感器、压力盒、应变片、DH3816 数据采集仪和电脑组成,如图 4-5 所示。位移传感器、压力盒和应变片分别采用半桥、全桥以及 1/4 桥接法与 DH3816 数据采集仪连接,分别监测岩体试样在发生结构重组过程中的轴向变形、轴向荷载和相应荷载作用下模具提供的环向围压。DH3816 数据采集仪通过 RJ-45 以太接口将数据传输到电脑上显示并保存。

（4）泥质弱胶结岩体结构重组装置的改进

本书研究的试验装置平台是基于前人设计的试验装置,并针对泥质弱胶结岩体结构重组试验过程中存在的一些问题对该结构重组装置进行了如下改进:

  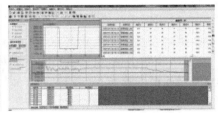

（a）传感器　　　　　　（b）DH3816数据采集仪　　　　　（c）数据记录

图 4-5　数据采集与记录系统

① 改进后的装置提高了压力荷载的上限。原有重组装置中加载系统的杠杆长仅为 1 000 mm，相对应的杠杆上只有两个砝码挂盘孔，受力臂长度的影响，需要更多的砝码来提供足够的荷载，以满足深埋高应力状态下的结构重组试验要求。然而，即便砝码挂盘上装满砝码，杠杆能提供的实测最大应力也不足 10 MPa，且在砝码挂盘上挂太多砝码不利于试验的安全操作。因此，为提高装置的压力荷载和安全系数，并且减少砝码的使用数量，对试验装置的杠杆进行了加长，加长后的杠杆长 1.7 m，如图 4-2(a)所示，杠杆的增加部分是在原来基础上进行全断面焊接后再用两块钢板分二次焊接在工字钢接口位置，以提高其强度。经实测，改进后试验装置的加载系统能提供的最大安全荷载超过 20 MPa，减少了砝码使用量，同时提高了试验的安全系数。

② 对垫块的尺寸、形状及加工精度进行了修正，避免了岩体结构重组试验过程中压力盒和模具中试样受力偏心而发生模具偏倒等导致试验失败且带来安全隐患的情况。在试验过程中需用压力盒监测轴向荷载，以控制分级荷载施加，由于压力盒的体积较大，最合理的布置位置是压杆和刚性垫片之间。由图 4-4(b)和图 4-5(a)可知压力盒通过盒上的凸点传递和监测应力。同时由图 4-4(b)可知改进前的垫块两端均为平面，若将该刚性垫片与压力盒上的凸点接触并传递力，在荷载作用下压力盒很难保持稳定，为解决这个问题，本书将刚性垫块设计为一端带半球凹槽的形状，改半球凹槽的直径为 20 mm，正好与压力盒凸点耦合，避免了压力盒偏倒导致模具受力偏心的情况。此外，改进前的垫块直径为 48 mm，高度为 20 mm。由于直径偏小且厚度偏薄，这种尺寸的垫块在试验过程中受荷载作用容易在模具内部发生一定角度的偏转，同样容易导致模具中试样受力不均而发生支架偏倒的情况。为此，采用高精度加工得到 50 mm 的垫块，正好与对应的模具内壁耦合，且将垫块的厚度增加至 35 mm，避免了试验过程中垫块在模具内部的偏转。改进后的试验装置避免了试验过程中由于偏心受力等导致的倒架从而使试验失败的情况。

4.1.2　重组模具的标定

为揭示泥质弱胶结破坏岩体结构重组的演化过程，在结构重组过程中需要对轴向荷载及相应荷载作用下的轴向位移和模具提供的环向应力进行监测。其中，轴向荷载和轴向位移可以直接通过压力盒与位移传感器进行监测，并通过 DH3816 数据采集仪的分析软件直接读取。然而，不能直接获得模具提供的环向应力值，通过查阅大量文献后可知该方面的研究鲜见报道。因此，本书试验过程中采用在模具筒壁上粘贴应变片的方法来获取相应数据并间接监测。

4.1.2.1　标定原理及方法

（1）标定原理

由于泥质弱胶结破裂岩体在一定含水率条件下能发生结构重组,试样在轴向荷载作用下发生环向膨胀变形,而模具的刚度较高,约束了试样的环向变形,这种模具约束与试样环向变形之间的相互作用使得模具筒壁产生微变形,并给试样提供环向变形的约束力。然而很难直接监测试样在结构重组过程中的环向应力,唯一可行的方法是通过监测模具筒壁的变形来获得模具提供的应力,相应得到试样在结构重组过程中的环向应力。又由于模具受两侧肋板、底盘以及焊接等影响,较难直接通过经典力学理论和模具筒壁的变形来得到模具在变形条件下提供的环向约束力。

本书设计了一套间接标定方法,其原理是将泊松比值较高的聚氨酯棒(ϕ50 mm)放入模具中,给聚氨酯棒施加轴向荷载,聚氨酯棒产生环向膨胀力,与模具提供的约束力大小相等、方向相反,同时模具筒壁产生相应大小的应变。因此,通过标定模具筒壁变形与模具环向应力之间的关系,可以得到泥质弱胶结破裂岩体在结构重组过程中受到的环向围压值。由于模具的弹性模量较大,变形始终处于线弹性变形阶段内,相应的,在岩体结构重组过程中,模具提供的环向应力与模具的环向变形呈线性关系。模具提供的环向应力(即聚氨酯棒环向膨胀应力)可根据泊松效应由聚氨酯棒受到的相应轴向荷载得到,与之对应的是模具产生的应变。

（2）标定方法及步骤

首先,给模具粘贴应变片以监测模具的变形。应变片的粘贴有内壁粘贴和外壁粘贴。经过试验发现,若采用内壁粘贴,试验过程中受焊接点以及试样压缩的影响,应变片的粘贴难度大且极易损坏,而外壁粘贴避免了上述问题且可进行重复试验。应变片的粘贴:沿着模具外筒壁轴向由上至下均匀布置5～6个应变片。

然后在一个标准试样尺寸(长100 mm、直径50 mm)的聚氨酯棒上粘贴应变片,通过WDW-D100万能伺服试验机标定聚氨酯棒的泊松比,如图4-6所示,计算得到聚氨酯棒的泊松比为0.46。

（a）聚氨酯棒单轴试验

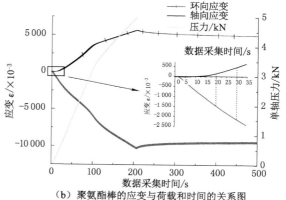

（b）聚氨酯棒的应变与荷载和时间的关系图

图 4-6　聚氨酯棒的泊松比标定

最后,将聚氨酯棒装入模具中,并在聚氨酯试样的上、下两端垫设刚性垫块,以约束其轴向变形,并起传递力的作用,将装好试样的模具放在试验机承压板上开始标定,如图 4-7 所示。轴向荷载由 WDW-D100 万能伺服试验机系统提供,并保存数据;模具的应变可由应变片和 DH3816 数据采集仪获得。此外,试验过程中为了保证安全并使聚氨酯棒处于线弹性变形阶段,轴向荷载不宜超过 50 kN。

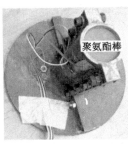

（a）测点布置　　　　　　（b）聚氨酯棒与模具的耦合　　　　　　（c）压缩标定试验

图 4-7　试样重组模具的环向荷载标定

本试验假设泥质弱胶结岩体和聚氨酯棒在模具中轴向压缩过程中试件任意水平面上的变形是均匀的,即模具提供给试件的环向应力也是均匀分布的,均匀布置 5～6 个应变片,目的是防止在多组重复试验过程中部分应变片老化或其他类似因素导致得不到模具外筒壁的应变值。

4.1.2.2　标定结果分析

泥质弱胶结岩体结构重组试验过程中模具的环向荷载采用聚氨酯棒进行标定的原因:聚氨酯棒的弹性好且泊松比相对较高,受到轴向荷载时的环向变形较大,而模具约束了聚氨酯棒的环向变形,聚氨酯棒的变形始终处于线弹性阶段。因此,根据胡克定律,通过聚氨酯棒环向应变得到环向约束力,该约束力即模具在轴向荷载作用下提供给试样的环向压力。同时由于模具的刚度大而荷载相对较小,因此重组模具始终处于线弹性变形阶段。模具外筒壁在轴向荷载加载过程中对应的应变与模具提供的围压值相对应。

标定后的 4 组模具外筒壁各测点应变与轴向荷载的对应关系如图 4-8 所示,根据泊松比转换后得到的应力如图 4-9 所示。

图 4-8 和图 4-9 中曲线分为四段,阶段 I 表示将模具放在试验机上后,尚未施加轴向荷载,开通数据采集仪对各组应变进行初始采集并消除应变片的漂移影响;阶段 II 表示模具应变数据达到稳定后 WDW-D100 万能试验机开始施加荷载,此阶段的模具应变呈线性增加;阶段 III 表示轴向荷载和模具外筒壁应变达到设定值后停止继续加载时,模具应变稳定阶段,此阶段应变略降低,这是由于停止加载后压力试验机部分卸载造成的;阶段 IV 表示轴向荷载完全卸载后的应变恢复阶段,应变片的应变恢复至零,表明外筒壁贴应变片方案是可行的,可通过此方法来研究泥质弱胶结岩体结构重组过程中环向荷载的演化规律,并可进行多次重复试验。

由图 4-8 和图 4-9 可知:结构重组模具筒壁变形与其提供的环向应力呈线性关系。本书的变形分析基于试样在压缩过程中其环向的变形膨胀沿试样轴向均匀,因此,模具

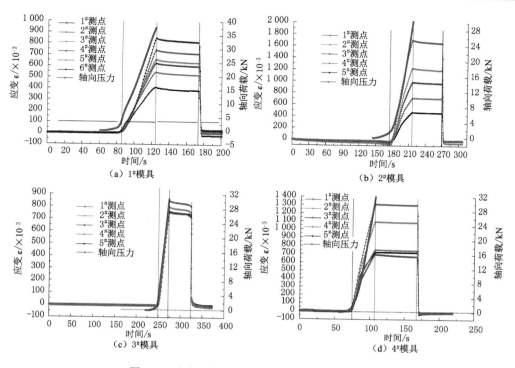

图 4-8　试验机荷载与模具外筒壁变形关系曲线

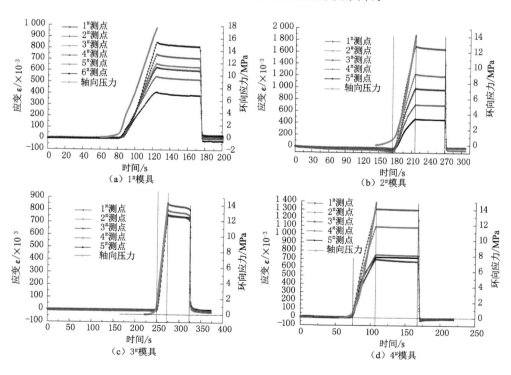

图 4-9　模具外筒壁变形与环向应力关系曲线

提供的荷载也是均布荷载,越靠近模具上开口测点测得的变形越大,理论符合实际,各模具上的应变与其对应的应力关系曲线如图 4-10 所示。各模具测点上增加单位兆帕环向应力所对应的应变增量如图 4-11 所示。

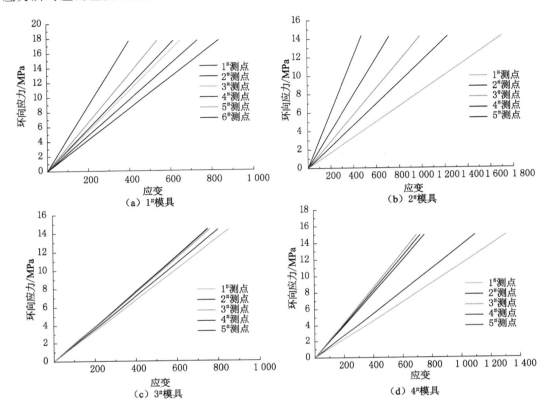

图 4-10　模具测点变形与环向应力关系曲线

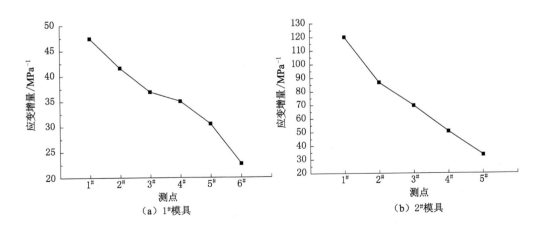

图 4-11　各测点增加单位兆帕环向应力所对应的应变增量

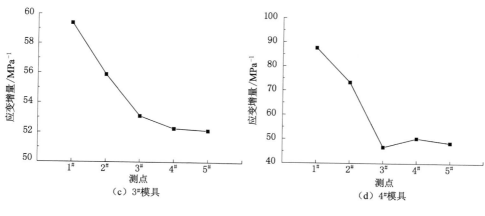

图 4-11(续)

由图 4-11 可知:测点应变片越往上布置,其增加单位兆帕应力所产生的应变越大。对于 1# 模具和 2# 模具,其受力结构类似于悬臂梁,应变增量的变化规律为:随着位置的变化,应变增量呈近似线性变化,图上数据并非完全布置在一条斜直线上,这是应变片并非完全均匀间隔布置而造成的。对于 3# 模具和 4# 模具,其 1# 和 2# 测点的应变变化相对于下部测点较大,而 3#—5# 测点的值基本保持一致,这可能是模具上部的紧固螺丝没有完全拧紧等造成的。但总的来说,测点越往模具上部布置,模具筒壁的应变越明显。此外,模具的应变变化规律与模具的紧固程度有关。

4.1.3　岩体结构重组试验内容及方案

泥质弱胶结岩体属于沉积岩,岩体的形成过程类似于土体固结,岩体颗粒在上覆荷载的作用下发生结构重组。岩体含水率较高时其可塑性强,因此,可利用泥质弱胶结岩体的这一物理力学特性,并结合合理的试验方案,揭示泥质弱胶结结构重组岩体在黏土矿物含量、含水率及应力状态等因素影响下的岩体力学性能。

4.1.3.1　试验内容

本书泥质弱胶结岩样取自内蒙古自治区五间房矿区西一煤矿白垩系,地层埋深约 300 m,泥质弱胶结岩体强度低,黏土矿物含量较高,且遇水易软化崩解。由于受现场取样、试样运输和实验室二次加工等过程中赋存环境和力学环境的扰动影响,较难得到原生试样。为此,本章主要围绕如下几点内容开展相关试验:

(1)原生地层压力岩体强度试验研究

进行原生地层荷载作用下的结构重组试验,研究泥质弱胶结重组岩体的力学性能,并结合原生结构的力学性能,进一步揭示泥质弱胶结岩体的力学性能。

(2)黏土矿物含量对泥质弱胶结结构重组岩体力学性能的影响试验研究

研究黏土矿物含量对岩体结构重组的影响,揭示泥质弱胶结岩体结构重组的黏土矿物含量阈值;研究不同黏土矿物含量原生岩体重组结构的力学性能,揭示黏土矿物含量对泥质弱胶结结构重组岩体力学性能的影响。

(3)含水率对泥质弱胶结结构重组岩体力学性能的影响试验研究

研究破裂岩体发生结构重组后形成不同含水率试样的力学性能演化规律，揭示含水率对泥质弱胶结结构重组岩体力学性能的影响。

（4）结构重组荷载对泥质弱胶结岩体力学性能的影响研究

通过不同分级重组荷载模拟不同支护力和重新分布应力状态下泥质弱胶结破裂岩体的结构重组过程，研究结构重组荷载对泥质弱胶结结构重组岩体试样的力学性能演化影响，揭示不同支护阻力和应力重新分布状态下泥质弱胶结地层中结构重组岩体的力学性能演化规律。

4.1.3.2　结构重组试验方案

为实现上述研究内容，制定如下试验方案：

① 为揭示不同黏土矿物含量对泥质弱胶结岩体力学性能的影响，除原生地层中 3 种不同黏土矿物含量的泥质弱胶结岩体外（黏土矿物含量分别为 51％、33％和 21％），还配出黏土矿物含量更低的泥质弱胶结岩体结构重组试样，选择黏土矿物含量为 21％的泥质砂岩和石英砂按一定比例均匀混合，得到黏土矿物含量分别为 0、5％、10％和 15％的结构重组材料，材料的配比及试样的制作过程详见 4.1.4 节。

② 为揭示不同含水率对泥质弱胶结结构重组岩体力学性能的影响，通过不同含水率的结构重组试样来实现，但是不同重组荷载作用下形成的泥质弱胶结岩体结构重组试样的含水率往往不同，且含水率通常较高。为得到相对较低含水率的岩体试样，采用自行研发的恒温恒湿系统（详见第 3 章）对泥质弱胶结岩体进行养护。

③ 为揭示支护荷载等条件下泥质弱胶结岩体重组结构的力学性能演化规律，分别进行最终轴向荷载为 0.2 MPa、5 MPa、7.5 MPa、10 MPa、15 MPa 和 17.5 MPa 的泥质弱胶结破坏岩体的结构重组试验，并分级加载至设计的轴向最终荷载，详见 4.1.4 节。

4.1.4　泥质弱胶结结构重组岩体制样、荷载施加及力学性能试验方案

基于改进后的结构重组试验装置，根据不同的试验内容、要求及目的设计相应的结构重组制样方案和荷载施加方案，进行泥质弱胶结岩体的结构重组试验，揭示泥质弱胶结结构重组岩体力学性能演化规律。总的来说，泥质弱胶结破坏岩体的结构重组与力学性能试验研究主要包含结构重组岩体试样的制作、轴向结构重组荷载的施加和结构重组试样的力学性能试验。

4.1.4.1　试样制作过程

泥质弱胶结破裂岩体的结构重组试样的制作主要包括结构重组岩体颗粒的选择、含水率对岩体结构重组的影响、试样的充填及取样等内容，如图 4-12 所示。

（1）岩体颗粒大小的选择

文献[180]在进行极弱胶结岩体再生结构试验研究时，将岩体研磨并筛分出过孔径为 1 mm 筛的粉末作为研究极弱胶结岩体再生结构演化规律的基础材料，其目的是使粉末状岩体能够与水均匀混合。然而，岩体颗粒形态在实际发生结构重组和再生的过程中通常是基于块状或者相对较大颗粒，原则上说，进行结构重组和再生的岩体应尽量与实际大小相符合。因此，泥质弱胶结岩体的颗粒不宜过小，颗粒越小，与实际岩体重组结构的误差可能越大。同时，考虑到本研究采用的是内径为 50 mm 的模具来进行相关泥质弱胶结岩体的结构重组试验，因而岩体颗粒的粒径也不宜过大。为了保证满足模具尺寸要求，同时保留岩体颗粒一定的宏观破坏结构，采用孔径为 20 mm 的筛子对捣碎后的泥质弱胶结岩体颗粒进行筛

（a）原生岩样

（b）岩体结构重组

（c）取样

图 4-12 泥质弱胶结结构重组试样的结构重组及取样流程

分,以保证进行岩体结构重组的颗粒粒径约为 20 mm。

（2）结构重组岩体含水率的确定

如果加水量太少,岩体中的水分分布不均匀,导致结构重组固结试验后得到的试样仍为松散颗粒状。相反,若岩体颗粒中加入水分过多且超过岩体的液、塑限,导致混合后的岩体过软,在结构重组试验过程中,由于轴向荷载作用,混合后的泥质弱胶结岩体极易从模具与岩体上下垫块间的间隙中挤压出来,从而使试验难以开展。因此,在进行加水搅拌泥质弱胶结岩体颗粒时,为保证岩体颗粒中水分均匀分布,加水方式采用喷雾式喷水壶,边搅拌边喷水,喷水量以不同黏土矿物含量的岩体塑限为参考。为了使加水混合后的岩体颗粒中水分均匀分布,将搅拌后的岩体静置 24 h。

（3）岩体结构的重组和取样

对于加水均匀搅拌混合后的岩体试样,装样之前先在重组模具的内壁喷一层脱模剂并涂上一层凡士林,以保证结构重组后的试样从模具中较容易取出。然后将混合后的岩体试样装入内壁涂抹过凡士林的重组模具中并捣实。最后将装填好泥质弱胶结岩体试样的结构重组模具放在结构重组试验平台上,进行相应的结构重组试验研究,如图 4-12(b)所示。

泥质弱胶结岩体的充填高度约为 150 mm,不宜过高,也不宜过低。具体来说,若充填高度过高,泥质弱胶结岩体的上垫块不能完全进入模具装置中,从而容易使上垫块不能充分发挥导向作用,相应造成固结荷载的偏心和倒架。相反,若充填高度太低,试验过程中由于岩体中存在空气而未完全捣实,或者轴向荷载过大使部分岩体从模具中被挤压出来,从而导致最终得到的试样高度不能满足标准试样尺寸要求。

对于重组完成的试样,将模具放置在支撑架上,模具肋板处宽度与重组平台横梁下端焊接的两块钢板的宽度相等,三者相互作用形成反力架结构。在支撑架下面放入一个千斤顶(最大荷载 2 t),将模具中试样慢慢从模具中顶出,如图 4-12(c)所示。

（4）不同黏土矿物含量的试样制作

为研究黏土矿物含量对泥质弱胶结岩体重组结构的可能影响,需配比不同黏土矿物含量的岩体。本书以黏土矿物含量相对较低的泥质砂岩(黏土矿物含量为 21%)作为基础材料,分别配不同含量的石英砂与之混合,得到黏土矿物含量分别为 5%、10% 和 15% 的重组岩体,如图 4-13 所示,同时将黏土矿物含量为 0 的纯石英砂放入模具中进行重组固结作为参考。

（a）泥质砂岩	（b）石英砂	（c）称重配比

图 4-13　低黏土矿物含量的泥质弱胶结岩体试样配比

泥质弱胶结岩体在模具中完成一次结构重组所需材料质量约 800 g，相对低黏土矿物含量的泥质弱胶结岩体所需的泥质砂岩与石英砂的配比和混合后的矿物含量见表 4-1。

表 4-1　低黏土矿物含量的泥质弱胶结岩体试样配重及矿物含量

编号	砂质泥岩	石英砂	石英	斜长石	微斜长石	黏土含量
1	100％(800 g)	0(0 g)	58％	11％	10％	21％
2	71.43％(571.44 g)	28.57％(228.56 g)	70％	7.86％	7.14％	15％
3	47.6％(380.8 g)	52.4％(419.2 g)	80％	5.24％	4.76％	10％
4	23.8％(190.4 g)	76.2％(609.6 g)	90.09％	2.53％	2.38％	5％
5	0(0 g)	100％(800 g)	100％	0	0	0

4.1.4.2　荷载施加方案

泥质弱胶结岩体属于沉积岩，沉积岩的形成过程一般可以分为先成岩石的破坏、搬运作用、沉积作用和固结成岩作用等阶段。泥质弱胶结破坏围岩在支护阻力等内、外部荷载的共同作用下发生结构重组，围岩在结构重组过程中的受力是分阶段逐步达到平衡的[226-229]。此外，在进行岩体结构重组试验过程中，若直接施加相应试验的最终荷载到模具中的岩体上，岩体极易发生流变并从模具的上、下两端挤压出来。因此，综合上述分析，在进行泥质弱胶结岩体结构重组试验时分级施加荷载。

（1）分级加载标准

目前，分级荷载的施加判断标准可以分为两类：一类是岩体的分级加载蠕变试验[230-234]，即当试样的轴向变形（位移增量）小于 0.001 mm/h 时施加下一级荷载；另一类是土工稳定性试验标准[206]，即施加每一级压力后，试样的轴向变形（位移增量）小于 0.01 mm/h 时施加下一级荷载。然而，对于泥质弱胶结岩体的结构重组试验来说，它不同于岩体的蠕变破坏试验。此外，泥质弱胶结岩体的物理、力学性能又不完全与土体相同，且土体的固结荷载通常比本试验中岩体的重组荷载小。

文献[180]在进行极弱胶结岩体再生试验时以上述两个方案为参考，初步提出了弱胶结岩体固结的稳定性标准：① 当试样的轴向变形小于 0.008 mm/h 时可施加下一级荷载；② 分级加载的时间确定为 12～24 h；③ 将试样的轴向变形作为基本标准，而将加载时间作为辅助的参考,当基本标准满足后可直接施加下一级荷载,当分级加载时间满足条件后轴向变形条件若仍不满足,则保持该荷载直至满足轴向变形条件时才能施加下一级荷载。

本书参考上述分级加载标准进行前期试验,根据试验过程中出现的相关问题,并结合位移传感器的精度和误差等多方面因素,提出了适合本试验开展的分级重组荷载的施加标准:① 试样的轴向变形小于 0.01 mm/h;② 分级加载的时间为 12~24 h;③ 当同时满足以上两个条件后进行下一级荷载的施加,但在下一级荷载施加后若试样从模具中被挤压出来,则立即卸载本级荷载,并保持上级荷载继续加载 12 h,如此循环直至稳定。

（2）分级荷载施加方案

泥质弱胶结破裂岩体的分级荷载施加方案参考《土工试验方法标准》(GB/T 50123—2019)来设计,为研究泥质弱胶结破裂岩体在不同支护荷载作用下的岩体结构重组规律,并揭示不同支护荷载等应力环境作用下泥质弱胶结结构重组岩体的力学性能,将轴向荷载分别设计为 0.2 MPa、5 MPa、7.5 MPa、10 MPa、15 MPa 和 17.5 MPa。经实测可知重组试验系统的杠杆自重提供的压力荷载约为 2.5 kN,相对应的应力约为 1.25 MPa。当轴向荷载为 0.2 MPa 时,采用直接加荷载的方法分两级进行重组试验。当设计轴向荷载分别为 5 MPa、7.5 MPa、10 MPa、15 MPa 和 17.5 MPa 时,采用杠杆系统进行加载,此时的 I 级荷载为杠杆的自重荷载(1.25 MPa),分级荷载施加方案详见表 4-2。

表 4-2　泥质弱胶结试样结构重组分级荷载施加方案

编号	σ_z/MPa	分级加压荷载							
		I	II	III	IV	V	VI	VII	VIII
1	0.2	0.1	0.2						
2	5	1.25	2.5	5					
3	7.5	1.25	2.5		7.5				
4	10	1.25	2.5	5	7.5	10			
5	15	1.25	2.5	5	7.5	10	12.5	15	
6	17.5	1.25	2.5	5	7.5	10	12.5	15	17.5

4.2　泥质弱胶结岩体结构重组演化过程

采用改进后的装置来进行泥质弱胶结岩体结构重组演化试验,揭示泥质弱胶结岩体结构重组的演化规律。泥质弱胶结岩体结构重组演化过程采用如下监测数据来分析:重组过程中轴向位移、轴向荷载和不同分级荷载作用下的结构重组模具提供的环向围压。

4.2.1　岩体结构重组过程中模具的环向围压变化规律

泥质弱胶结岩体在结构重组演化过程中,在轴向荷载作用下试样发生环向膨胀,由于重组模具对试样环向的约束,形成直径为标准尺寸的试样。为揭示泥质弱胶结破裂岩体在结构重组过程中结构重组模具提供的环向应力作用,采用标定后的结构重组模具来监测模具外筒壁的应变值。

由监测数据可知贴在模具外筒壁的 5～6 个应变片虽然通过透明软胶做了防氧化处理,在试验过程中仍有部分应变片失效。因此,为防止数据丢失,在模具上贴多块应变片的方案是合理的。本书仅对黑色泥岩(黏土矿物含量为 51%)在最终荷载为 7.5 MPa 作用下各模具 1# 测点的监测数据进行分析,如图 4-14 所示。

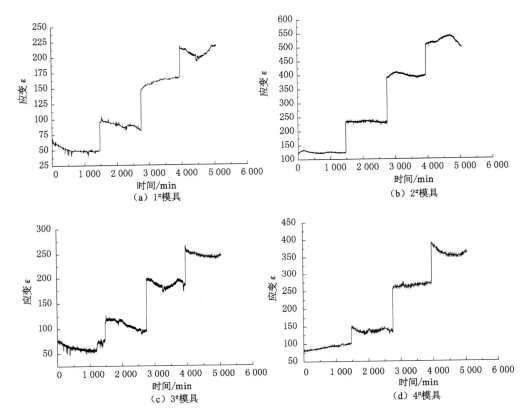

图 4-14　分级荷载作用下的模具外筒壁应变

图 4-14 中曲线表示 4 个分级荷载作用下的模具外筒壁的应变,随着荷载等级的增加,外筒壁应变值呈台阶式升高。不难发现,任意荷载等级作用下外筒壁的应变实测数据并非恒定,均上下波动。而在标定时不存在类似问题,这是因为应变片在长时采集过程中受多种复杂因素的影响,如温度、湿度、电压纹波和应变片自身漂移等。

为分析模具在不同荷载作用下的应变情况,剔除波动较大的应变值后,对各级荷载的应变监测数据取平均值。各级荷载作用下模具的平均应变值见表 4-3。将表 4-3 中数据按照图 4-10 中的线性对应关系得到泥质弱胶结岩体在结构重组过程中由于试样环向变形作用到模具上的应力值。由于力的作用是相互的,因此得到泥质弱胶结岩体在结构重组过程中受到的环向围压,如图 4-15 所示。

表 4-3 等级荷载作用下模具 1# 测点的平均应变值

模具编号	应变/×10⁻³			
	Ⅰ级荷载	Ⅱ级荷载	Ⅲ级荷载	Ⅳ级荷载
1#模具	52	92	165	208
2#模具	125	223	397	521
3#模具	63	97	186	246
4#模具	90	137	265	360

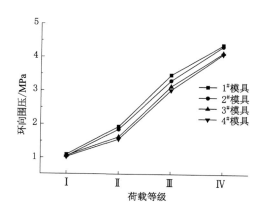

图 4-15 试样在结构重组过程中所受到的环向围压

由图 4-15 可知:泥质弱胶结破裂岩体在结构重组过程中,试样受到的环向围压随着等级荷载的增大而逐渐增大。对比 4 组模具的结果可知:在较低的轴向荷载作用下,模具提供的环向围压值几乎相等,但随着轴向荷载的增大,环向围压的差别增大。总的来说,模具的刚度越大,筒壁越厚,其提供的环向围压值越大。将环向围压与相应分级荷载的值相除,得到泥质弱胶结岩体试样在结构重组过程中所受环向荷载的侧压力系数值。根据相应的侧压力系数值可得到泥质弱胶结岩体在结构重组过程中泊松比随着荷载等级变化的规律,如图 4-16 所示。

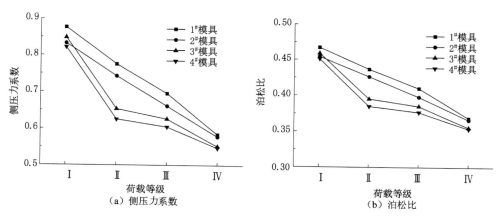

图 4-16 试样结构重组过程中侧压力系数和泊松比值随荷载等级变化的规律

在泥质弱胶结破裂岩体结构重组的过程中,试样的侧压力系数(均值为 0.85)随着荷载的增加逐渐降低至 0.6(图 4-16)。经分析可知这是由于岩体在重组过程中受轴向荷载作用被压密并排水,岩体的强度增加且泊松比降低造成的。

4.2.2　轴向位移变化规律

泥质弱胶结破裂岩体在结构重组过程中受到轴向荷载作用,重组岩体试样内的孔隙被逐渐压密。模具中试样被压密的过程反映了泥质弱胶结岩体结构重组的过程,轴向位移速率是施加下一级荷载的主要判断标准。限于篇幅,本书仅分析泥质弱胶结破裂岩体在 17.5 MPa 轴向荷载作用下的轴向位移变化规律,如图 4-17 所示。

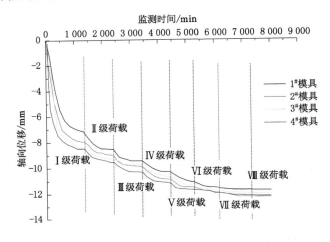

图 4-17　破裂岩体在结构重组过程中的轴向位移曲线

由图 4-17 可知:总的来说,试样在结构重组过程中,当荷载为恒定值时,轴向位移随着时间的增加逐渐降低直至稳定。当变形达到稳定并施加下一级荷载后,变形继续增加,但变形速率逐渐降低。随着荷载的持续增加,试样的轴向变形逐渐降低并达到稳定。

岩体结构重组试样的轴向位移与如下几点原因相关:

(1) 在岩体结构重组初期,岩体内部的孔隙率较大,虽然 Ⅰ 级荷载的压力值较低,但其足以将试样中大孔隙进行压密闭合。因此,轴向位移的监测数据表现为 Ⅰ 级荷载作用下的位移值最大。

(2) 随着荷载的增加,岩体内部的微孔隙逐渐被压缩,微孔隙的压缩量与轴向荷载值相关。因此,不同荷载等级作用下的微孔隙压缩量有差异,如图 4-17 中 Ⅱ、Ⅳ、Ⅴ、Ⅵ 荷载阶段。

(3) 荷载的增加使重组结构试样中水分逐渐被排出,从而试样体积减小,相应体现为轴向变形的增加。同时,水分的流逝造成试样中新的微孔隙产生,新生微孔隙在荷载作用下被逐渐压缩,也体现为轴向变形增加,如图 4-17 中 Ⅱ、Ⅳ、Ⅴ、Ⅵ 荷载阶段。

(4) 当荷载达到一定值后,试样中水分的排出和微裂隙的压缩达到平衡后,继续增加荷载对试样轴向变形的影响几乎不变,如图 4-17 中 Ⅶ 和 Ⅷ 荷载阶段。

(5) 试样在模具中的初始孔隙率很难保证完全一致,因此每个模具的轴向变形量略有差异,但轴向位移的变化规律一致。

需要指出的是,图中轴向位移值是在各级荷载施加后不出现突然压缩或岩体试样从模具中被挤压的情况后再开始监测和采集。因此,监测值比岩体结构重组过程中的实际试样轴向压缩量更小。

4.2.3 轴向压力变化规律

荷载是泥质弱胶结破裂岩体发生结构重组的首要条件,轴向荷载的稳定性是揭示岩体结构重组演化规律的基础。泥质弱胶结岩体试样在不同设计压力作用下发生结构重组过程中的轴向荷载实测数据(部分)如图 4-18 所示。各分级荷载的平均值、4 组模具的平均压力及偏差详见表 4-4。

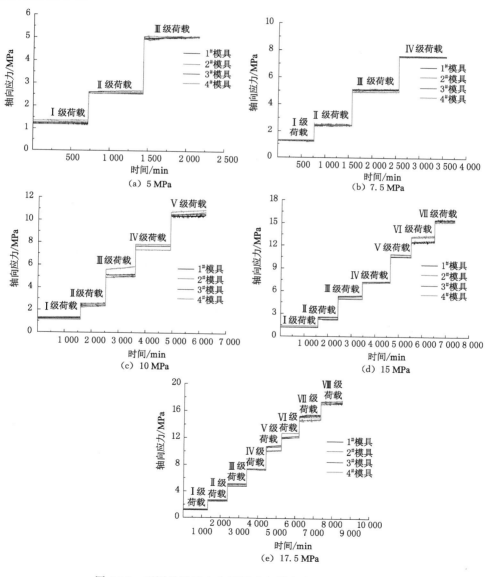

图 4-18 不同设计压力作用下分级轴向应力的变化规律

表 4-4　岩体结构重组过程中轴向压力的均值及偏差

编号	设计荷载 /MPa	模具 编号	荷载等级							
			Ⅰ	Ⅱ	Ⅲ	Ⅳ	Ⅴ	Ⅵ	Ⅶ	Ⅷ
1	5	1#	1.24	2.55	5.01					
2		2#	1.28	2.6	5.01					
3		3#	1.2	2.64	5.03					
4		4#	1.35	2.54	5.07					
5		平均值	1.26	2.58	5.03					
6		偏差	0.01	0.08	0.03					
7	7.5	1#	1.25	2.47	5.12	7.59				
8		2#	1.21	2.5	4.92	7.52				
9		3#	1.26	2.44	5.05	7.59				
10		4#	1.29	2.48	5.12	7.54				
11		平均值	1.25	2.47	5.05	7.56				
12		偏差	0	−0.03	0.05	0.01				
13	10	1#	1.31	2.41	5.15	7.69	10.33			
14		2#	1.2	2.28	5.7	7.84	10.41			
15		3#	1.26	2.55	4.96	7.7	10.38			
16		4#	1.15	2.4	5	7.34	10.56			
17		平均值	1.23	2.41	5.2	7.64	10.42			
18		偏差	−0.02	−0.09	0.2	0.14	0.42			
19	15	1#	1.18	2.49	5.36	7.23	10.58	12.5	15.44	
20		2#	1.18	2.22	4.91	7.12	10.87	13.18	15.21	
21		3#	1.22	2.26	5.23	7.28	10.54	12.61	15.5	
22		4#	1.37	2.58	4.99	7.25	10.8	13.31	15.26	
23		平均值	1.24	2.39	5.12	7.22	10.69	12.9	15.35	
24		偏差	−0.01	−0.11	0.12	−0.28	0.69	0.4	0.35	
25	17.5	1#	1.15	2.68	4.79	7.33	10.76	12.12	15.52	17.36
26		2#	1.3	2.57	5.18	7.43	10.11	12.8	14.76	17.39
27		3#	1.24	2.48	5.11	7.32	10.9	12.3	15.34	17.18
28		4#	1.32	2.48	4.97	7.42	10.13	12.13	15.17	17.54
29		平均值	1.25	2.55	5.01	7.37	10.49	12.33	15.19	17.37
30		偏差	0	0.05	0.01	0.13	0.49	−0.17	0.19	−0.13

注:偏差值中负号表示实际加载的轴向荷载较设计荷载小。

　　由图 4-18 可知:荷载的监测数据在试验过程中根据分级荷载施加方案呈台阶式增加,当荷载等级较低时(图 4-18 中Ⅰ、Ⅱ级荷载阶段),轴向应力的监测数据几乎一致。随着荷载等级的逐渐增加,模具的荷载监测数据与分级荷载设计值之间存在一定偏差,最大偏差为0.42 MPa(表 4-4),但是各模具之间的偏差也不大,并不影响重组试样力学性能的对比和分析。造成类似偏差的主要原因包括：

（1）不同荷载是通过固定质量（5 kg、10 kg 和 20 kg）的砝码加载的，这些固定质量砝码的组合很难与设计荷载值完全匹配。

（2）岩体在受力被压缩变形过程中，杠杆及压杆均有一定角度的偏转，这种偏转导致杠杆作用的力臂长度发生变化，导致轴向应力的微增或微减。

（3）重组装置的部件生锈或者部件之间的摩擦等也会造成荷载设计值与按计算砝码组合进行加载得到的监测数据之间存在微小偏差。

4.2.4　泥质弱胶结岩体结构重组试样

泥质弱胶结破裂岩体试样在相应轴向荷载作用下发生结构重组，为保持重组试样的含水率，从模具中取出重组试样后立即用保鲜袋和保鲜膜多次包裹，用标签标记试样信息后用透明胶带进行密封，并放置在阴凉位置。当完成试样的重组后，对重组好的试样挨个拆封并进行切割和打磨得到开展力学试验的标准试样尺寸（图 4-19）。当试样加工完成后，按照取样时的方法对标准尺寸（ϕ50 mm×100 mm）的重组试样进行二次标记和包裹密封，等待试验。在进行试验时，将包裹的试样进行拆封，并立即装入乳胶膜中开展相关力学试验。试验结束后立即将破坏后的重组试样放入含水率测试仪中进行含水率测定，仪器为 XQ501 含水率测试仪。

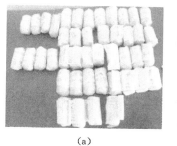　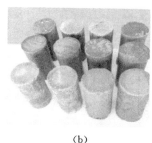　

（a）　　　　　　　　　　（b）　　　　　　　　　　（c）

图 4-19　泥质弱胶结结构重组岩体试样

4.3　泥质弱胶结结构重组岩体试样力学性能试验研究

对不同黏土矿物含量和结构重组荷载作用下形成的泥质弱胶结破坏岩体的结构重组试样分别进行相应单、三轴力学试验，揭示泥质弱胶结岩体力学性能随着黏土矿物含量、含水率及应力状态等因素变化的演化规律。

4.3.1　试验系统及试验过程

4.3.1.1　试验系统及工作原理

考虑到泥质弱胶结岩体的强度较低，若采用高荷载和高刚度的 MTS815.02 电液伺服岩石力学试验系统，将导致试验数据精度低。通过对多种试验机性能和参数的对比分析,结合泥质弱胶结岩体"软岩硬土"的力学特征,采用中国矿业大学的 GDS(global digital system)高级岩土三轴试验仪来开展泥质弱胶结结构重组岩体试样的相关力学性能试验。

GDS 高级岩土三轴试验仪由围压控制器、压力室和数据采集系统组成,如图 4-20 所示。围压控制器与数据采集板和压力室相连,通过水来传递压力。

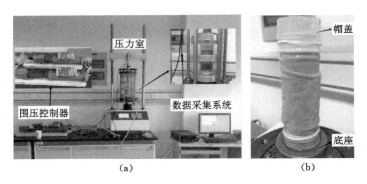

(a)　　　　　　　　　　　　　　(b)

图 4-20　GDS 电液伺服高级岩土三轴试验仪

试样采用乳胶膜包裹后放置在压力室底座上,试样上端通过盖帽结构与轴压传感器连接,轴向荷载通过伺服电机控制底座的升降来加卸载;轴压传感器和轴向位移传感器分别与采集板上对应的通道接口相连;围压控制器一端通过向压力室压入或吸出蒸馏水以提供精确的围压,另一端与采集板连接采集围压数据;采集板接收压力传感器和位移传感器信号,并将相应信号传输至计算机,通过与 GDS 电液伺服高级岩土三轴试验仪配套的分析软件GDSLAB 显示并保存试验数据[235-237]。

4.3.1.2　试验过程

采用 GDS 高级岩体三轴试验仪来进行泥质弱胶结结构重组岩体试样力学性能研究主要包含如下步骤:

① 将标准尺寸(ϕ 50 mm × 100 mm)的泥质弱胶结结构重组岩体试样装进直径为50 mm、长度为 130 ~150 mm 的乳胶膜中,富余长度的乳胶膜与压力室中的底座和帽盖连接,并用橡皮筋勒紧连接部位,目的是防止压力室中的水在压力作用下穿过乳胶膜和试样接触,影响试验结果。

② 当试样放置在底座上之后,安装压力室外仓,打开外仓顶部的泄气阀,并通过潜水泵往压力室注水,同时让围压控制器慢慢吸入蒸馏水,为三轴试验过程中的围压控制做准备。当压力室内的水通过泄气阀排出后,立即关闭泄气阀和潜水泵,将围压控制器与压力室连接。

③ 通过伺服电机调节压力室中试样的位置,使压力室中的试样与上部横梁微接触。

④ 在计算机上通过 GDSLAB 程序设置围压和轴向加载速率,并开始试验。GDS 三轴试验仪压力室的最大荷载为 3 MPa,即试验过程中能提供的最大围压为 3 MPa。由于压力室外仓长期处于受压工作状态,容易受损。因此,在实验室老师的指导和建议下,围压分别选为 0.5 MPa、1.5 MPa 和 2.5 MPa,通过计算机设定,先将围压通过围压控制器加载至设定试验值后再施加轴压。轴向荷载采用控制轴向位移的方式进行加载,加载速率为 0.02 mm/min。

⑤ 试样破坏后停止加载,保存试验数据。为防止压力室内的水大量倒流入围压控制器中,影响控制器的寿命,在试样拆卸之前先将围压控制器的入水口从压力室的接口上卸下,并在压力室接口接上潜水泵导水管,打开泄气阀,将压力室内的水放入水桶中,以备下次使用。最后卸载压力室外仓,取出破坏后的试样,清洗底座和帽盖,并进行下一组试验。

4.3.2 试验数据分析

根据泥质弱胶结结构重组岩体试样的力学参数,重点分析黏土矿物含量、含水率及重组荷载(应力状态)对结构重组岩体强度的影响,以揭示泥质弱胶结结构重组岩体在赋存环境和应力环境作用下的力学性能演化规律。

4.3.2.1 黏土矿物含量对结构重组岩体强度的影响

(1)黏土矿物含量对结构重组岩体强度和变形特征的影响

受黏土矿物含量的影响,泥质弱胶结岩体极易吸水、软化和崩解。软化后的破坏岩体在一定赋存环境和应力环境的共同作用下发生结构重组,重组后的岩体具有一定的承载能力。泥质弱胶结破坏岩体发生结构重组所需条件包括:黏土矿物含量、含水率、赋存环境和应力环境。其中,黏土矿物含量是决定泥质弱胶结岩体能否发生结构重组以及结构重组岩体强度的内在最基本因素,而后三者是影响泥质弱胶结结构重组岩体强度的外部客观因素。

为研究黏土矿物含量对泥质弱胶结结构重组岩体强度的影响,以原生地层自重压力为重组试验的轴向荷载。除了对现场取到的 3 种不同黏土矿物含量的泥质弱胶结岩体进行分析外,同时也根据表 4-1 进行相对较低黏土矿物含量的泥质弱胶结岩体的制样,得到黏土矿物含量分别为 0~15% 的相对较低黏土矿物含量的结构重组试样,如图 4-21 所示。

(a)黏土矿物含量为0~15%的结构重组试样　　(b)黏土矿物含量为0的取样结果

图 4-21　不同黏土矿物含量的重组试样

由图 4-21 可知:当黏土矿物含量为 0 和 5% 时,通过结构重组装置得到的岩体试样极易发生破坏,几乎不具有任何强度,而当黏土矿物含量达到 10% 以后,重组试样的完整性较好,能用于开展岩石的力学性能研究。因此,将黏土矿物含量为 5%~10% 区间作为泥质弱胶结岩体能够发生结构重组并形成具有一定力学性能的临界区间。

分别对黏土矿物含量为 10%、15% 以及 3 种原生地层的结构重组试样(黏土矿物含量分别为 21%、33% 和 51%)进行岩石力学性能试验,不同黏土矿物含量结构重组试样的应力-应变关系曲线如图 4-22 所示,相关力学参数见表 4-5。

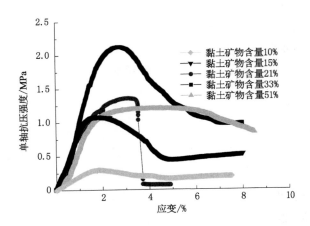

图 4-22　不同黏土矿物含量的泥质弱胶结结构重组试样的应力-应变关系曲线

表 4-5　不同黏土矿物含量的泥质弱胶结岩体的力学参数

编号	黏土矿物含量	含水率	峰值应力/MPa	峰值应变	弹性模量/MPa
1	10%	13.76%	0.29	1.79%	19.2
2	15%	14.58%	1.08	1.75%	23.8
3	21%	14.12%	1.36	3.30%	45
4	33%	12.92%	2.12	2.70%	205
5	51%	14.41%	1.20	3.16%	45

结构重组岩体试样的单轴抗压强度和弹性模量随着黏土矿物含量变化的规律如图 4-23 所示。由图 4-21 和表 4-5 可知：当试样中含水率约为 14% 时，随着黏土矿物含量的增加，泥质弱胶结岩体试样的单轴抗压强度和弹性模量逐渐增大，当黏土矿物含量达到 33% 时（灰色泥岩），单轴抗压强度和弹性模量达到最大。若黏土矿物含量继续增加，岩体的单轴抗压强度和弹性模量又急剧降低，这是因为当含水率为 14% 时，泥质砂岩（黏土矿物含量为 21%）及黏土矿物含量更低的试样已经接近或处于塑限，相应导致岩体的强度较低，变形较大（即弹性模量较小）。而对于黏土矿物含量更高的黑色泥岩（黏土矿物含量为 21%），其强度不增反减，是因为黏土矿物含量过高降低了岩体中起承载作用的石英含量，表现出延性破坏。

当黏土矿物含量为 0% 时，重组试样的强度极低，因此该条件下的单轴抗压强度为 0 MPa，将其作为黏土矿物对泥质弱胶结岩体力学性能影响的边界并描绘在图 4-23(a) 中。对图 4-23(a) 中的黏土矿物含量由 0~33% 时的单轴抗压强度变化规律进行拟合，拟合方法分别采用线性拟合和逻辑拟合，其中线性拟合方程为：$\sigma = -0.10 - 6.76w$，$R^2 = 0.94$。逻辑拟合方程的通式见式 (3-9)，相关参数分别为：$A_1 = -0.03$，$A_2 = 2.55$，$x_0 = 0.19$，$P = 2.64$，$R^2 = 0.93$。虽然线性拟合的误差系数相对低一点，但是它不如逻辑拟合曲线更能反映在该含水条件下黏土矿物含量为 0~5% 时的单轴抗压强度为零（即在这种黏土矿物含量条件下岩体不能发生结构重组）的情况。

(2) 黏土矿物含量对泥质弱胶结岩体强度参数的影响

为研究黏土矿物含量对泥质弱胶结岩体内摩擦角和黏聚力的影响，以原生地层中 3 种

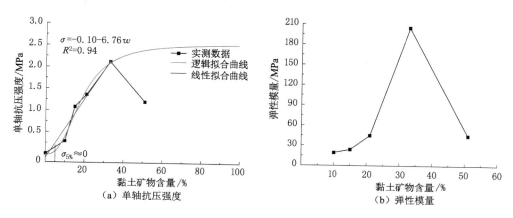

图 4-23　黏土矿物含量与泥质弱胶结试样力学参数的关系曲线

不同黏土矿物含量的岩体重组试样进行不同围压的力学试验,得到泥质弱胶结岩体结构重组试样在不同围压条件下的应力-应变关系曲线,如图 4-24 所示。试样的含水率约为 14%,根据图 4-24 得出原生地层荷载条件下泥质弱胶结结构重组岩体的最大轴向应力与围压的关系曲线,如图 4-25 所示,相关力学参数见表 4-6。

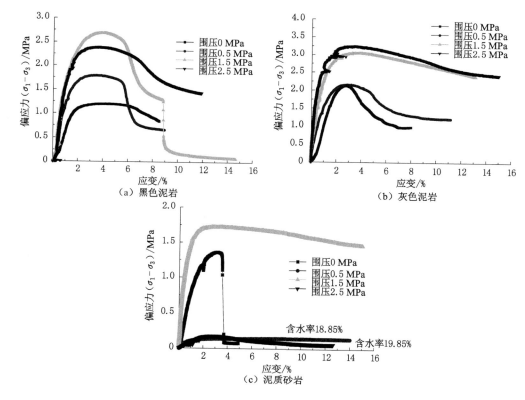

图 4-24　结构重组试样在不同围压作用下的应力-应变关系曲线
（含水率约为 14%,重组荷载为 7.5 MPa）

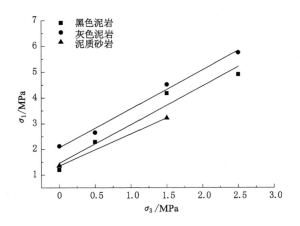

图 4-25　结构重组试样最大轴向应力与围压的关系曲线
（含水率约为 14%，重组荷载为 7.5 MPa）

表 4-6　不同黏土矿物含量的泥质弱胶结试样强度参数

编号	岩性	围压/MPa	含水率/%	峰值偏应力/MPa	峰值应变/%	黏聚力/MPa	内摩擦角/(°)
1-1	黑泥（黏土矿物含量 51%）	0	14.41	1.2	3.16	2.47	11.57
1-2		0.5	15.87	1.79	3.01		
1-3		1.5	14.56	2.68	3.70		
1-4		2.5	14.90	2.41	3.41		
2-1	灰泥（黏土矿物含量 33%）	0	13.92	2.12	2.70	2.88	11.68
2-2		0.5	13.43	2.15	2.84		
2-3		1.5	14.57	3.05	3.02		
2-4		2.5	13.65	3.25	3.01		
3-1	泥砂（黏土矿物含量 21%）	0	14.12	1.36	3.30	0.77	6.15
3-2		0.5	18.85	0.14	8.71		
3-3		1.5	12.95	1.72	2.71		
3-4		2.5	19.85	0.17	2.62		

由图 4-24 和图 4-25 可知：泥质弱胶结岩体在含水率约为 14% 时，随着围压的增加，其轴向荷载逐渐增大，且灰色泥岩的单轴抗压强度大于黑色泥岩和泥质砂岩，即当泥质弱胶结岩体的黏土矿物含量在 33% 附近时达到最大。对图 4-25 中的数据进行线性拟合，根据拟合参数和库仑准则得到不同黏土矿物含量的黑色泥岩、灰色泥岩和泥质砂岩的黏聚力分别为 2.47 MPa、2.88 MPa 和 0.77 MPa，与之相对应的内摩擦角分别为 11.57°、11.68° 和 6.15°。分析数据表明：黏土矿物含量对泥质弱胶结岩体黏聚力和内摩擦角的影响与其对岩体单轴抗压强度的影响规律一致。

4.3.2.2　含水率对泥质弱胶结岩体力学性能的影响

泥质弱胶结岩体强度低,遇水易软化崩解,由第 2 章的内容可知泥质弱胶结岩体的取样率较低,且其取样率随黏土矿物含量的增加逐渐降低,很难得到充足的试样开展泥质弱胶结岩体的力学性能试验。因此,本节对泥质砂岩和灰色泥岩的破坏岩体进行结构重组,对重组试样开展力学性能试验,结合重组试样和原生试样的试验数据,揭示含水率对泥质弱胶结岩体力学性能的影响。

（1）泥质砂岩（黏土矿物含量为 21%）

泥质砂岩重组试样与原生试样如图 4-26 所示,图中重组试样是开展力学试验破坏后的实拍图,该试样四周颜色比原生试样略深,这是由于黑色泥岩重组试验之后少量岩体颗粒粘贴在模具内壁上,在后期泥质砂岩结构重组时,泥质砂岩结构重组试样表面附着了黑色泥岩的残余颗粒、因而泥质砂岩表面的颜色比原生试样略深。

（a）重组试样（低含水率）　　（b）重组试样（高含水率）　　　（c）原生试样

图 4-26　泥质砂岩重组试样与原生试样实物图

泥质砂岩结构重组试样在单轴压缩条件下的应力-应变关系曲线如图 4-27 所示,结合第 2 章中原生试样的试验数据,得到原生地层条件下泥质砂岩不同含水率时应力峰值和弹性模量的变化规律,如图 4-28 所示,力学性能参数见表 4-7。

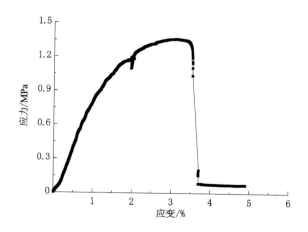

图 4-27　泥质砂岩结构重组试样的应力-应变关系曲线（含水率为 14.12%）

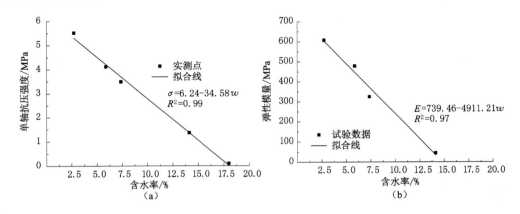

图 4-28　含水率对泥质砂岩结构重组试样力学性能的影响

表 4-7　泥质砂岩不同含水率时的力学性能参数

编号	试样类型	含水率/%	峰值偏应力/MPa	峰值应变/%	残余偏应力/MPa	弹性模量/MPa
1		2.73	5.52	1.51	0.15	608
2	原生试样	5.88	4.11	1.65	0.80	478
3		7.36	3.49	1.63	0.07	325
4	重组试样	14.12	1.36	3.30	0.96	45

由第 2 章内容可知泥质砂岩的塑限为 18%，此时泥质砂岩的强度极低(令其单轴抗压强度为 0.1 MPa)。为了提高试验结果的准确性，控制泥质砂岩试样的最大含水率略小于塑限。由图 4-28 可知含水率对泥质砂岩的单轴抗压强度和弹性模量的影响呈线性递减变化。对试验数据进行拟合，得到泥质砂岩含水率对单轴抗压强度的影响为：$\sigma = 6.24 - 34.58w$，$R^2 = 0.99$；泥质砂岩含水率对弹性模量的影响为：$E = 739.46 - 4\,911.21w$，$R^2 = 0.97$。由拟合关系可知该原生地层中泥质砂岩的单轴抗压强度和弹性模量的极大值分别约为 6.24 MPa 和 0.74 GPa。

（2）灰色泥岩（黏土矿物含量为 33%）

灰色泥岩结构重组试样与原生试样如图 4-29 所示，与泥质砂岩一样，因为受重组模具内筒壁上残留的黑色泥岩影响和含水率偏高，重组试样的颜色偏深。

（a）重组试样　　　　　（b）原生试样

图 4-29　灰色泥岩的结构重组试样与原生试样

灰色泥岩结构重组试样单轴压缩时的应力-应变关系曲线如图 4-30 所示,结合第 2 章中原生试样的部分试验结果,得到原生地层条件下灰色泥岩不同含水率时应力峰值和弹性模量的变化规律,如图 4-31 所示,力学性能参数见表 4-7。

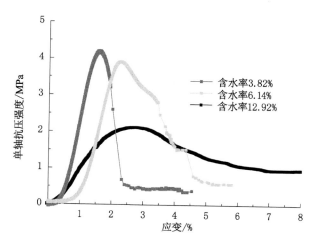

图 4-30 灰色泥岩结构重组试样应力-应变关系曲线

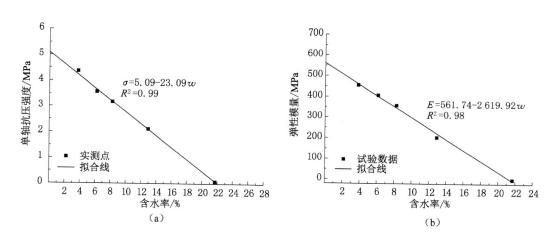

图 4-31 含水率对灰色泥岩结构重组试样力学性能的影响

表 4-8 灰色泥岩不同含水率时的力学性能参数

编号	岩性	含水率/%	抗压强度/MPa	峰值应变/%	弹性模量/MPa
1	重组试样	3.82	4.21	1.59	461
2	重组试样	6.14	3.67	2.27	400
3	原生试样	8.23	3.18	1.29	358
4	重组试样	12.92	2.12	2.70	205

由第 2 章泥质弱胶结岩体的液、塑限分析可知黑色泥岩的塑限高于灰色泥岩,但是黑色泥岩含水率为 22.43％时的单轴抗压强度和弹性模量仅为 0.14 MPa 和 0.008 GPa,将该值作为灰色泥岩高含水率时的抗压强度和弹性模量边界值,对图 4-30 中各散点进行拟合。由图 4-30 可知:含水率对灰色泥岩的单轴抗压强度和弹性模量的影响呈线性递减,对试验数据进行线性拟合,得到灰色泥岩中含水率对其单轴抗压强度的影响为:$\sigma=5.09-23.09w$,$R^2=0.99$;灰色泥岩中含水率对弹性模量的影响为:$E=561.74-2619.92w$,$R^2=0.98$。由拟合关系可知该原生地层中灰色泥岩的单轴抗压强度和弹性模量的极大值分别约为 5.09 MPa 和 0.56 GPa。

(3)黑色泥岩(黏土矿物含量为 51％)

由于黑色泥岩的黏土矿物含量较大,几乎不能在原生岩体中直接取出标准尺寸的试样,因此,原生地层中含水率对黑色泥岩力学性能的影响研究是完全基于结构重组试样。黑色泥岩的结构重组试样(破坏后)如图 4-32 所示。

(a)含水率较低　　　　　　(b)中等含水率　　　　　　(c)含水率较高

图 4-32　黑色泥岩的结构重组试样

黑色泥岩的结构重组试样单轴压缩时的应力-应变关系曲线如图 4-33 所示。对试验数据进行拟合,得到原生地层条件下灰色泥岩不同含水率时的应力峰值和弹性模量的变化规律如图 4-34 所示,力学性能参数见表 4-9。

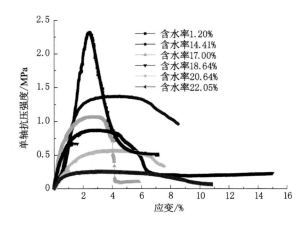

图 4-33　黑色泥岩结构重组试样单轴压缩时的应力-应变关系曲线

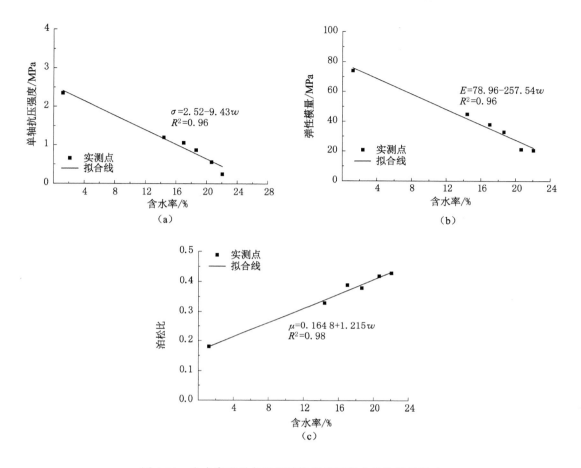

图 4-34 含水率对黑色泥岩结构重组试样力学性能的影响

表 4-9 黑色泥岩结构重组试样不同含水率时的力学性能参数

编号	含水率/%	峰值应力/MPa	峰值应变/%	弹性模量/MPa
1	1.20	2.30	2.33	74
2	14.41	1.2	3.16	45
3	17.00	1.06	2.51	38
4	18.64	0.87	2.74	33
5	20.64	0.56	3.65	21.2
6	22.05	0.25	3.08	20.6

由黏土矿物含量相对较低的泥质砂岩和灰色泥岩的数据分析可知单轴抗压强度、弹性模量和泊松比均与岩体含水率呈线性关系。因此,对图 4-34 中的散点数据进行线性拟合,得到黑色泥岩含水率与其单轴抗压强度的关系式:$\sigma = 2.52 - 9.43w$,$R^2 = 0.96$;黑色泥岩含

水率与弹性模量的关系式：$E=78.96-257.54w$，$R^2=0.96$；黑色泥岩含水率与泊松比的关系式：$\mu=0.164\,8+1.215w$，$R^2=0.98$。根据拟合关系可知该原生地层中黑色泥岩的单轴抗压强度和弹性模量的极大值分别约为 2.52 MPa 和 0.07 GPa。

（4）含水率对不同黏土矿物含量的泥质弱胶结岩体力学性能的影响

为研究含水率对不同黏土矿物含量的泥质弱胶结岩体力学性能的影响，将图 4-28、图 4-31 和图 4-34 中的线性拟合直线进行对比分析，如图 4-35 所示。

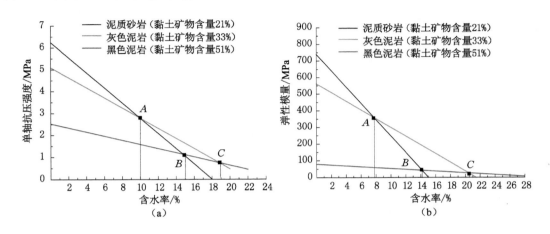

图 4-35　含水率对泥质弱胶结结构重组试样力学参数的影响

由图 4-35 可知泥质弱胶结岩体力学参数随含水率的增大均呈线性递减，但不同黏土矿物含量岩体的参数随含水率增加而减小的速率（即直线斜率）各不相同。具体来讲，对于泥质砂岩，其力学参数随含水率变化的速度相对较快，且当该岩体含水率较低时其强度值相对较大，灰色泥岩次之，黑色泥岩最小，这说明黏土矿物含量越高，泥质弱胶结岩体力学参数受含水率的影响相对越小；相反，黏土矿物含量越低（但至少高于其发生结构重组的黏土矿物含量最低值），相对低含水率时的力学参数越高。

图 4-35 中，3 种不同黏土矿物含量的泥质弱胶结岩体随含水率变化的直线两两分别相交于 A、B 和 C。随着岩体含水率的增大，黏土矿物含量相对较低的泥质弱胶结岩体的力学性能参数线逐渐与黏土矿物含量相对较高的泥质弱胶结岩体的力学参数线逐渐相交，并最终降至最低。虽然这种变化规律是由岩体的黏土矿物含量直接导致的，但是也与黏土矿物含量对岩体液、塑限的影响有关，这是由于黏土矿物含量较低时泥质弱胶结岩体的液、塑限值较低（即达到可塑或流动状态所需的含水率较低），而岩土体在液、塑限范围内的强度和弹性模量可忽略不计。

图 4-35 中，A 点左侧直线段表示该区间范围内泥质砂岩的单轴抗压强度和弹性模量值最高，灰色泥岩次之，黑色泥岩最低；A 点至 B 点对应的横坐标区间范围的斜直线段表示这个区间范围内灰色泥岩的单轴抗压强度和弹性模量值最大，而泥质砂岩的相应参数值介于灰色泥岩和黑色泥岩之间；在 B 点至 C 点对应的横坐标区间范围的斜直线段表示，泥质砂岩的单轴抗压强度和弹性模量降至最低，岩体处于液塑性状态，同时灰色泥岩的强度和弹性模量仍高于黑色泥岩。当泥质弱胶结岩体中的含水率继续增大并超过 C 点对应的横坐标后，灰色泥岩的单轴抗压强度和弹性模量的拟合值低于黑色泥岩，但此时岩体含水率相对较

高,单轴抗压强度和弹性模量值均较小。

4.3.2.3 不同应力条件下泥质弱胶结岩体力学性能

为研究泥质弱胶结岩体不同埋深时的力学性能演化规律,以黏土矿物含量为 55% 的黑色泥岩为研究对象,对其进行施加不同轴向荷载的结构重组演化试验。

（1）高含水率条件下不同应力状态的结构重组试样力学性能

含水率相对较高的泥质弱胶结结构重组试样在不同围压作用下的应力-应变关系曲线如图 4-36、图 4-37、图 4-38 和图 4-39 所示。

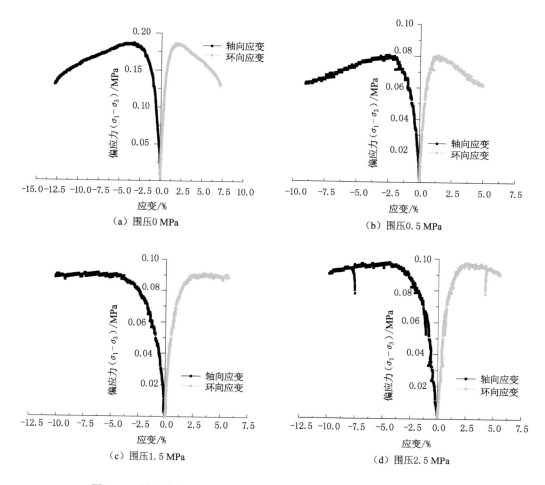

图 4-36　轴向荷载为 0.2 MPa 时的结构重组试样的应力-应变关系曲线

由图 4-36 可知当岩体试样含水率达到 21% 之后,岩体的抗压强度极低,仅为 0.19 MPa。在三轴试验条件下,随着含水率的和围压的增大,岩体的偏应力峰值更低,仅为 0.09 MPa,即试样受到的最大轴向荷载与围压值几乎相等,试样呈现塑性变形。并将表 4-10 中编号 1-1 至编号 1-4 与编号 4-1 进行比较可知高含水率条件下的岩体试样的力学参数几乎与岩体的结构重组荷载（应力状态）无关。

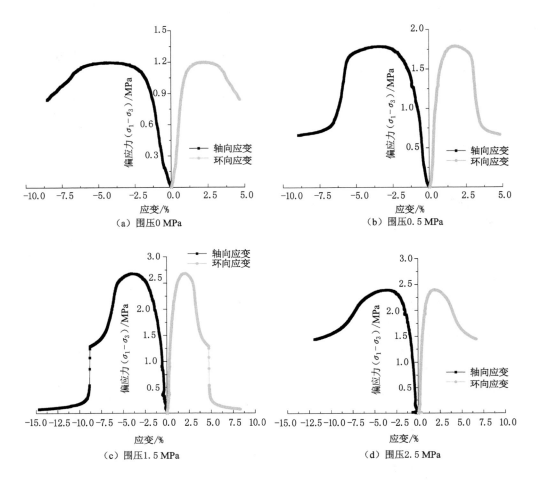

图 4-37　轴向荷载为 7.5 MPa 时的结构重组试样的应力-应变关系曲线

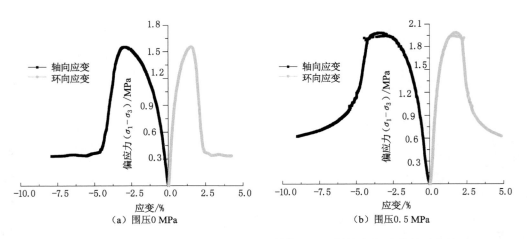

图 4-38　轴向荷载为 10 MPa 时的结构重组试样的应力-应变关系曲线

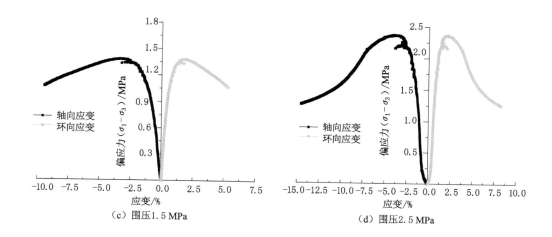

（c）围压1.5 MPa　　　　（d）围压2.5 MPa

图 4-38（续）

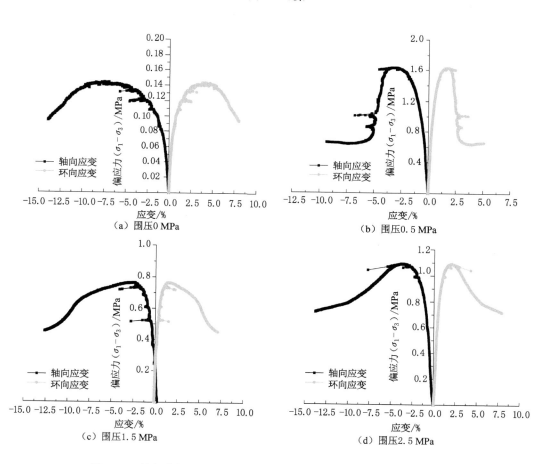

（a）围压0 MPa　　　　（b）围压0.5 MPa

（c）围压1.5 MPa　　　　（d）围压2.5 MPa

图 4-39　轴向荷载为 15 MPa 时的结构重组试样的应力-应变关系曲线

表 4-10　含水率相对较高的泥质弱胶结岩体力学参数

编号	重组荷载/MPa	围压/MPa	含水率/%	峰值应力/MPa	峰值应变/%	残余应力/MPa
1-1		0	21.68	0.19	3.30	0.13
1-2	0.2	0.5	25.13	0.08	3.25	0.06
1-3		1.5	23.35	0.09	4.55	0.09
1-4		2.5	23.89	0.09	4.30	0.09
2-1		0	14.41	1.2	3.16	0.13
2-2	7.5	0.5	15.87	1.79	3.01	0.67
2-3		1.5	14.56	2.68	3.70	0.11
2-4		2.5	14.90	2.41	3.41	1.44
3-1		0	16.12	1.55	3.00	0.33
3-2	10	0.5	16.08	1.98	3.33	0.63
3-3		1.5	16.72	1.37	3.23	1.07
3-4		2.5	15.28	2.36	3.73	1.26
4-1		0	22.43	0.14	4.22	0.09
4-2	15	0.5	14.90	1.63	3.10	0.65
4-3		1.5	18.58	0.76	3.02	0.46
4-4		2.5	17.65	1.09	3.19	0.72

对比表 4-10 中不同轴向荷载作用下结构重组岩体的峰值应变可知:相对较高的含水率时,泥质弱胶结结构重组岩体试样的峰值应变随着含水率的增大而增大,当平均含水率由14.94%(结构重组荷载为 7.5 MPa)逐渐增至 23.51%(结构重组荷载为 0.2 MPa)时,平均峰值应变由3.32%升高到 3.85%。

（2）低含水率时不同应力状态的结构重组试样力学性能

如上所述,在开展泥质弱胶结岩体的结构重组试验过程中,受复杂因素影响,结构重组试样中的水分不易从模具中析出,因此结构重组后的泥质弱胶结试样通常含水率较高。为了得到较低含水率的岩体试样,对剩余不同轴向荷载作用下的结构重组试样进行养护,并开展单、三轴力学试验,得到不同围压作用下泥质弱胶结岩体的应力-应变关系曲线,分别如图 4-40、图 4-41 和图 4-42 所示,相关力学参数见表 4-8。

根据图 4-40 至图 4-42 中不同轴向荷载作用下泥质弱胶结岩体结构重组试样的单轴试验数据,并结合图 4-33 中轴向荷载为 7.5 MPa 时黑色泥岩(含水率 1.2%)结构重组试验结果进行线性拟合,研究不同轴向荷载(应力状态)条件下试样低含水率时的力学性能演化规律,如图 4-43 所示。

由图 4-43 可知:当含水率较低(约为 2%)时,泥质弱胶结岩体结构重组试样单轴抗压强度随着结构重组荷载的增大而增大,这一结果与上述分析的高含水率时不同,说明泥质弱胶结岩体强度特性不仅受含水率影响,还与破裂岩体所受的应力状态有关。对试验数据进行

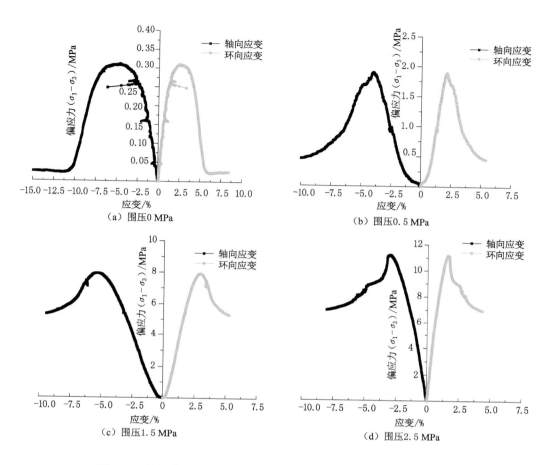

图 4-40　轴向荷载为 5 MPa 时的结构重组试样的应力-应变关系曲线

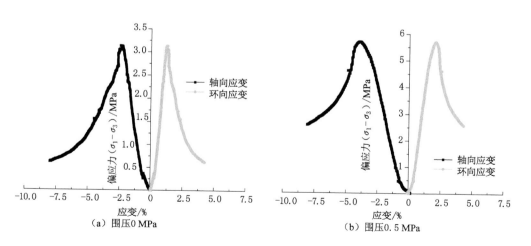

图 4-41　轴向荷载为 15 MPa 时的结构重组试样的应力-应变关系曲线

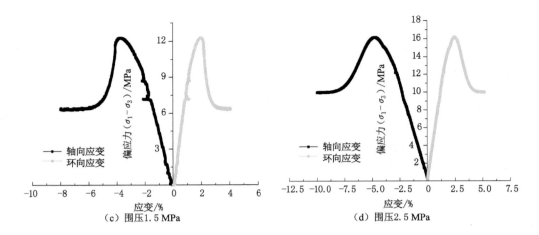

（c）围压1.5 MPa

（d）围压2.5 MPa

图 4-41（续）

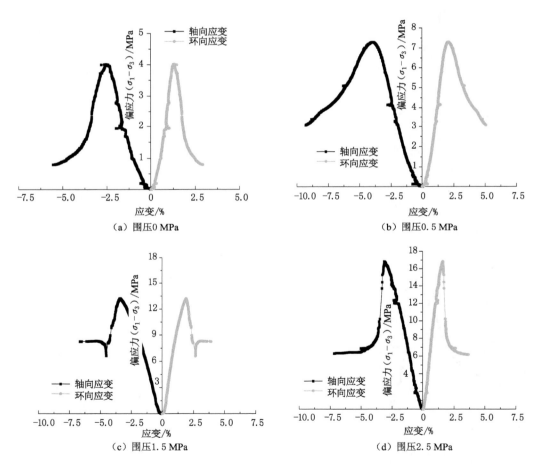

（a）围压0 MPa

（b）围压0.5 MPa

（c）围压1.5 MPa

（d）围压2.5 MPa

图 4-42　轴向荷载为 17.5 MPa 时的结构重组试样的应力-应变关系曲线

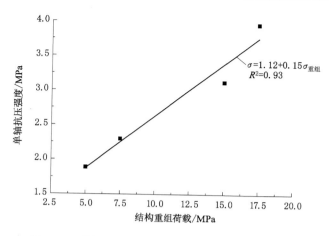

图 4-43　结构重组荷载与单轴抗压强度的关系曲线

线性拟合,近似得到泥质弱胶结岩体(黏土矿物含量为 51%)在近似干燥条件下的单轴极限荷载与结构重组荷载(应力状态)的关系:$\sigma = 1.12 + 0.15\sigma_{重组}$,$R^2 = 0.93$。

　　根据图 4-40 至图 4-42 中不同围压作用下泥质弱胶结岩体的应力-应变关系曲线得到轴向应力和弹性模量与围压的关系,如图 4-44 所示。对图中试验数据进行线性拟合,最大轴向应力和弹性模量与围压的线性拟合方程见表 4-11。

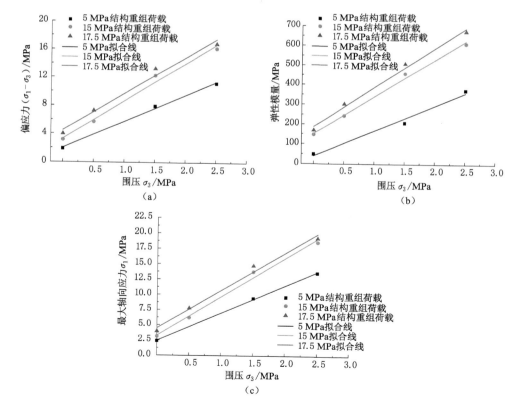

图 4-44　泥质弱胶结结构重组试样力学参数与围压的关系曲线(含水率约为 2%)

表 4-11　最大轴向应力和弹性模量与围压的拟合关系

编号	拟合对象	重组荷载/MPa	拟合方程	相关系数
1	最大轴向应力	5	$\sigma_1 = 2.46 + 4.52\sigma_3$	$R^2 = 0.99$
2		15	$\sigma_1 = 3.73 + 6.36\sigma_3$	$R^2 = 0.98$
3		17.5	$\sigma_1 = 4.50 + 6.18\sigma_3$	$R^2 = 0.97$
4	弹性模量	5	$E = 39.06 + 128.03\sigma_3$	$R^2 = 0.98$
5		15	$E = 152.07 + 189.05\sigma_3$	$R^2 = 0.99$
6		17.5	$E = 187.36 + 201.02\sigma_3$	$R^2 = 0.98$

根据图 4-44 中最大轴向应力和弹性模量与围压的关系,结合库仑准则分别得到不同重组荷载(应力状态)条件下含水率约为 2% 时泥质弱胶结岩体的黏聚力(c)和内摩擦角(φ),详见表 4-12。

表 4-12　含水率相对较高时泥质弱胶结岩体力学参数

编号	重组荷载/MPa	围压/MPa	含水率/%	峰值应力/MPa	峰值应变/%	残余应力/MPa	弹性模量/MPa	内摩擦角/(°)	黏聚力/MPa
1-1	5	0	20.09	0.31	4.37	0.03	12.95	24.95	1.44
1-2		0.5	2.65	1.89	4.02	0.45	48.3		
1-3		1.5	3.13	7.91	5.31	5.30	208		
1-4		2.5	3.65	11.15	2.97	6.97	373		
2-1	15	0	1.20	3.12	2.42	0.62	146	32.18	1.76
2-2		0.5	2.89	5.69	3.91	2.59	243		
2-3		1.5	3.77	12.25	3.01	7.38	458		
2-4		2.5	2.03	16.17	3.97	9.94	612		
3-1	17.5	0	1.51	3.96	2.52	0.80	168	39.51	1.46
3-2		0.5	2.58	7.27	3.81	3.09	302		
3-3		1.5	2.21	13.25	3.35	8.26	509		
3-4		2.5	1.31	16.83	3.71	6.17	675		

由表 4-12 可知:随着结构重组荷载的增大,泥质弱胶结结构重组岩体的内摩擦角逐渐增大,而黏聚力变化不大。同时,将该值与表 4-6 中含水率相对较高(约 14%)时的内摩擦角和黏聚力相比可知含水率越低,泥质弱胶结岩体的内摩擦角越大,而对黏聚力的影响相对较小。

4.3.3　泥质弱胶结结构重组岩体破坏形态

根据上述试验数据分析可知泥质弱胶结结构重组岩体强度与变形特征同时受黏土矿物含量和含水率等因素的影响。具体来说,当岩体中黏土矿物含量和含水率较高时,岩体的强度较低,其破坏形式为峰后塑性流动。相反,当岩体中黏土矿物含量和含水率较低时,岩体的强度相对较高,其破坏形式为脆性破坏。下面分别以黏土矿物含量和含水率为影响因子,分析泥质弱胶结岩体在相应力学环境下的破坏形态。

4.3.3.1　黏土矿物含量对泥质弱胶结结构重组岩体破坏形态的影响

含水率约为 14％的不同黏土矿物含量的泥质弱胶结岩体在单轴压缩下的破坏形态如图 4-45 所示。为便于描述泥质弱胶结结构重组岩体破坏形态,分别引入 D_w、D_s、α 角和 A 点来分析,其中 D_w 表示主裂纹与试样侧线的交点距试样上端面的垂直距离,D_s 表示主裂纹与试样上、下端面交点距试样与非 D_w 端侧线的水平距离,α 角表示主裂纹与水平面的夹角,A 点表示试样中轴线与中平面的交点。

由图 4-45 可知当含水率约为 14％时,不同黏土矿物含量的泥质弱胶结岩体的破坏形态包括非对称单斜面剪切破坏、张拉与剪切共存、纯张拉破坏、局部的张拉与多组剪切破坏和对称单斜面剪切破坏。

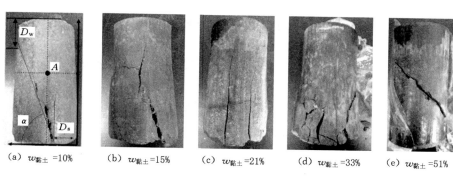

(a) $w_{黏土}=10\%$　　(b) $w_{黏土}=15\%$　　(c) $w_{黏土}=21\%$　　(d) $w_{黏土}=33\%$　　(e) $w_{黏土}=51\%$

图 4-45　不同黏土矿物含量结构重组试样的单轴压缩破坏形态($w\approx14\%$)

由图 4-45 可知黏土矿物含量对泥质弱胶结结构重组岩体试样单轴压缩破坏形态的影响:随着黏土矿物含量的增加,破坏形态经历了非对称单斜面剪切破坏($w_{黏土}=10\%$)→张拉与剪切共存($w_{黏土}=15\%$)→纯张拉破坏($w_{黏土}=21\%$)→局部的张拉与多组剪切破坏($w_{黏土}=33\%$)→对称单斜面剪切破坏($w_{黏土}=51\%$)。弱胶结结构重组岩体中黏土矿物含量低于 15％时,为剪切破坏;随着黏土矿物含量继续增加,当黏土矿物含量超过 33％后,岩体破坏形态又变为剪切破坏。

(1) 非对称单斜面剪切破坏阶段

令 D_s 为试样破裂面在上、下端面上的截距,当泥质弱胶结岩体中黏土矿物含量为 10％时,破裂面穿过试样下端面[即 $D_s\neq0$,见图 4-38(a)],破裂面与试样上端面的距离 D_w 不为 0,说明试样发生剪切破坏,同时破裂面没有穿过试样轴线中心 A 点,且仅有的破裂面与水平面的夹角 $\alpha\neq90°$,即破裂面方向与试样轴向不平行,因此试样中不存在张拉破坏。由于剪切破坏面非对称,剪切破坏后的试样分为两部分,且两部分试样的大小和形状都不相同。

(2) 张拉与剪切共存阶段

当黏土矿物含量增至 15％时,泥质弱胶结岩体结构重组试样在单轴压缩时的破裂面与水平面的夹角 α 增大,破裂面穿越试样中心 A 点并向上端面方向发育,如图 4-45(b)所示,说明试样中存在张拉破坏,且 $D_w\approx0.5H\neq0$,说明试样中存在剪切破坏。因此,当黏土矿物含量为 15％时,泥质弱胶结结构重组岩体试样($w=14\%$)在单轴压缩条件下同时发生张拉破坏和剪切破坏。

(3) 纯张拉破坏阶段

当黏土矿物含量达 21% 时,泥质弱胶结岩体结构重组试样在单轴压缩条件下的破裂面与试样轴线平行($\alpha \approx 90°$),裂纹及发育方向均与试样上、下端面相交($D_w = 0$),如图 4-45(c)所示,表明试样纯张拉破坏。

(4)局部的张拉与多组剪切破坏阶段

当黏土矿物含量增加到 33% 时,泥质弱胶结岩体结构重组试样的破坏首先发生在下端面,并逐渐向上端面扩展,试样中含有平行于试样轴向($\alpha \approx 90°$)的裂纹和与试样侧边相交的裂纹($\alpha \neq 90°$ 且 $D_w \neq 0$),说明随着黏土矿物含量的增加,试样的破坏形态从纯张拉破坏转变为局部的张拉和剪切破坏。

(5)对称单斜面剪切破坏阶段

随着黏土矿物含量继续增加至 51%,泥质弱胶结岩体结构重组试样在单轴压缩条件下的破裂面出现在经过 A 点、裂纹与水平面的夹角 $\alpha \neq 0$、$D_w \neq 0$ 且 $D_s = 0$,表明泥质弱胶结岩体的破坏形态从张拉和剪切共存的破坏形态转变为纯剪切破坏,黏土矿物含量较高时试样破坏形态与黏土矿物含量为 10% 的剪切破坏形态相比,形状相同且体积近似相等,因此可将其称为对称单斜面剪切破坏。

4.3.3.2 含水率对泥质弱胶结结构重组岩体破坏形态的影响

为揭示含水率对泥质弱胶结结构重组岩体破坏形态的影响,以黏土矿物含量最高的黑色泥岩(黏土矿物含量为 51%)为对象,分析不同含水率的黑色泥岩在单轴压缩和三轴压缩条件下的破坏形态的影响。

(1)含水率对泥质弱胶结结构重组岩体单轴破坏的影响

不同含水率泥质弱胶结结构重组岩体在单轴荷载作用下的破坏形态如图 4-46 所示。

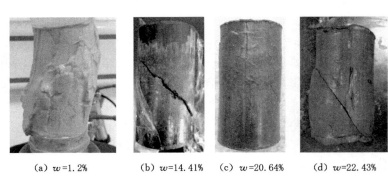

(a) w=1.2%　　(b) w=14.41%　　(c) w=20.64%　　(d) w=22.43%

图 4-46　单轴荷载作用下不同含水率黑色泥岩结构重组试样的破坏形态

由图 4-46 可知不同含水率的黑色泥岩在单轴压缩条件下的破坏形态主要包括张拉破坏、对称的单斜面剪切破坏、对称的单斜面剪切和塑性流动破坏、非对称的单斜面剪切和塑性流动破坏。具体的,当试样含水率较低(w=1.2%)时呈张拉破坏,如图 4-46(a)所示。随着试样含水率增加至 14.41%,裂纹扩展方向由平行于试样轴线逐渐向水平方向偏转,形成穿过试样中心 A 点、$D_w \neq 0$ 且 $D_s = 0$ 的对称的单斜面剪切破坏,如图 4-46(b)所示。当含水率增加至 20.64% 时,试样在单轴压缩过程中出现与含水率为 14.41% 时相同的单斜面剪切破裂面,同时试样出现一定的鼓胀,因此,在这种含水率条件下试样同时表现出对称的单斜面剪切和塑性流动破坏,如图 4-46(c)所示。当含水率继续增加至 22.43% 时,破裂面向试样下端面移动,导致破裂面不穿过 A 点且 $D_s \neq 0$,同时试样表现出明显的鼓胀,因此在这种含水率条件下,试样同时表现出非对称的单斜面剪切和塑性流动破坏,如图 4-46(d) 所示。

（2）含水率对泥质弱胶结结构重组岩体三轴破坏的影响

不同含水率泥质弱胶结结构重组岩体在三轴荷载作用下的破坏形态如图 4-47 所示。

(a) w=1.31%　　(b) w=2.03%　　(c) w=2.21%

(d) w=17.65%　　(e) w=18.58%　　(f) w=25.13%

图 4-47　三轴荷载作用下不同含水率黑色泥岩结构重组试样的破坏形态

由图 4-47 可知在三轴荷载作用下,不同含水率黑色泥岩重组试样的破坏形态主要包括单斜面剪切破坏和无宏观裂隙的鼓胀破坏。具体来说,当试样中的含水率较低（1.31%）时,重组岩体试样破坏面的 D_w 值很小,单一剪切破坏面几乎沿试样上、下两端面的对角线发生破坏,试样被破坏面分开的两部分的形状相似,体积几乎相等,如图 4-47(a)所示。随着试样含水率逐渐增加至 2.21%,黑色泥岩重组试样的破坏面的 D_w 值也逐渐增大,如图 4-47(a)至图 4-47(c)所示。但总体来说,试样被破坏面分开的两部分的形状仍然相似,体积依然几乎相等,因此含水率较低时黑色泥岩结构重组试样的破坏形态可视为对称的单一斜面剪切破坏。随着含水率继续增加至 18% 附近时,泥质弱胶结结构重组试样仍为单一切面的剪切破坏,但 D_w 明显增大,剪切破坏面与水平面的夹角 α 逐渐减小且剪切破坏面不过 A 点,试样表现出非对称的单一斜面剪切破坏,如图 4-47(d)和图 4-47(e)所示。此外,由图 4-47(e)可知含水率达到 18.58% 之后,除了宏观剪切破坏面以外,试样同时出现鼓胀。当含水率增加至 25.13% 时,试样含水率接近岩体塑限（w=28.70%）,此时试样不出现宏观破裂面而发生鼓胀破坏。

4.4　本章小结

本章利用泥质弱胶结岩体在一定环境条件和应力状态下发生结构重组的特性,采用改进后的结构重组试验装置对泥质弱胶结破裂岩体进行结构重组试验,并采用 DGS 高级电伺服三轴试验系统对结构重组试样进行相关力学试验,主要研究结论如下:

(1)改进后的结构重组试验装置提高了泥质弱胶结岩体结构重组装置的荷载上限,增大了试验安全系数和结构重组试样的成功率。泥质弱胶结破坏岩体结构重组演化过程中的监测数据表明:在分级荷载作用下,破裂岩体颗粒间的孔隙被逐级压密,重组模具提供的环向应力逐级增大,但增幅逐渐减小,这是由于试样中的自由水被排出(重组试样的含水率慢慢降低),导致结构重组试样的泊松比降低(即侧压力系数降低),且刚性重组模具的筒壁越厚,重组模具提供的环向应力值越大,但增幅相对较小。

(2)泥质弱胶结岩体发生结构重组所需的黏土矿物含量临界值约为 10%,当矿物组分中黏土矿物含量低于该临界值时不能发生结构重组;当含水率约为 14% 时,泥质弱胶结构重组岩体的强度随着黏土矿物含量的增加而增大,并在 $w_{黏土} \approx 33\%$ 时达到最大值,之后若黏土矿物含量继续增加,结构重组岩体的强度逐渐降低。

(3)泥质弱胶结岩体的峰值应力、弹性模量和泊松比随着含水率的增大呈线性逐渐降低,且黏土矿物含量越低时其降低幅度越大。对于原生地层中的 3 种泥质弱胶结岩体:泥质砂岩($w_{黏土}=21\%$)、灰色泥岩($w_{黏土}=33\%$)和黑色泥岩($w_{黏土}=51\%$),当 3 种试样的含水率 $w<10\%$ 时,$\sigma_{c-泥质砂岩} > \sigma_{c-灰色泥岩} > \sigma_{c-黑色泥岩}$;当 $10\% < w < 14.5\%$ 时,$\sigma_{c-灰色泥岩} > \sigma_{c-泥质砂岩} > \sigma_{c-黑色泥岩}$;当 $w>19\%$ 时,$\sigma_{c-黑色泥岩} > \sigma_{c-灰色泥岩} > \sigma_{c-泥质砂岩}$。3 种泥质弱胶结岩体的弹性模量变化规律类似于相对应的单轴抗压强度 σ_c,但含水率的临界变化点分别约为 8%、14% 和 20%。

(4)随着含水率的降低,泥质弱胶结岩体的内摩擦角逐渐增大,当含水率由 14% 降低 2% 时,内摩擦角由 11° 增加至 30°,而岩体的黏聚力变化不大,始终保持在 2.5 MPa 附近。当岩体含水率较低($w \approx 2\%$)时,随着结构重组荷载的增大,泥质弱胶结岩体中的单轴抗压强度、弹性模量和内摩擦角逐渐增大。

(5)引入 D_w、D_s、α 角和 A 点等来描述泥质弱胶结结构重组岩体的裂隙发育规律,在单轴压缩条件下,当 $w \approx 14\%$ 时,泥质弱胶结岩体的裂隙演化经历了以下五个阶段:非对称单斜面剪切破坏($w_{黏土}=10\%$)→张拉与剪切共存($w_{黏土}=15\%$)→纯张拉破坏($w_{黏土}=21\%$)→局部的张拉与多组剪切破坏($w_{黏土}=33\%$)→对称的单斜面剪切破坏($w_{黏土}=51\%$)。对于黑色泥岩($w_{黏土}=51\%$),在单轴压缩条件下,随着含水率的增大,试样的破坏形态变化过程为:张拉破坏→对称单斜面剪切破坏→对称单斜面剪切与微鼓胀共存的破坏→非对称单斜面剪切与鼓胀共存的破坏。随着 α 角逐渐减小,试样最终发生无宏观裂隙的鼓胀破坏。在三轴压缩条件下,随着含水率的增大,试样的破坏形态变化过程为:对称单斜面剪切破坏→非对称单斜面剪切破坏→无宏观裂纹的鼓胀破坏。

5 泥质弱胶结岩体水化-力学耦合损伤本构模型研究

岩石是一种自然条件下由矿物颗粒集合而成的工程材料,其内部结构复杂并表现出非均匀性[238-240]。受赋存环境、构造运动、地质演变以及人类活动等因素影响,岩石内部颗粒间出现微孔洞和微裂隙,随着影响的加剧,微孔隙和微裂隙开始发育、扩展、贯通并逐渐形成细观裂隙和宏观破裂面,从而影响岩石的力学性能。

泥质弱胶结岩体作为一种含黏土矿物的特殊软岩,与一般的岩石不同,其吸水极易软化和崩解,失水易风化。此外,泥质弱胶结岩体具有岩体的共性,即在外界复杂条件影响下内部出现损伤。目前部分学者从渗流-应力耦合[241-242]、温度场[243-245]和湿度场[246-248]等角度分析了岩石的损伤演化规律和本构关系。由第 2 章到第 4 章的研究成果可知泥质弱胶结岩体的含水率极易受赋存环境的影响,发生失水和吸水。岩体内部在失、吸水过程中产生损伤,并影响泥质弱胶结岩体的力学性能,相关论著同样指出[249]:水与岩石除了物理上的相互作用外,更为复杂的水化损伤对岩体的力学性能的影响高于前者。对于泥质弱胶结岩体,其内部黏土矿物(如高岭石、伊利石等)与水发生化学反应生成新的化合物,从而产生非单纯物理意义上的损伤,且水化损伤的影响比力学因素的影响还要严重,可由第 4 章不同荷载条件下结构重组试样的力学性能来说明。

本章在前人研究的基础上,采用合理的岩石损伤力学模型、强度准则和统计强度理论,并结合相关假设,建立泥质弱胶结岩体的水化损伤演化方程和水化损伤本构模型,并用第 4 章相关力学试验数据对泥质弱胶结岩体的水化损伤本构模型进行验证。

5.1 岩石损伤基础理论

对于损伤的概念,相关文献将其定义为材料在力、风、温度、腐蚀和辐射等外部条件下引起的材料内部微细观缺陷。损伤的过程被定义为这些缺陷的发育、扩张和贯通等内部结构演化,导致材料性能衰变的过程。这种定义范围内的损伤形态主要包括各种结构的孔洞群和微裂纹等,该类损伤形态主要是指物理意义上的缺陷,从而对岩体或材料产生性能上的劣化影响。

对于另外一些因素,它们对岩体或材料力学性能的影响不是由微孔隙和微裂隙的发育或扩张造成,但同样会引起材料性能的劣化,也是一种损伤。例如,① 泥质弱胶结岩体吸收微量水分后,少量的水分与黏土矿物结合形成新的化合物并以结合水的形态存在,岩体内部并不增加微观裂隙或者孔洞,吸水后岩体的力学性能降低;② 泥质弱胶结岩体发生结构重组,在不同重组荷载及赋存环境作用下形成的重组岩体含水率不同,但试样内部微观裂纹或孔洞几乎无差异,在这种情况下泥质弱胶结岩体的力学性能随着含水率发生变化,表现为随着含水率增大岩体力学性能逐渐衰减。本书认为,水化、氧化等化学或生物作用造成的岩石或材料非物理结构改变,但是对岩石或材料性能产生影响,也属于损伤范畴。因此本书将损伤的定义引申为:岩石或材料在物理、化学、生物等单一或复杂条件下引起的性能衰减。

5.1.1 岩石损伤变量的定义

损伤力学概念起源于卡恰诺夫(D. Krajcinovic)于 1958 年提出的完好度(损伤度)概念[250-252]。设材料在无损条件下的横截面面积为 S,损伤后的有效横截面面积为 S^*,材料的完好度用无量纲变量 ζ 来表示,定义为材料的有效横截面面积与无损条件下的横截面面积之比,即

$$\zeta = \frac{S^*}{S} \tag{5-1}$$

完好度 ζ 在 0~1 之间取值,$\zeta=1$ 时表明材料处于无损的理想状态,$\zeta=0$ 时表明材料处于完全损伤状态。

拉波诺夫(Y. N. Rabotnov)于 1963 年引入了损伤变量(D),并将其定义为完整材料在损伤后的完好度变化差值[253],即

$$D = 1 - \zeta = \frac{S - S^*}{S} \tag{5-2}$$

损伤变量的取值范围为 0~1,但与完好度相反,$D=1$ 时表明材料处于完全损伤状态,而 $D=0$ 时表明材料处于无损状态。

损伤材料的有效应力可表示为:

$$\sigma^* = \frac{\sigma}{1 - D} \tag{5-3}$$

材料的损伤通常是从微细观状态开始发育、扩展和贯通并逐渐增加,受试验条件和测量技术的限制,很难获得材料的有效横截面面积。为了间接测量材料的损伤,法国学者勒梅特(J. Lemaitre)提出了等效应变假设[254-255],该假设认为:材料在名义应力 σ 作用下引起损伤变形等效于有效应力 σ^* 作用下无损条件时的变形,即

$$\frac{\sigma}{E(1 - D)} = \frac{\sigma^*}{E} \tag{5-4}$$

后来的学者基于勒梅特的等效应变假设,提出了更具有普遍意义的广义等效应变原理:当材料处于多种损伤状态时,某一种损伤状态下的有效应力作用于其他损伤状态时引起的应变,等价于另一种损伤状态下的有效应力作用下,其他损伤状态时引起的应变。对于两种损伤状态,有如下关系[256-257]:

$$\frac{\sigma^{*1}}{E^2} = \frac{\sigma^{*2}}{E^1} \tag{5-5}$$

式中,σ^{*1}、E^1 表示第一种损伤状态时的有效应力和弹性模量;σ^{*2}、E^2 表示第二种损伤状态时的有效应力和弹性模量。

5.1.2 岩石损伤力学的基础理论

岩石是一种天然材料,受矿物组分、荷载、赋存环境等因素影响,表现出非均质和各向异性等特点。自从统计概念于 1933 年被引入材料的强度理论以来,诸多学者从理论和试验等

角度分析了岩石细观结构的非均匀性和岩石损伤结构的统计规律,并取得了丰硕的研究成果。

岩石的强度准则是判定岩土工程在某种应力状态下是否发生破坏的判据。基于统计强度的岩石损伤力学是从岩石的细观结构服从某一统计分布假设出发,结合岩石的屈服准则来揭示岩石应力-应变关系的非线性变化规律。

5.1.2.1 统计模型

从损伤角度出发,分析岩石细观结构服从的统计分布,为研究岩石的细观损伤本构方程奠定基础。常见的统计模型有:指数分布、均匀分布、正态分布、泊松分布、韦伯分布及皮尔森分布簇等[258-259]。

(1)单参数分布模型——指数分布模型

设随机变量 x 服从参数为 λ 的指数分布,则指数分布的概率密度函数为:

$$f(x) = \begin{cases} \lambda e^{-\lambda x} & (x > 0) \\ 0 & (x \leqslant 0) \end{cases} \tag{5-6}$$

式中,λ 是常数,$\lambda > 0$。

指数分布的累计概率分布函数为:

$$F(x) = \begin{cases} 1 - e^{-\lambda x} & (x > 0) \\ 0 & (x \leqslant 0) \end{cases} \tag{5-7}$$

参数为 λ 的指数分布的概率密度和分布函数图像如图 5-1 所示。

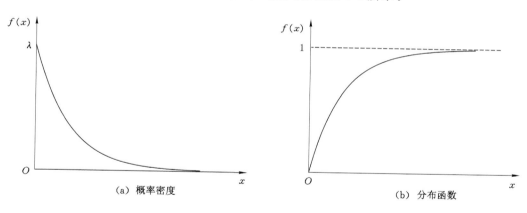

(a) 概率密度　　　　　　　　　(b) 分布函数

图 5-1　指数分布模型曲线

由图 5-1 和式(5-6)可知指数分布模型仅有一个参数 λ,其概率密度随着随机变量 x 的增大单调递减,能反映某特定条件下材料中微裂隙和微孔洞的发育速度逐渐衰减的损伤演化过程,但很难全面反映岩石在未知复杂条件下的微裂隙和孔洞的发育、扩展情况,如微裂隙和微孔洞的发育扩展速度先增后减的损伤演化过程。

(2)双参数分布模型——正态(高斯)分布模型

设随机变量 x 服从参数为 μ 和 σ 的正态(高斯)分布,则正态分布的概率密度函数为:

$$f(x) = \frac{1}{\sqrt{2\pi}\sigma} e^{-\frac{(x-\mu)^2}{2\sigma^2}} \quad (-\infty < x < +\infty) \tag{5-8}$$

式中,μ,σ 为常数。

正态分布的累计概率分布函数为：

$$F(x) = \frac{1}{\sqrt{2\pi}\,\sigma} \int_{-\infty}^{x} e^{-\frac{(x-\mu)^2}{2\sigma^2}} dt \qquad (5\text{-}9)$$

参数为 μ 和 σ 的正态分布的概率密度曲线如图 5-2 所示。由图 5-2 和式(5-8)可知正态分布概率密度图像为钟形曲线，曲线由 μ 和 σ 两个参数决定，其中 μ 反映的是曲线的峰值位置和对称中心。从几何意义来讲，参数 σ 反映的是钟形曲线的"高矮胖瘦"，即参数 σ 与曲线的陡峭程度成正比。从数据角度来讲，参数 σ 与数据的分散程度成正比。

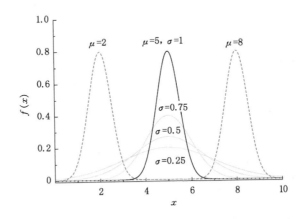

图 5-2　正态分布概率密度曲线

与指数分布模型对比，正态分布多了一个参数，能反映材料中微裂隙和孔洞等先增后减的损伤演化过程，但正态分布不能反映微裂隙等的偏斜损伤演化分布过程。

（3）三参数分布模型——韦伯分布模型

韦伯分布由瑞典物理学家 Wallodi Weibull 于 1939 年引入，它对各类试验数据的拟合能力较强。设随机变量 x 服从参数为 λ、μ 和 σ 的韦伯分布，则韦伯分布的概率密度函数为：

$$f(x) = \begin{cases} \dfrac{\lambda}{\sigma}\left(\dfrac{x-\mu}{\sigma}\right)^{\lambda-1} \exp\left[-\left(\dfrac{x-\mu}{\sigma}\right)^{\lambda}\right] & [x \in [\mu, \infty)] \\ 0 & [x \in (-\infty, \mu)] \end{cases} \qquad (5\text{-}10)$$

式中，λ，μ，σ 为常数。

韦伯分布的累计概率分布函数为：

$$F(x) = 1 - \exp\left[-\left(\frac{x-\mu}{\sigma}\right)^{\lambda}\right] \qquad [x \in [\mu, \infty)] \qquad (5\text{-}11)$$

参数为 λ、μ 和 σ 的韦伯分布概率密度曲线如图 5-3 所示。由图 5-3 和式(5-10)可知韦伯分布的概率密度曲线多样化，即可以为对称的钟形图，也可以为非对称的钟形图，其曲线形状由参数 λ 来决定；参数 σ 表示随机变量的分散程度，但与正态分布不同的是，韦伯分布中参数 σ 与随机变量 x 的分散程度成反比；参数 μ 只对韦伯概率密度曲线的初始点位置有影响，并不改变曲线的形状和随机变形 x 的分散程度。

韦伯分布概率密度曲线具有多样性，对试验数据的适应性强，在科学研究中应用较广，且岩石损伤演化过程较为复杂，因此，本书采用三参数的韦伯分布模型来描述泥质弱胶结构重组岩体在荷载及含水率影响下的水化损伤演化过程。

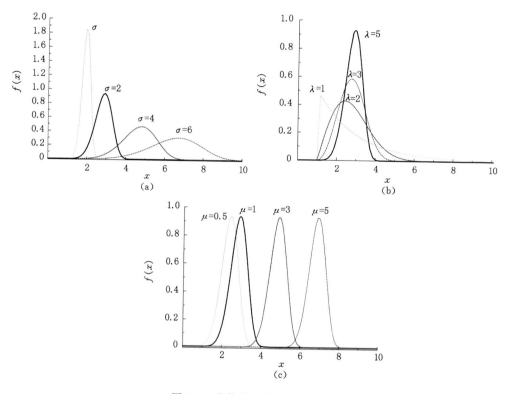

图 5-3 韦伯分布概率密度曲线

5.1.2.2 屈服准则

屈服准则是指表征岩石破坏时的应力状态和岩石强度参数之间的关系。经典的材料屈服准则主要包括 Treasca 准则、von Mises 准则、Mohr-Coulomb 准则和 Druck-Prager 准则等[260-261]。

（1）Treasca 准则

该准则由 Treasca 于 1864 年提出，并用于判断材料组合应力状态的剪切破坏。Treasca 准则认为，当材料中一点的最大剪切应力达到其极限值时材料发生屈服，也就是说，当材料处于塑性状态时，等效应力始终是一个不变的定值。若不知道 σ_1、σ_2 和 σ_3 大小顺序，用主应力来表示 Treasca 准则的数学表达式为：

$$\max\left(\frac{1}{2}|\sigma_1-\sigma_2|,\frac{1}{2}|\sigma_2-\sigma_3|,\frac{1}{2}|\sigma_3-\sigma_1|\right)=k \tag{5-12}$$

常数 k 可通过试验确定。k 与单轴条件下的屈服应力 σ_s 的关系式为：

$$k=\frac{\sigma_s}{2} \tag{5-13}$$

根据主应力与应力不变量之间的关系，式（5-12）可改写为：

$$f(J_2,\theta)=2\sqrt{J_2}\sin\left(\theta+\frac{1}{3}\pi\right)-2k=0 \quad (0°\leqslant\theta\leqslant60°) \tag{5-14}$$

式中，θ 为相似角或 Lode 角；J_2 表示应力偏张量的第二不变量。

由式(5-12)和式(5-14)可知 Treasca 准则中不包含中间主应力,不能反映中间主应力对材料屈服的影响。同时,该准则与应力张量的第一不变量(I_1)无关,意味着该准则不依赖静水压力。

（2）von Mises 准则

von Mises 准则认为,当材料中某一点力学状态对应的畸变应变达到某一极限值时,或者说材料的单位体积形状改变的弹性能达到某一常数时,材料的对应点开始屈服,故 von Mises 准则又称为能量准则。von Mises 准则基于主应力的数学表达式为:

$$(\sigma_1 - \sigma_2)^2 + (\sigma_2 - \sigma_3)^2 + (\sigma_3 - \sigma_1)^2 = 6k^2 \tag{5-15}$$

根据主应力与应力不变量之间的关系,式(5-15)可改写为:

$$f(J_2) = J_2 - k^2 = 0 \tag{5-16}$$

式中,k 为常数,可通过材料的单轴拉伸试验来确定。

$$k = \sqrt{J_2} = \frac{\sigma_s}{\sqrt{3}} \tag{5-17}$$

由式(5-15)和式(5-16)可知:与 Tresca 准则相比较,von Mises 准则考虑了中间主应力的影响,但其屈服函数仍然与应力张量的第一不变量(I_1)无关,意味着 von Mises 准则与静水压力无关。

（3）Mohr-Coulomb 准则

Tresca 准则和 von Mises 准则中的极限值为一定值,主要适用于判断金属材料屈服与否,然而,若将这两个屈服条件简单地应用于岩土材料,可能会引起一定的误差。

Mohr 提出了基于材料最大剪应力为屈服决定因素的假设,即当材料中某平面上的剪应力达到某个极限值时,材料发生屈服。与 Tresca 准则不同的是,Mohr 准则中剪应力 τ 的临界值不是一个定值,而与该平面上的正应力 σ_n 有关,可表示为:

$$\tau_n = f(C, \varphi, \sigma_n) \tag{5-18}$$

式中,C 为黏聚力;φ 为内摩擦角。

根据应力状态的 Mohr 图,用 Coulomb 方程反映其直线包络线,该方程的数学表达式为:

$$\tau_n = C - \sigma_n \tan \varphi \tag{5-19}$$

该方程即 Mohr-Coulomb 屈服条件,设主应力大小次序为 $\sigma_1 \geqslant \sigma_2 \geqslant \sigma_3$,式(5-19)可用主应力来表示:

$$\frac{1}{2}(\sigma_1 - \sigma_3)\cos \varphi = C - \left[\frac{1}{2}(\sigma_1 + \sigma_3) + \frac{1}{2}(\sigma_1 - \sigma_3)\sin \varphi\right]\tan \varphi \tag{5-20}$$

根据主应力与应力不变量之间的关系,式(5-20)可改写为:

$$f(I_1, J_2, \theta) = \frac{1}{3}I_1 \sin \varphi + \sqrt{J_2}\sin\left(\theta + \frac{1}{3}\pi\right) + \frac{\sqrt{J_2}}{\sqrt{3}}\cos\left(\theta + \frac{1}{3}\pi\right)\sin \varphi - 2C\cos \varphi$$

$$= 0 \quad (0° \leqslant \theta \leqslant 60°) \tag{5-21}$$

由式(5-20)和式(5-21)可知:与 Tresca 屈服函数和 von Mises 屈服函数不同,Mohr-Coulomb 屈服函数与应力张量的第一不变量(I_1)有关,即该屈服方程能反映与静水压力相关的材料屈服方程,但是它同样没有考虑中间主应力的影响。

（4）Drucker-Prager 准则

Drucker-Prager 准则于 1952 年被提出。利用应力不变量来表示 Drucker-Prager 准则的数学表达式为：

$$f(I_1, J_2) = \alpha I_1 + \sqrt{J_2} - k = 0 \tag{5-22}$$

式中，α，k 为材料参数；I_1 表示应力张量的第一不变量；J_2 表示应力偏张量的第二不变量。

α 和 k 可用试验获得的黏聚力 C 和内摩擦角 φ 来表示：

$$\begin{cases} \alpha = \dfrac{\tan \varphi}{\sqrt{9 + 12\tan^2\varphi}} \\ k = \dfrac{\sqrt{3}\,C\cos \varphi}{\sqrt{3 + \sin^2\varphi}} \end{cases} \tag{5-23}$$

材料中的主应力与应力不变量之间的关系式为：

$$I_1 = \sigma_{11} + \sigma_{22} + \sigma_{33} \tag{5-24}$$

$$J_2 = \frac{1}{6}\left[(\sigma_1 - \sigma_2)^2 + (\sigma_2 - \sigma_3)^2 + (\sigma_3 - \sigma_1)^2\right] \tag{5-25}$$

该准则是对 von Mises 屈服准则的修正，考虑了静水压力对屈服的影响；与 Mohr-Coulomb 准则相比较，Drucker-Prager 准则考虑了中间主应力对屈服的影响。此外，Drucker-Prager 准则的屈服面光滑，没有棱角，且材料参数较少，有利于数值计算。因此，本书采用 Drucker-Prager 准则作为泥质弱胶结结构重组岩体的水化损伤判定准则，研究泥质弱胶结结构重组岩体的水化损伤本构关系。

5.1.3　岩石损伤力学模型

受试样尺寸、含水率、应力路径等因素的影响，岩石内部微单元结构不同阶段的损伤类型和损伤演化规律往往差别较大。学者在研究岩石的损伤规律时通常综合岩石的应力、应变和声发射等实测数据，将岩石的损伤演化过程分为两个或两个以上阶段来讨论。常见的损伤力学模型主要包括：各向同性弹性材料损伤力学模型、突然损伤力学模型、马扎尔（Mazars）模型、Loland 模型、分段线性损伤模型、分段曲线损伤模型等[247,262-263]。

（1）突然损伤力学模型

突然损伤力学模型分为两段，在岩体试样的应变未达到其峰值应变之前，试样处于线弹性变形阶段，试样内部无损伤（$D=0$）；在应变过峰值应变之后，试样的承载力骤然跌落至零点，试样处于完全破坏状态（$D=1$），如图 5-4 所示。

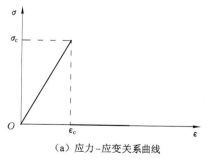
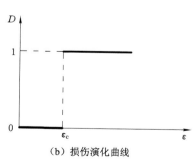

（a）应力-应变关系曲线　　　　　　　（b）损伤演化曲线

图 5-4　突然损伤力学模型曲线

突然损伤力学模型的损伤演化方程为：

$$D = \begin{cases} 0 & (0 \leqslant \varepsilon \leqslant \varepsilon_c) \\ 1 & (\varepsilon > \varepsilon_c) \end{cases} \tag{5-26}$$

突然损伤力学模型的本构方程为：

$$\sigma = \begin{cases} E\varepsilon & (0 \leqslant \varepsilon \leqslant \varepsilon_c) \\ 0 & (\varepsilon > \varepsilon_c) \end{cases} \tag{5-27}$$

（2）马扎尔损伤力学模型

马扎尔损伤力学模型分两段来描述岩石的应力-应变关系和损伤演化规律，令峰值应变 ε_c 为岩石的损伤应变阈值点。当岩石试样的应变 $\varepsilon < \varepsilon_c$ 时，与突然损伤力学模型一样，试样处于线弹性变形阶段，试样内部无损伤（$D=0$）；当岩石试样的应变达到损伤应变阈值点之后，岩石内部开始出现损伤，随着应变的增大，损伤变量 D 逐渐增至 1。

用线弹性模量 E_0 来定义损伤变量：

$$D = 1 - \frac{E}{E_0} \tag{5-28}$$

马扎尔损伤力学模型的损伤演化方程为：

$$D = \begin{cases} 0 & (0 \leqslant \varepsilon \leqslant \varepsilon_c) \\ 1 - \dfrac{\varepsilon_c(1-A_r)}{\varepsilon} - \dfrac{A_r}{\exp[B_r(\varepsilon - \varepsilon_c)]} & (\varepsilon \geqslant \varepsilon_c) \end{cases} \tag{5-29}$$

式中，A_r，B_r 为材料常数。

马扎尔损伤力学模型的本构方程为：

$$\sigma = \begin{cases} E_0\varepsilon & (0 \leqslant \varepsilon \leqslant \varepsilon_c) \\ E_0\left\{\varepsilon_c(1-A_r) + \dfrac{A_r\varepsilon}{\exp[B_r(\varepsilon - \varepsilon_c)]}\right\} & (\varepsilon \geqslant \varepsilon_c) \end{cases} \tag{5-30}$$

马扎尔损伤力学模型的单轴拉伸应力-应变关系曲线和损伤演化曲线如图 5-5 所示。

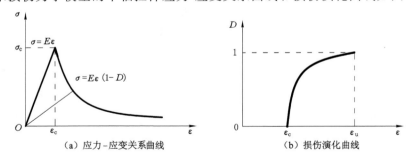

（a）应力-应变关系曲线　　　　（b）损伤演化曲线

图 5-5　马扎尔损伤力学模型曲线

（3）Loland 损伤力学模型

根据 Loland 损伤力学模型：当 $\varepsilon < \varepsilon_c$ 时，岩石材料内部单元体已经出现了损伤，但是这种损伤主要是微裂隙损伤；当 $\varepsilon > \varepsilon_c$ 时，岩石材料内部单元的损伤主要发生在破坏区域。

Loland 损伤力学模型的损伤演化方程为：

$$D = \begin{cases} D_0 + C_1\varepsilon^\beta & (0 \leqslant \varepsilon \leqslant \varepsilon_c) \\ D_0 + C_1\varepsilon^\beta + C_2(\varepsilon - \varepsilon_c) & (\varepsilon_c \leqslant \varepsilon \leqslant \varepsilon_u) \end{cases} \tag{5-31}$$

式中，D_0 为岩体材料的初始损伤变量；E 为无损伤岩体材料的弹性模量；ε_c 为峰值应变；ε_u 为极限应变；β,C_1,C_2 为岩石材料常数。

Loland 损伤力学模型的本构方程为：

$$\sigma = \begin{cases} \dfrac{1-D}{1-D_0}E\varepsilon & (0 \leqslant \varepsilon \leqslant \varepsilon_c) \\[3mm] \dfrac{1-D}{1-D_0}E\varepsilon_c & (\varepsilon_c \leqslant \varepsilon \leqslant \varepsilon_u) \end{cases} \tag{5-32}$$

Loland 损伤力学模型的应力-应变关系曲线和损伤演化曲线如图 5-6 所示。

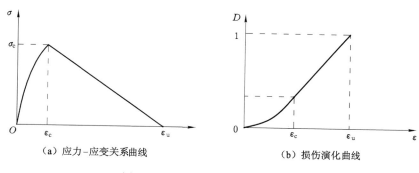

（a）应力-应变关系曲线 （b）损伤演化曲线

图 5-6 Loland 损伤力学模型曲线

（4）分段线性损伤力学模型

根据分段线性损伤力学模型：当应变小于峰值应变（$\varepsilon \leqslant \varepsilon_c$）时，岩石中只有初始损伤，但微裂隙和微孔洞不会扩张和贯通，即损伤总量不变化；当应变大于峰值应变后，微裂隙和微孔洞按线性分段发育、扩张和贯通，并最终形成宏观裂隙。

分段线性损伤力学模型的本构方程为：

$$\sigma = E[\varepsilon_c - C_1 < \varepsilon_F - \varepsilon_c > - C_2 < \varepsilon_u - \varepsilon_c >] \tag{5-33}$$

式中，ε_c 为峰值应变；ε_F 为岩体试样出现宏观裂隙时的应变；ε_u 为岩体试样接近断裂时的应变；C_1,C_2 为岩石材料常数；$<\varepsilon-\varepsilon_c>$ 的取值：$\varepsilon-\varepsilon_c \geqslant 0$ 时取 $\varepsilon-\varepsilon_c$，$\varepsilon-\varepsilon_c < 0$ 时取 0。

分段线性损伤力学模型的应力-应变关系曲线如图 5-7 所示。

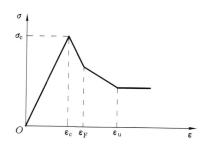

图 5-7 分段线性损伤力学模型的应力-应变关系曲线

（5）分段曲线损伤力学模型

根据分段曲线损伤力学模型：岩体试样在峰值应变前后均有损伤演化。分别用两条不同的曲线来描述岩石试样的损伤演化过程。

分段曲线损伤力学模型的损伤演化方程为：

$$D = \begin{cases} A_1 \left(\dfrac{\varepsilon}{\varepsilon_c}\right)^{B_1} & (0 \leqslant \varepsilon \leqslant \varepsilon_c) \\[3mm] 1 - \dfrac{A_2}{C_1 \left(\dfrac{\varepsilon}{\varepsilon_c} - 1\right)^{B_2} + \dfrac{\varepsilon}{\varepsilon_c}} & (\varepsilon > \varepsilon_c) \end{cases} \tag{5-34}$$

分段曲线损伤力学模型的本构方程为：

$$\sigma = \begin{cases} E\varepsilon \left[1 - A_1 \left(\dfrac{\varepsilon}{\varepsilon_c}\right)^{B_1}\right] & (0 \leqslant \varepsilon \leqslant \varepsilon_c) \\[3mm] E\varepsilon \left[\dfrac{A_2}{C_1 \left(\dfrac{\varepsilon}{\varepsilon_c} - 1\right)^{B_2} + \dfrac{\varepsilon}{\varepsilon_c}}\right] & (\varepsilon > \varepsilon_c) \end{cases} \tag{5-35}$$

式中，B_2，C_1 为曲线参数；A_1，A_2，B_1 均为岩石材料常数。

分段曲线损伤力学模型的应力-应变关系曲线如图 5-8 所示。

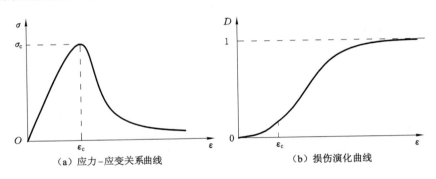

（a）应力-应变关系曲线　　　　（b）损伤演化曲线

图 5-8　分段曲线损伤力学模型曲线

（6）泥质弱胶结岩体水化-力学耦合损伤本构模型的讨论

通过分析上述 5 种常见的损伤力学模型不难发现，岩石材料的损伤演化过程存在多样性，且同一种岩石材料在不同应力-应变阶段的损伤演化规律也存在差异，研究岩石损伤演化规律及损伤本构方程的常规思路是分段分析。由于岩石性能的多样性，上述损伤本构模型没有一种是万能的，特别是对于泥质弱胶结岩体而言，它既具有土的特性，又具有岩石的特性。由第 2 章和第 4 章的试验分析可知泥质弱胶结岩体在不同水化损伤作用下表现出的力学性能差别较大，当含水率较低时，其表现出脆性破坏，相反，当含水率较高时，又表现出塑性破坏。因此，不能简单套用上述损伤力学模型来研究泥质弱胶结岩体的损伤本构方程。但是可借鉴他们研究损伤演化方程和损伤本构方程的方法——分段分析法，来揭示泥质弱胶结岩体的水化-力学耦合损伤演化规律和本构模型。

5.2　泥质弱胶结岩体水化-力学耦合损伤本构模型

泥质弱胶结结构重组岩体结构的损伤包含水化和力学耦合作用的效应，具体来讲，泥质弱胶结岩体水化损伤是力学损伤的基础条件，且水化作用损伤在某种意义上决定或者说影响了在某种应力路径作用下的岩体力学损伤全过程,而力学损伤是水化损伤后的岩体在外部荷载作用下从微细观到宏观的物理体现。

5.2.1 泥质弱胶结岩体水化损伤方程

泥质弱胶结岩体在结构重组过程中受赋存环境、黏土矿物含量、重组应力环境等影响形成不同含水率的结构重组岩体。含水率对泥质弱胶结结构重组岩体造成初始非物理损伤。该初始损伤对岩体在外荷载作用下的力学损伤产生影响。赋存环境、黏土矿物含量和重组应力环境等影响因素与结构重组岩体含水率的关系式为:

$$w = F\left(w_n, t \& h, \sigma_z\right) \tag{5-36}$$

式中,w 为重组岩体的含水率;w_n 为黏土矿物含量;t,h 为赋存环境的温度、湿度;σ_z 为重组应力。

赋存环境与黏土矿物含量等因素与泥质弱胶结岩体含水率的关系可根据第 3 章的试验内容得到。

本书弹性模量作为损伤变量,则不同含水率时泥质弱胶结岩体的完好度为:

$$\xi = \frac{E_w}{E_0} \tag{5-37}$$

参考拉波诺夫的损伤定义方法,将含水率对泥质弱胶结岩体的水化损伤定义为:

$$D_w = 1 - \xi = 1 - \frac{E_w}{E_0} \tag{5-38}$$

可写为:

$$E_w = (1 - D_w)E_0 \tag{5-39}$$

式中,D_w 为含水率为 w 时的结构重组岩体的损伤变量;E_w 为结构重组岩体含水率为 w 时的弹性模量;E_0 为干燥结构重组岩体($w=0\%$)的弹性模量,E_0 可根据不同含水率时的弹性模量拟合关系式得到。

由第 4 章研究内容可得到不同黏土矿物含量的泥质弱胶结结构重组岩体含水率与弹性模量的关系式为:

$$\begin{cases} E_1 = 78.955\,73 - 257.541w_1 \\ E_2 = 561.737\,46 - 2\,619.922w_2 \\ E_3 = 739.463\,84 - 4\,911.211w_3 \end{cases} \tag{5-40}$$

将式(5-40)代入式(5-38),得到泥质弱胶结岩体损伤变量与含水率的关系式为:

$$\begin{cases} D_{w1} = 3.262w_1 \\ D_{w2} = 4.664w_2 \\ D_{w3} = 6.642w_3 \end{cases} \tag{5-41}$$

式中,E_1,E_2,E_3 为黑色泥岩、灰色泥岩和泥质砂岩的弹性模量;D_{w1}、D_{w2} 和 D_{w3} 为黑色泥岩、灰色泥岩和泥质砂岩的水化损伤变量。

水化损伤变量可用如下通式表示:

$$D_w = Aw \tag{5-42}$$

式中,A 为常数,其值为损伤速率的 100 倍,可通过试验获得;w 为泥质弱胶结岩体的含水率。

重组荷载 7.5 MPa 作用下不同黏土矿物含量的泥质弱胶结岩体的水化损伤与含水率的关系曲线如图 5-9 所示。

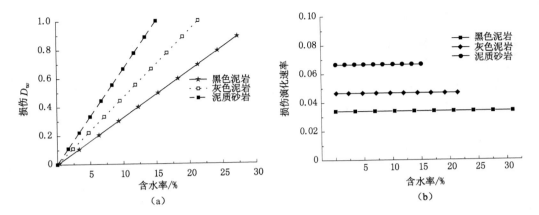

图 5-9   水化损伤与含水率关系曲线

由图 5-9 可知：泥质弱胶结结构重组岩体的损伤值随着含水率升高线性递增，当干燥结构重组岩体（$w=0$）不受水化损伤作用，岩体含水率达到其液、塑限值时，损伤值为 1。随着黏土矿物含量的增加，泥质弱胶结岩体的水化损伤速率逐渐减小。

根据勒梅特应变等效假设，得到泥质弱胶结岩体的水化损伤本构模型：

$$\sigma_w = E_0 \varepsilon (1 - D_w) = E_0 \varepsilon (1 - Aw) \tag{5-43}$$

式中，E_0 为无损岩体的弹性模量。

5.2.2   泥质弱胶结岩体力学损伤演化方程

假设荷载作用下的力学损伤对泥质弱胶结结构重组岩体微单元强度 k 的影响服从三参数的 Weibull 分布[264]，即

$$f(k) = \begin{cases} \dfrac{m}{p}\left(\dfrac{k-u}{p}\right)^{m-1} \exp\left[-\left(\dfrac{k-u}{p}\right)^m\right] & [k \in [u, \infty)] \\ 0 & [k \in (-\infty, u)] \end{cases} \tag{5-44}$$

式中，m，p，u 分别影响岩体微单元强度曲线的形状、分散程度和初始位置。

$f(k)$ 为泥质弱胶结岩体在受力过程中微单元体损伤速率的一种度量，表征微单元体损伤破坏的速率。用 D_σ 来表征泥质弱胶结岩体在受力过程中的累计损伤程度，这些累计损伤缺陷直接影响岩体微单元体的强度。因此，泥质弱胶结结构重组岩体在受力过程中的力学损伤累计变量 D_σ 与微单元体破坏的概率密度之间的关系式为：

$$\frac{dD_\sigma}{dk} = f(k) \tag{5-45}$$

对式（5-45）积分得到力学累计损伤变量 D_σ：

$$D_\sigma = \int_0^k f(k)\,dk = \begin{cases} 1 - \exp\left[-\left(\dfrac{k-u}{p}\right)^m\right] & [k \in [u, \infty)] \\ 0 & [k \in (-\infty, u)] \end{cases} \tag{5-46}$$

$u=0$，$p=3$ 且 $1\leqslant m\leqslant 10$ 时的力学累计损伤（D_σ）和力学损伤速率与微单元强度 k 的关系如图 5-10 所示。

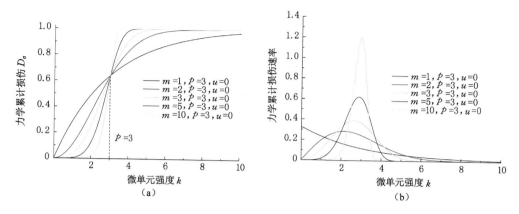

图 5-10　力学损伤与微单元强度 k 的关系曲线

由图 5-10 可知：服从 Weibull 分布的力学累计损伤与微单元强度 k 正相关，随着 m 值增大，力学累计损伤随微单元强度 k 的增大发展越快，但是各力学累计损伤曲线均在 $k=3$ 处相交，相交位置由参数 p 决定。对于力学累计损伤速率而言，当 $m=1$ 时，力学累计损伤速率随微单元强度 k 单调递减；当 $m=2$ 时，力学累计损伤速率曲线逐渐转变为正偏曲线；当 $m=3\sim10$ 时，力学累计损伤速率曲线又逐渐转变为对称钟形曲线。

根据勒梅特应变等效假设，得到泥质弱胶结岩体只受力学损伤影响的本构模型：

$$\sigma = E_0\varepsilon(1-D_\sigma) \tag{5-47}$$

式中，σ 为名义应力；E_0 为无损岩体的弹性模量。

5.2.3　泥质弱胶结岩体水化-力学耦合损伤本构模型

泥质弱胶结结构重组岩体的损伤全过程可分水化损伤和应力荷载作用下的力学损伤两部分。通常情况下，在开展相关力学试验时岩体试样已经处于水化损伤状态，而应力荷载作用下的力学损伤是基于水化损伤逐渐发展的。

为揭示泥质弱胶结岩体水化-力学耦合损伤本构模型，采用倒叙法进行研究。由于力学损伤是在岩体试样水化损伤基础上发生的，因此，式（5-47）可改写为：

$$\sigma = E_w\varepsilon(1-D_\sigma) \tag{5-48}$$

式中，σ 为名义应力；E_w 为岩体水化损伤后的弹性模量。

将式（5-43）代入式（5-48），得：

$$\sigma = E_0\varepsilon(1-D_\sigma)(1-D_w) \tag{5-49}$$

进一步考虑水化损伤前岩体内部缺陷等产生的损伤，则有：

$$\sigma = E_0\varepsilon(1-D_\sigma)(1-D_w)(1-D_0) \tag{5-50}$$

式中，D_0 为岩体内部缺陷等造成的初始损伤，但是由于该值的测量难度较大，取 0。

考虑对泥质弱胶结岩体在水化损伤和力学损伤过程中的损伤变量进行修正，式（5-49）或式（5-50）可写成：

$$\sigma = E_0\varepsilon(1-\delta D_\sigma)(1-\chi D_w) \tag{5-51}$$

式中,δ 和 χ 为泥质弱胶结岩体力学损伤和水化损伤的修正系数,一般取 $0<\delta\leqslant1$,$0<\chi\leqslant1$。

分析泥质弱胶结水化损伤岩体在应力荷载作用下的应力-应变关系曲线可知水化损伤的岩体试样经历了压密、弹性变形、塑性变形以及应变软化等阶段。当岩体试样处于压密阶段和弹性变形阶段时,试样内部不存在裂纹的发育和扩展,即岩体试样内部没有发生力学损伤,只有水化损伤。当岩体试样进入塑性变形后,试样中开始出现新的微裂隙和微孔洞,且微裂隙和微孔洞随着变形的增大逐渐发育、扩张和贯通,并形成宏观裂纹。因此,可将岩体的弹性变形阶段和塑性变形阶段的临界点应变作为力学损伤的阈值应变 ε_D(图 5-11),对泥质弱胶结岩体的应力-应变关系曲线进行分段讨论,式(5-51)可写为:

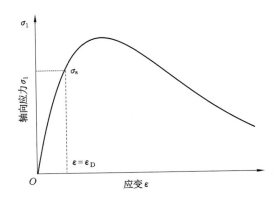

图 5-11　岩体力学损伤的阈值应变点

$$\sigma = \begin{cases} E_0\varepsilon(1-\chi D_w) & (0\leqslant\varepsilon\leqslant\varepsilon_D) \\ E_0\varepsilon(1-\delta D_\sigma)(1-\chi D_w) & (\varepsilon>\varepsilon_D) \end{cases} \tag{5-52}$$

式中,ε_D 表示力学损伤的阈值应变。

将式(5-42)和式(5-36)代入式(5-51)后得:

$$\sigma = \begin{cases} E_0\varepsilon(1-\chi Aw) & (0\leqslant\varepsilon\leqslant\varepsilon_D) \\ E_0\varepsilon(1-\chi Aw)\left\{1-\delta+\delta\exp\left[-\left(\dfrac{k-u}{p}\right)^m\right]\right\} & (\varepsilon>\varepsilon_D) \end{cases} \tag{5-53}$$

引入 Drucker-Prager 强度准则作为泥质弱胶结岩体微单元体的破坏判据,由式(5-15)和式(5-16)可得:

$$\sigma = \begin{cases} E_0\varepsilon(1-\chi Aw) & (0\leqslant\varepsilon\leqslant\varepsilon_D) \\ E_0\varepsilon(1-\chi Aw)\left\{1-\delta+\delta\exp\left[-\left(\dfrac{\alpha I_1+\sqrt{J_2}-u}{p}\right)^m\right]\right\} & (\varepsilon>\varepsilon_D) \end{cases} \tag{5-54}$$

式中,$\alpha=\dfrac{\tan\varphi}{\sqrt{9+12\tan^2\varphi}}$;$\varphi$ 为岩石的内摩擦角;I_1 为应力张量的第一不变量;J_2 表示应力偏张量的第二不变量。

假设泥质弱胶结岩体的损伤微单元体的破坏服从广义胡克定律,即

$$\varepsilon_i = \frac{1}{E}[\sigma_i-\mu(\sigma_j+\sigma_k)] \quad (i,j,k=1,2,3) \tag{5-55}$$

联立式(5-54)和式(5-55),得到三轴应力状态下的泥质弱胶结岩体的分段水化-力学耦合损伤本构模型方程,即

$$\sigma_1 = \begin{cases} E_0\varepsilon(1-\chi Aw) & (0 \leqslant \varepsilon \leqslant \varepsilon_D) \\ E_0\varepsilon(1-\chi Aw)\left\{1-\delta+\delta\exp\left[-\left(\dfrac{\alpha I_1+\sqrt{J_2}-u}{p}\right)^m\right]\right\}+\mu(\sigma_2+\sigma_3) & (\varepsilon > \varepsilon_D) \end{cases}$$

(5-56)

式中,E_0、φ、μ、w、α 和 A 均通过泥质弱胶结岩体的常规力学试验获得;χ 和 δ 均按经验选取。再结合应力和应变的对应试验数据进行数值计算,或根据边界条件,可得到参数 m、p 和 u 的值,最后代入式(5-56)中,得到泥质弱胶结岩体水化-力学耦合损伤本构模型。

5.3　泥质弱胶结岩体水化-力学耦合损伤本构模型验证

5.3.1　水化-力学耦合损伤本构模型参数的确定及讨论

为得到泥质弱胶结岩体水化-力学耦合损伤本构模型的参数,引入不同含水率结构重组岩体试样峰值点处应力、应变值(σ_c 和 ε_c)和屈服阶段起始点(损伤阈值点)处的应力、应变值(σ_D 和 ε_D)。

5.3.1.1　水化-力学耦合损伤本构模型参数的确定

(1)参数 u 的确定

对于泥质弱胶结岩体的单轴压缩试验,$\sigma=\sigma_1$,$\sigma_2=\sigma_3=0$ 且 $\varepsilon > \varepsilon_D$,将式(5-24)和式(5-25)代入式(5-56)中,有[262]:

$$\sigma = E_0\varepsilon(1-\chi Aw)\left\{1-\delta+\delta\exp\left[-\left(\frac{\alpha E_0\varepsilon+\frac{\sqrt{3}}{3}E_0\varepsilon-u}{p}\right)^m\right]\right\}$$

(5-57)

当 $\varepsilon \leqslant \varepsilon_D$ 时,在阈值点有:

$$\sigma_D = E_0\varepsilon_D(1-\chi Aw)$$

(5-58)

由于应力-应变关系曲线具有连续性,当 $\varepsilon>\varepsilon_D$ 且 $\varepsilon\to\varepsilon_D$ 时,对其取左极限:

$$\lim_{\varepsilon\to\varepsilon_D^+}\sigma = \lim_{\varepsilon\to\varepsilon_D^+}\left\{E_0\varepsilon(1-\chi Aw)\left\{1-\delta+\delta\exp\left[-\left(\frac{\alpha E_0\varepsilon+\frac{\sqrt{3}}{3}E_0\varepsilon-u}{p}\right)^m\right]\right\}\right.$$

$$= E_0\varepsilon_D(1-\chi Aw)\left\{1-\delta+\delta\exp\left[-\left(\frac{\alpha E_0\varepsilon+\frac{\sqrt{3}}{3}E_0\varepsilon_D-u}{p}\right)^m\right]\right\}$$

(5-59)

联立式(5-58)和式(5-59),有:

$$u = \left(\alpha+\frac{\sqrt{3}}{3}\right)E_0\varepsilon_D = \left(\alpha+\frac{\sqrt{3}}{3}\right)\sigma_D$$

(5-60)

将式(5-58)代入式(5-60),得:

$$u = \left[\frac{\tan\varphi}{\sqrt{9+12\tan^2\varphi}}+\frac{\sqrt{3}}{3}\right]\sigma_D$$

(5-61)

式中，φ 为岩体试样的内摩擦角；σ_D 为岩体试样的力学损伤阈值，此处为屈服强度 σ_s。

（2）参数 m 和 p 的确定

应力-应变关系曲线的峰值点应满足泥质弱胶结岩体水化-力学耦合损伤本构模型，且应力-应变关系曲线的一阶导数在峰值点处的值为 0，其数学表达式为：

$$\sigma\big|_{\varepsilon=\varepsilon_c} = \sigma_c \tag{5-62}$$

$$\frac{\partial\sigma}{\partial\varepsilon}\Big|_{\varepsilon=\varepsilon_c} = 0 \tag{5-63}$$

将式（5-57）分别代入式（5-62）和式（5-63），得：

$$\sigma_c = E_0\varepsilon_c(1-\chi Aw)\left\{1-\delta+\delta\exp\left[-\left(\frac{aE_0\varepsilon_c-u}{p}\right)^m\right]\right\} \tag{5-64}$$

$$\frac{\partial\sigma}{\partial\varepsilon}\Big|_{\varepsilon=\varepsilon_c} = E_0(1-\chi Aw)\left\{1-\delta+\delta\exp\left[-\left(\frac{aE_0\varepsilon_c-u}{p}\right)^m\right]\right\}+$$

$$\frac{aE_0^2\varepsilon_c\delta m(1-\chi Aw)}{aE_0\varepsilon_c-u}\left[-\left(\frac{aE_0\varepsilon_c-u}{p}\right)^m\right]\exp\left[-\left(\frac{aE_0\varepsilon_c-u}{p}\right)^m\right] = 0 \tag{5-65}$$

式中，$a = \alpha+\dfrac{\sqrt{3}}{3}$。

由式（5-64）和式（5-65）得：

$$m = \frac{\sigma_c(u-aE_0\varepsilon_c)}{aE_0^2\varepsilon_c\delta(1-\chi Aw)b\ln b} \tag{5-66}$$

$$p = \frac{aE_0\varepsilon_c-u}{(-\ln b)^{\frac{1}{m}}} \tag{5-67}$$

式中，

$$a = \alpha+\frac{\sqrt{3}}{3} \tag{5-68}$$

$$b = \frac{\sigma_c+(\delta-1)E_0\varepsilon_c(1-\chi Aw)}{E_0\varepsilon_c\delta(1-\chi Aw)} \tag{5-69}$$

$$u = \left(\frac{\tan\varphi}{\sqrt{9+12\tan^2\varphi}}+\frac{\sqrt{3}}{3}\right)\sigma_D \tag{5-70}$$

5.3.1.2　水化-力学耦合损伤本构模型参数的讨论

（1）图形参数的讨论

根据泥质弱胶结岩体水化-力学耦合损伤本构模型［式（5-21）］，分析图形参数 m、u 和 p 对泥质弱胶结岩体试样应力-应变关系曲线形状的影响，如图 5-12 所示。

由图 5-12 可知：

① 参数 m 主要影响泥质弱胶结岩体应力-应变关系曲线形状的偏转性。从力学特性的角度来看，参数 m 的主要作用是描述或反映岩体的脆性或延性破坏特征。具体来讲，当 $m \leqslant 1$ 时，应力-应变关系曲线向左偏斜（负偏钟形图），m 值越小，其峰后段应力随应变降低的速度越缓慢，类似于应力-应变关系曲线中的应变软化阶段，可用于描述试样在单轴或三轴荷载作用下的延性破坏特征。当 $m > 1$ 时，应力-应变关系曲线向右偏斜，且 m 值越

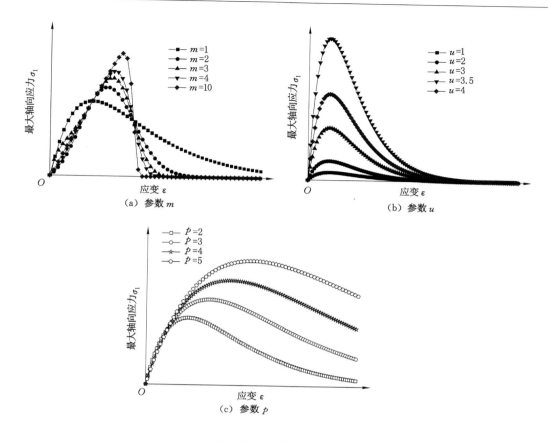

图 5-12 图形参数对曲线形状的影响

大,其峰后段变形曲线越陡,即应力随应变降低的速度越快,类似于应力-应变关系曲线中的应力跌落状态,可用于描述试样在压缩过程中的脆性破坏特征。另外,只改变参数 m 时,所有曲线均在峰后段应力降低过程中相交于同一非零点,该交点的位置由参数 u、p 及其他力学参数决定。最后,虽然应力峰值和应变峰值均随着 m 的增大逐渐增大,但这均不是参数 m 的主要功能。

② 参数 u 主要影响泥质弱胶结岩体应力-应变关系曲线的峰值应力,u 值越大,则曲线的峰值也越大。而对应峰值的影响较小,相应对弹性模量 E 产生影响,即参数 u 越大,则反映岩体的弹性模量也越大。

③ 参数 p 主要影响泥质弱胶结岩体应力-应变关系曲线的峰后段,而峰前段的曲线几乎完全重合;从岩石力学特性的角度来讲,由于峰前段曲线几乎完全重合,说明参数 p 不能反映岩石的弹性模量,而峰值应力和峰值应变均随着参数 p 的增大而增大,变化最明显的是峰值应变。

④ 综合上述分析可知参数 m 反映泥质弱胶结岩体试样的峰后变形特征。随着 m 增大,试验试样逐渐由延性破坏向脆性破坏转变;参数 u 反映泥质弱胶结岩体试样的弹性模量 E,u 值越大,弹性模量越大;参数 p 反映泥质弱胶结岩体试样非峰值应变 ε_c,峰值应变 ε_c 随着 p 值的增大逐渐增大。

（2）理论解与数值解的讨论

5.3.1.1 节给出了泥质弱胶结岩体水化-力学耦合损伤本构模型中影响岩体全应力-应变关系曲线的形状参数 m、p 和 u 的理论值，求解方法是将屈服点处和峰值点处的应力、应变及一阶导数值作为条件进行分析。因此，根据理论解得到的参数进行绘图，得到的应力-应变关系曲线段在零点、屈服点以及峰值点 3 处与试验曲线的值重合，但是其他位置的图形曲线点（特别是应力-应变关系曲线的峰后段）将与试验曲线的数据偏差较大。

数值解是以应力-应变关系曲线的全部试验数据进行综合求解，并得到相应的图形曲线参数。从应力-应变关系曲线整个来看，通过数值计算得到的参数 m、p 和 u 比仅通过两点计算的理论解更接近试验数据。因此，下面主要采用数值解得到水化-力学耦合损伤本构模型中影响岩体应力-应变曲线的形状参数 m、p 和 u。

（3）水化-力学耦合损伤本构模型压密阶段的讨论

由式（5-21）可知：当 $\varepsilon < \varepsilon_D$ 时（即水化-力学耦合损伤本构模型所反映的应力-应变关系曲线在试样进入屈服之前），应力与应变为线性关系，不能反映常规试验过程中的压密上凹曲线段。由第 4 章泥质弱胶结重组岩体的力学试验曲线可知重组岩体试样的应力-应变关系曲线的压密阶段很短，有的试样几乎没有经历压密阶段就直接进入线弹性变形阶段。因此，当 $\varepsilon < \varepsilon_D$ 时，式（5-21）能较好反映泥质弱胶结结构重组岩体在进入塑性屈服之前的全应力-应变曲线。重组岩体试样在轴向应力作用下几乎直接进入线弹性变形阶段的主要原因有：结构重组岩体试样没有经历原生地层试样的钻孔取芯扰动影响，且结构重组岩体试样的重组荷载远高于岩体的单轴抗压强度，因此，结构重组岩体试样内部几乎不存在可压缩的微孔隙和微裂隙。

5.3.2 水化-力学耦合损伤本构模型验证

5.3.2.1 损伤修正系数的取值

5.2.3 节中引入修正系数 δ 和 χ，分别对泥质弱胶结结构重组岩体的水化损伤和力学损伤变量进行修正，详见式（5-17），并提到了 δ 和 χ 的理论取值区间为 $[0, 1]$。但是在计算方程数值解的过程中发现了修正系数 δ 和 χ 的相关赋值问题。现进行如下讨论：当含水率较高时（以结构重组荷载为 7.5 MPa 形成的含水率为 22.05% 的黑色泥岩在单轴压缩过程中的全应力-应变为例讨论，应力-应变关系曲线如图 4-27 和图 5-22 所示），结构重组岩体的强度较低，为得到水化-力学耦合损伤本构模型的相关参数 u、p 和 m 的值，取 $E = 75$ MPa、$A = 3.262$、$w = 22.05\%$、$\varphi = 26°$、$\chi = 0.95$ 且 $\sigma_2 = \sigma_3 = 0$。当 δ 取 0.95 时，得不到数值解，因此又将 δ 赋值 1，通过数值计算得到应力-应变关系曲线的水化-力学耦合损伤本构模型的相关参数 $u = -750.541\,43$、$p = 159.021\,27$、$m = 0.981\,42$。将参数 u、p 和 m 分别代入水化-力学耦合损伤本构模型［式（5-21）］中，得到含水率为 22.05% 的黑色泥岩基于水化-力学耦合损伤本构模型的应力-应变关系曲线，如图 5-13 所示。

由图 5-13 可知：虽然通过数值解得到的该条件下的应力-应变关系曲线在峰值处的应力值略大于试验数据（略大于 0.025 MPa），但是由于数值解是基于全部的试验数据，因此，从应力-应变关系曲线的整体来看，数值解不仅能反映实际压缩变形的峰前段，还能更准确描绘应力-应变关系曲线的峰后段。

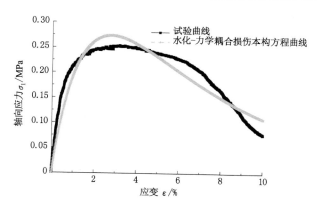

图 5-13　黑色泥岩(w＝22.05％)的试验曲线和水化-力学耦合损伤本构方程曲线

为探讨高含水率时损伤修正系数 χ 和 δ 对泥质弱胶结结构重组岩体本构方程曲线的影响,以上述数值计算结果作为参考,通过改变 χ 和 δ 的值,分析修正系数的影响,不同 δ 和 χ 所对应的应力-应变关系曲线如图 5-14 所示,其中 χ 分别取 0、0.25、0.5、0.75、0.95 和 1,δ 分别取 1、0.99 和 0.999。

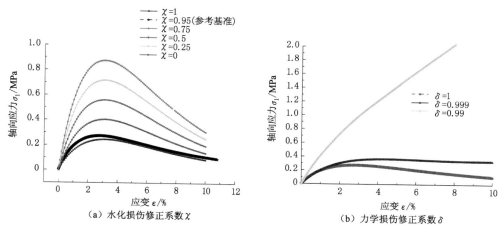

（a）水化损伤修正系数 χ　　　　（b）力学损伤修正系数 δ

图 5-14　损伤修正系数对应力-应变关系曲线的影响

由图 5-14(a)可知:随着水化损伤修正系数 χ 的变化,高含水率泥质弱胶结结构重组岩体的峰值虽然随着 χ 值的增大逐渐减小,但是其曲线图形在该应变范围内仍为钟形,即应力-应变关系曲线的总体形态没有发生变化,因此,不同水化损伤修正系数 $\chi(0\leqslant\chi\leqslant1)$ 时均可得到相应的本构模型参数 u、p 和 m 的数值解。通过相应的本构模型参数均可得到如图 5-13 所示本构方程曲线,这里不再赘述。

对于力学损伤修正系数 δ 对应力-应变关系曲线的影响,如图 5-14(b)所示。由图 5-14(b)可知:当 δ＝1 时,本构方程的应力-应变关系曲线能较好地反映高含水率泥质弱胶结岩体的应变软化阶段;当 δ 降低 0.001 时(δ＝0.999),相应本构方程曲线的峰后段几乎为水平,说明该条件下能反映岩体在荷载作用下的蠕变阶段;而当 δ 降低 0.01 时(δ＝0.99),结合上述参数得到的本构模型在该应变区间所对应的应力-应变关系近似呈线性变化,表现出曲线失真,这可以解释为什么上述分析中 δ 取 0.95 时得不到高含水率条件下的本构模型参数 u、p 和 m 的数值解。分析后可知:由于弹性模量的数值较单轴抗压强度相对较大,当 $\delta<0.99$ 时,本构模型[式(5-21)]中的轴向应力主要由弹性模量和式后部分括号$(1-\delta+\delta\cdot\Delta)$中的常数项"$1-\delta$"控制,其中 Δ 表示指数函数部分,而指数函数部分"$\delta\cdot\Delta$"的影响远低于"$1-\delta$"的影响。因此,在进行高含水率条件下的水化-力学耦合损伤本构模型的求解时,需将力学损伤修正参数 δ 的值取为 1。

5.3.2.2　水化-力学耦合损伤本构模型验证

上面分析了水化-力学耦合损伤本构模型中各参数的意义,并讨论了损伤修正系数 δ 和 χ 的取值。根据上述讨论结果,结合水化-力学耦合损伤本构模型[式(5-21)],编写本构模型的数值计算程序,并采用 5.3.2.1 中的计算方法基于 MATLAB 数值计算平台,对不同含水率条件下岩体水化-力学耦合损伤本构模型的图形参数进行求解,并将得到的各参数解代入 Origin 程序中进行计算并绘图,得到泥质弱胶结岩体水化-力学耦合损伤本构方程曲线。本书对原生地层荷载(7.5 MPa)作用下不同含水率的黑色泥岩($w_{黏土}=51\%$)重组试样的试验曲线和损伤本构方程曲线进行分析对比,并验证水化-力学耦合损伤本构模型的准确性,不同含水率的黑色泥岩重组试样的试验曲线和损伤本构方程曲线如图 5-14 所示。

由图 5-15 可知无论是应力-应变关系曲线的峰前段还是峰后段,本书建立的水化-力学耦合损伤本构方程曲线与试验曲线的吻合度较高,能够有效反映不同含水率的泥质弱胶结重组岩体在轴向应力荷载作用下应力随应变变化的客观规律。

同时,本书水化-力学耦合损伤本构方程曲线与试验曲线也存在微小误差。具体来讲,当含水率较低($w=1.65\%$)时,如图 5-15(a)所示,试样曲线的峰前段包含压密和线弹性变形阶段,水化-力学损伤本构模型中试样在发生屈服前为线弹性变化,因此,压密阶段的曲线和本构模型曲线之间存在微小误差,但这种误差非常小,几乎可以忽略。同时,由图 5-15(a)的试验曲线可知岩体在峰前几乎没有出现屈服段,达到峰值后立即进入应变软化阶段,且本书损伤本构方程曲线与试验曲线峰后段的吻合度同样很高。

随着含水率的增大,泥质弱胶结岩体试样的应力-应变关系曲线逐渐变得不再有压密阶段,此时,试验曲线与本书水化-力学耦合损伤本构方程曲线的峰前段几乎完全重合,对于峰后段,本书损伤本构模型也能很好地描述试验曲线峰后的变化规律,能够具有一定的准确性,且总体来说误差较小。

同时,由图 5-15 可知含水率较高的泥质弱胶结结构重组岩体的应力-应变关系曲线没有压密阶段,表明重组试样内部不含有影响岩石力学性能的细观缺陷,但是其力学性能随着含水率的增加逐渐降低,说明水化作用等损伤并不一定给岩石材料造成细观缺陷。因此,岩石或材料的损伤并非一定包含物理上的缺陷,而以往的损伤定义中将其定义为外部条件下引起的材料内部微细观缺陷。本书将损伤的定义引申为:岩石或材料在物理、化学、生物等单一或复杂条件下引起的材料性能的衰减。

综上所述,本书建立的水化-力学耦合损伤本构模型能较好地反映不同含水率的泥质弱胶结岩体在荷载作用下的应力与应变的关系,对于深入研究类似地层岩体的应力与应变关系具有一定的参考价值和意义。

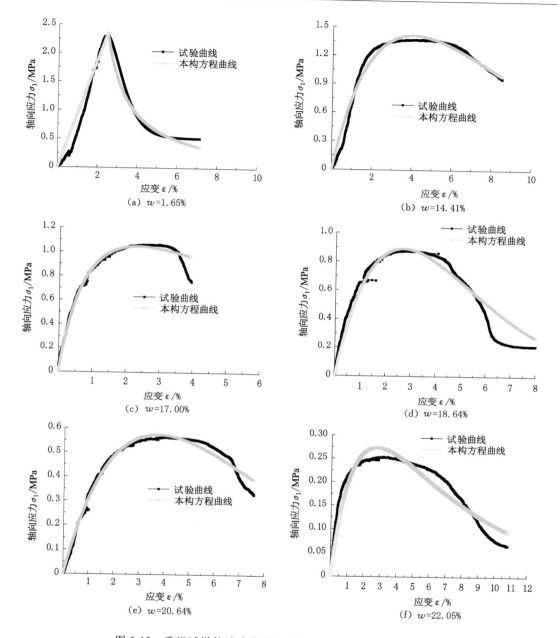

图 5-15 重组试样的试验曲线与水化-力学耦合损伤本构曲线

5.4 本章小结

本章基于岩石材料屈服准则、统计强度、损伤力学及等效应变假设等，根据泥质弱胶结岩体结构重组试样的力学试验数据，建立了泥质弱胶结结构重组岩体的水化-力学耦合损伤本构模型，最后通过数值计算得到了不同含水率泥质弱胶结岩体结构重组试样的应力-应变关系曲线,并分别将其与相应含水率的试验数据进行对比分析,验证了本书提出的水化-力学耦合损伤本构模型的准确性。本章主要结论如下:

(1)对岩石损伤的定义进行了扩展和丰富,认为损伤除了指物理上的细观结构(微孔隙和微裂隙)导致岩石力学性能的劣化外,还应包含化学和生物等因素作用下造成的非物理意义上的岩石力学性能的劣化(即岩石力学性能的劣化并非仅由微孔隙和微裂隙的发育或扩张造成),并将损伤的定义引申为:岩石或材料在物理、化学、生物等单一或复杂条件下引起的相应力学性能的衰减。

(2)通过对比单、双、三参数的统计损伤模型的曲线特征,指出三参数的 Weibull 统计损伤模型更符合泥质弱胶结岩体在应力荷载作用下的力学损伤概率密度分布规律,并假设荷载作用下的力学损伤对泥质弱胶结结构重组岩体微单元强度 k 的影响服从三参数的 Weibull 分布,建立了泥质弱胶结结构重组岩体的水化-力学耦合损伤本构模型:

$$\sigma_1 = \begin{cases} E_0\varepsilon(1-\chi Aw) & (0 \leqslant \varepsilon \leqslant \varepsilon_D) \\ E_0\varepsilon(1-\chi Aw)\left\{1-\delta+\delta\exp\left[-\left(\dfrac{\alpha I_1 + \sqrt{J_2} - u}{p}\right)^m\right]\right\} + \mu(\sigma_2+\sigma_3) & (\varepsilon > \varepsilon_D) \end{cases}$$

(3)水化-力学耦合损伤本构模型参数的数值解是基于综合全部试验数据的最优解。该最优解不仅能反映应力-应变关系曲线的峰前变化规律,还能准确描绘峰后段应力随应变的变化规律。而该方程参数的理论解通常是根据几个特殊点的条件得到的。基于理论解的本构模型在相应特殊点能充分与试验数据完全匹配,但基于理论解的本构模型曲线通常在其他位置与试验数据的误差较大,且通常很难揭示应力-应变关系曲线的峰后段变化规律,并造成本构模型曲线失真,因此,在对本构模型参数赋值时应尽量采用数值解。

(4)损伤修正系数 χ 和 δ 的理论取值区间为 $[0,1]$,但对于含水率较高的泥质弱胶结岩体(如上面讨论的 $w=22.05\%$ 的情况),当 $\delta<1$ 时,如 $\delta=0.99$ 时,就开始得到不同本构模型参数的数值解。若将 $\delta=1$ 时的数值解结合 δ 取 0.99 时绘制泥质弱胶结岩体的本构方程曲线,该曲线完全失真,这是由于高水化损伤后的泥质弱胶结岩体的强度较低,其力学损伤变量表达式中的常数项"$1-\delta$"为本构方程曲线的主控因素。因此,在求解高水化损伤后的岩体本构参数时,力学损伤变量的修正系数应尽量取 1。

6　泥质弱胶结地层巷道围岩稳定性演化规律

对隧道开挖、边坡稳定等一系列岩土工程问题的研究,通常是从微观或细观角度着手,探索影响岩石材料力学参数的内、外在因素,揭示岩石材料的力学性能在这些因素影响下的演化规律。然后基于岩石力学性能和力学参数的试验研究结果,采用数值仿真、相似模拟或经典力学理论等来揭示岩体在开挖扰动等力学效应影响下的宏观响应。

此外,岩石的变形破坏不仅与应力的大小有关,还与应力路径有关。地层开挖后,巷道围岩应力重新分布,由于应力场是矢量场,相应的,巷道开挖后的扰动应力场不仅大小发生变化,方向还发生偏转。巷道围岩的变形破坏除受扰动应力的大小影响外,主应力方向的偏转也对围岩的变形产生影响。现有的数值模拟软件只能同时显示三向主应力的方向,而不能显示单一主应力(最大、最小或中间主应力)方向,研究人员在对其进行分析时很难识别哪一个是最大、最小或中间主应力,这给分析主应力方向偏转对巷道围岩稳定性的影响造成极大不便。

本章以内蒙古自治区五间房矿区西一煤矿为工程背景,采用FLAC³ᴰ建模并进行数值计算,以揭示泥质弱胶结地层开挖后巷道围岩在温度场、湿度场等赋存环境影响下的稳定性。同时,开发二次批处理程序对数值计算结果进行二次求解,得到单一主应力方向的偏转角度并能在后处理程序中显示出来,为揭示主应力方向的偏转对巷道围岩稳定性的影响提供有效途径。

6.1　数值分析方案及内容

6.1.1　问题分析

通过前面章节内容的分析可知:在原生泥质弱胶结地层中取样困难、成样率低,且岩体试样的强度较低。另外,受高岭石、伊利石等黏土矿物的影响,无论是开挖后的巷道围岩还是泥质弱胶结岩体试样,均易受赋存环境中温度场和湿度场等因素的影响而发生失水风化,或吸水软化崩解。因此,在进行泥质弱胶结地层围岩稳定性分析时通常会遇到如下问题:

(1)泥质弱胶结岩体的力学参数和性能受含水率的影响较大,还受赋存环境、开挖扰动、取芯管转动产生的热量以及管中水流等复杂因素的影响,很难准确得到原生地层岩体的实际含水率,因此在数值分析过程中如何给原生地层岩体单元的力学参数赋值值得探讨。

(2)在原生泥质弱胶结地层中开挖巷道后,受赋存环境影响,巷道围岩发生失水或者吸水,均会从巷道自由面开始逐渐向围岩深部发展,并最终过渡到原始含水状态,采用现有手段很难监测到巷道围岩的这种失、吸水扩散演化范围,因此,在数值模拟过程中如何确定泥质弱胶结岩体巷道围岩的失、吸水演化区域,并分析该区域对巷道围岩稳定性的影响值得思考。

(3)泥质弱胶结岩体属于沉积岩,其成岩过程是在上覆堆积岩体颗粒的荷载作用下形成结构,本书第4章通过不同荷载作用下的重组试验模拟了不同应力状态条件下泥质弱胶结破裂岩体的结构重组过程,并通过相应的力学试验揭示了不同应力状态条件下泥质弱胶结岩体强度的演化规律。不同应力状态下的岩体重组过程能反映不同埋深条件下岩体的力学性能。简而言之,泥质弱胶结岩体的强度与埋深呈正相关,然而,深埋条件下泥质弱胶结岩体巷道围岩所处的应力场也越高,相应造成巷道围岩的变形及破坏可能更大,同时,随着浅部资源枯竭,开采逐渐向深部发展。因此,泥质弱胶结地层巷道围岩稳定性随埋深的变化规律同样值得探索的。

(4)浅部地层容易受构造运动的影响,产生褶皱、断层等地质构造,因此,埋深较浅的泥质弱胶结地层的原岩应力场往往不是单一自重应力场,通常与地层所处的地质构造类型有关。因此,不同应力场条件下泥质弱胶结岩体巷道的稳定性值得研究。

(5)由第2章内容可知:在同一埋深条件下取得3种不同黏土矿物含量的泥质弱胶结岩体,黏土矿物含量是影响泥质弱胶结岩体力学性能的主要内在因素,因此,泥质弱胶结岩体围岩稳定性随着岩体黏土矿物含量的变化规律值得探讨。

(6)巷道开挖后,围岩受扰动,应力场重新分布,围岩的变形破坏不仅受扰动应力的大小的影响,还受到偏转后的主应力方向的影响。现有的数值分析软件(如 FLAC³ᴰ、UDEC、3DEC 等)通常只能同时显示3个主应力方向,而不能显示某个主应力方向及偏转角度,从而给研究主应力偏转后的方向对泥质弱胶结巷道围岩稳定性的影响带来不便。因此,在数值计算结果的基础上如何得到单一主应力方向的偏转规律及偏转范围值得研究。

6.1.2　数值分析内容

根据上面提出的问题,数值模拟的主要研究内容包括:

(1)分析不同含水率泥质弱胶结地层中开挖巷道后的围岩变形量和塑性区范围,揭示原生地层含水率对泥质弱胶结岩体巷道围岩稳定性的影响。

(2)研究不同失、吸水影响范围内的巷道围岩变形和塑性区演化规律,揭示赋存环境(温度场、湿度场)对巷道围岩稳定性的影响。

(3)研究不同竖向荷载和水平荷载作用下的巷道围岩变形和塑性区演化规律,揭示埋深和构造应力场作用下的巷道围岩稳定性。

(4)研究巷道围岩变形量和塑性区范围随岩体黏土矿物含量变化的规律,揭示在泥质弱胶结地层中有利于巷道围岩稳定的布置方案。

(5)开发二次处理程序,并对 FLAC³ᴰ 计算结果再解算,得到巷道开挖后单一主应力的偏转规律,为揭示主应力方向偏转对巷道围岩稳定性的影响奠定基础。

6.1.3　数值分析方案

根据不同的研究内容,制订相应的数值分析方案和建立力学模型,同时为了进行简化试验过程,对上述数值模拟的研究内容进行单因素分析,分析方案见表6-1,具体的数值分析方案为如下。

（1）地层含水率对巷道围岩稳定性影响的数值分析方案

以黑色泥岩（$w_{黏土}$＝51％）为研究对象，并以含水率分别为 2％、5％、10％、15％和 18％时黑色泥岩的力学参数对数值模型单元赋值，原岩应力场采用埋深 300 m 的自重应力场（7.5 MPa）。分析巷道围岩的变形量与塑性区范围随地层含水率变化的规律，以揭示不同含水率原岩地层开挖后的巷道围岩稳定性变化规律。

（2）围岩失、吸水半径对巷道稳定性影响的数值分析方案

以黑色泥岩为研究对象，设原生地层含水率为 10％，地层埋深 300 m，原岩应力场采用自重应力场（7.5 MPa）。在赋存环境影响下围岩吸水层的厚度分别为 1 m、2 m、3 m 和 4 m，吸水后围岩自由面含水率设为 20％，围岩吸水范围内的含水率由 20％线性递减至原生地层含水率（10％）。分析不同吸水层厚度影响下围岩变形及塑性区范围的演化规律，揭示巷道围岩失、吸水层的厚度对巷道围岩稳定性的影响规律。

（3）赋存环境影响下岩体失、吸水对围岩稳定性影响的数值分析方案

以黑色泥岩为研究对象，设原生地层含水率为 10％，地层埋深 300 m，原岩应力场采用自重应力场（7.5 MPa）。赋存环境影响下围岩失、吸水层的厚度为 3 m，围岩自由面失水或吸水后的含水率分别为 0、5％、10％、15％和 20％，失、吸水层厚度内的含水率由围岩自由面失、吸水后的含水率逐渐线性向 3 m 外的原生地层含水率（10％）递增或递减。分析巷道围岩发生失、吸水后的变形及塑性区演化规律，揭示赋存环境影响下岩体的失、吸水对巷道围岩稳定性的影响规律。

（4）构造应力场对巷道围岩稳定性影响的数值分析方案

以黑色泥岩为研究对象，设原生地层含水率为 10％，地层埋深 300 m（即竖向荷载为 7.5 MPa），原岩应力场的侧压力系数 λ 分别取 0.25、0.5、1.0、2.0 和 3.0 来模拟构造应力场，分析巷道围岩不同侧压力系数时的变形及塑性区演化规律，揭示构造应力作用下的巷道围岩稳定性变化规律。

（5）黏土矿物含量对巷道围岩稳定性影响的数值分析方案

分别以黑色泥岩（$w_{黏土}$＝51％）、灰色泥岩（$w_{黏土}$＝33％）和泥质砂岩（$w_{黏土}$＝21％）为研究对象，设原生地层含水率为 10％，地层埋深为 300 m，原岩应力场采用自重应力场（7.5 MPa），分析巷道围岩在不同黏土矿物含量地层中开挖后的变形及塑性区演化规律，揭示黏土矿物含量对巷道围岩稳定性的影响规律。

（6）埋深对巷道围岩稳定性影响的数值分析方案

以黑色泥岩为研究对象，设原生地层含水率为 0，地层埋深分别为 100 m、300 m、500 m、700 m 和 900 m，原岩应力场采用自重应力场，分析不同埋深条件下的巷道围岩变形及塑性区演化规律，揭示埋深对巷道围岩稳定性的影响规律。

表 6-1 数值分析方案

方案	地层含水率	吸水层厚度	围岩失、吸水	应力场	研究对象	埋深
一	★★	—	—	◇	☆	◆
二	★	○	—	◇	☆	◆
三	★	—	●	◇	☆	◆

表 6-1(续)

方案	地层含水率	吸水层厚度	围岩失、吸水	应力场	研究对象	埋深
一	★★	—	—	◇	☆	◆
四	★	—	—	◇◇	☆	◆
五	★	—	—	◇	☆☆	◆
六	★★★	—	—	◇	☆	◆◆

注：★表示原生地层含水率为 10%，★★表示不同含水率的原生地层，★★★表示地层含水率为 0；○表示吸水围岩的不同厚度，●表示围岩失、吸水后的不同含水率；☆表示黑色泥岩，☆☆表示黏土矿物含量不同的黑色泥岩、灰色泥岩和泥质砂岩；◇表示自重应力场，◇◇表示不同侧压力系数时的构造应力场；◆表示原生地层埋深(300 m)，◆◆表示不同埋深地层。

6.1.4 数值分析模型

模型巷道的形状为直墙半圆巷道，巷道宽为 5 000 mm、直墙段高 1 000 mm、拱高 2 500 mm，模型尺寸为 12 m(长)×35 m(宽)×33.5 m(高)。模型单元的力学参数根据具体方案结合前面力学试验数据分别赋值。方案一、方案四、方案五和方案六的数值计算模型如图 6-1 所示，方案二和方案三的数值计算模型如图 6-2 所示[265]。

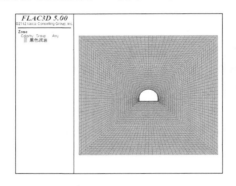

图 6-1　单一含水率模型

图 6-1 为单一含水率模型，用于不同含水率地层的巷道围岩稳定性演化分析（方案一），以及用于分析含水率为 10% 时的原岩应力场（方案四）、矿物组分（方案五）和埋深（方案六）对巷道围岩稳定性的影响。

图 6-2 为不同巷道围岩吸水影响范围的数值模型，对于方案二，设泥质弱胶结岩体巷道开挖后受赋存环境影响发生吸水，围岩的吸水影响范围分别为 1 m、2 m、3 m 和 4 m，假设围岩表面吸水后的含水率为 22%，且该含水率沿围岩深处逐渐线性减小到原岩含水状态（$w=10\%$）。为简化模型，按围岩影响范围内的含水率降低规律分成四个等厚度区域，含水率分别为 22%、19%、16% 和 13%，并最终减小到 10%。

对于方案三，采用影响范围为 4 m 的模型来分析，如图 6-3 所示，即假定巷道开挖后受赋存环境影响，围岩分别发生失水和吸水，失水后巷道围岩自由面的含水率分别为 0 和 5%，吸水后巷道围岩自由面的含水率分别为 15% 和 20%，围岩失水和吸水影响范围内的含

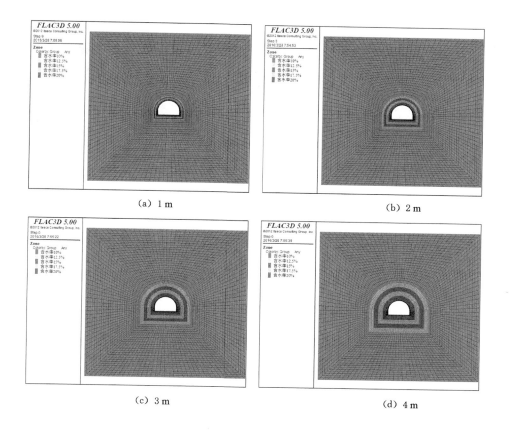

图 6-2 围岩吸水后不同影响半径模型

水率均按 4 个等厚区域线性递增或递减至原岩含水状态,结合含水率始终为 10% 的巷道围岩稳定性分析结果,揭示泥质弱胶结岩体巷道围岩在赋存环境影响下发生失、吸水对巷道围岩稳定性的影响规律。

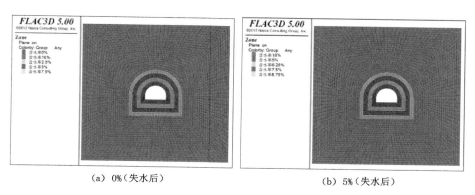

图 6-3 围岩失水和吸水后的不同含水率模型

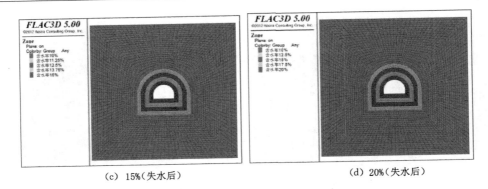

(c) 15%（失水后）   (d) 20%（失水后）

图 6-3（续）

6.2　泥质弱胶结地层巷道围岩稳定性

6.2.1　不同含水率地层的巷道围岩稳定性

受采掘扰动影响以及现有技术条件的限制,很难准确获得原生泥质弱胶结地层的含水率。为研究不同含水率地层中的巷道围岩稳定性,进行不同含水率地层的数值模拟分析,分别对数值计算模型赋予不同含水率地层的力学参数。通过分析巷道开挖后的围岩塑性区变化规律和围岩变形变化规律,揭示泥质弱胶结地层含水情况对巷道围岩稳定性的影响规律。

6.2.1.1　塑性区演化

当地层含水率分别为 2%、5%、10%、15% 和 18% 时,巷道开挖后围岩塑性区分布如图 6-4 所示,不同含水率地层开挖后巷道围岩的塑性区演化规律如图 6-5 所示。

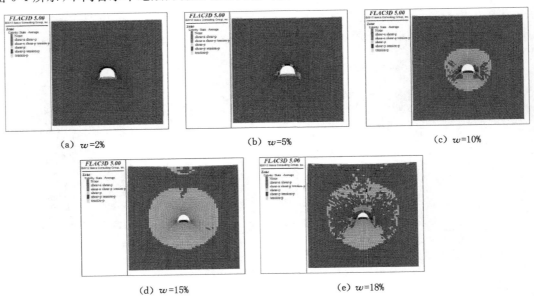

(a) $w=2\%$　　　　　(b) $w=5\%$　　　　　(c) $w=10\%$

(d) $w=15\%$　　　　　　　　(e) $w=18\%$

图 6-4　不同含水率地层中巷道围岩的塑性区分布

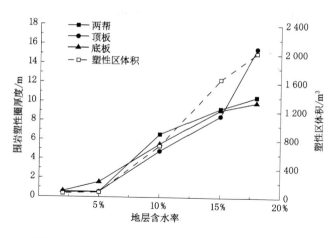

图 6-5　不同含水率地层的巷道围岩塑性区演化曲线

由图 6-4 可知：

（1）当地层含水率为 2％时，巷道开挖后围岩形成了一个厚度约 0.5 m 的塑性区，该塑性区在底板上并未完全封闭，巷道底板岩体的塑性屈服方式主要为纯张拉屈服，且沿底板中心线对称分布；从底板中心往两帮底角走，底板岩体的屈服方式变为纯张拉屈服；再从底角向两帮看，巷道两帮围岩的屈服方式主要为纯张拉屈服；由两帮继续向上至顶板，顶板围岩的屈服方式主要为张拉和剪切共同作用下屈服。

（2）当地层含水率为 5％时，巷道围岩的塑性区范围开始从两帮和底角扩展，扩展后的塑性区距巷道表面的最大距离约为 1.6 m，且塑性区在底板上仍未完全封闭，巷道底板和两帮岩体仍分别以纯张拉和纯剪切的方式屈服，而巷道顶板受张拉和剪切共同作用屈服的岩体单元数量减少，并逐渐转变为纯张拉屈服。

（3）当地层含水率增加到 10％时，巷道围岩的塑性区由底角向底板、两帮以及顶板发育，并形成封闭的塑性区，该塑性区近似圆形，两帮、顶板和底板的塑性区厚度分别约为 6.6 m、4.8 m 和 5.6 m。围岩的屈服方式除了底板表面由纯剪切屈服变为张拉和剪切共同作用屈服外，其他位置均变为纯剪切屈服。

（4）当地层含水率增加到 15％和 18％时，巷道围岩的屈服方式与地层含水率为 10％时的情况类似，主要以纯剪切方式屈服，巷道围岩的塑性区范围继续增大。当地层含水率为 15％时，巷道围岩的塑性区厚度约为 9 m，且模型上顶面中心形成了一个高约为 2.5 m，上、下边长分别约为 10 m、3 m 的梯形塑性区，但该塑性区并未直接与塑性区贯通。当地层含水率为 18％时，巷道围岩两帮、顶板和底板的塑性区厚度分别增至 10.5 m、15.6 m 和 10 m，此时顶板的塑性区与模型上端的塑性区贯通。

由图 6-5 可知：当地层含水率较低（≤5％）时，巷道围岩塑性区范围以及塑性区体积的变化较小；当地层含水率大于 5％之后，围岩塑性区范围和塑性区体积近似呈线性增大；当含水率在 5％～10％之间时，巷道围岩帮部的塑性区厚度略大于顶板和底板，顶板塑性区范围最小；当含水率超过 10％之后，顶板的塑性区厚度逐渐超过两帮和底板，说明高含水率地层中顶板的破坏范围更大，需对顶板进行加强支护。

6.2.1.2 变形演化

不同含水率地层中巷道围岩的变形等值线分布图如图 6-6 所示。为分析不同含水率地层巷道围岩帮部、顶板和底板的变形变化规律,分别在巷道左帮、顶板和底板中心线上布设测线,如图 6-6(f)所示,每条测线包含 80 个测点,变形数据如图 6-7 所示,顶板和底板的最大变形量以及两帮和顶、底板的最大移近量随地层含水率的变化规律如图 6-8 所示。

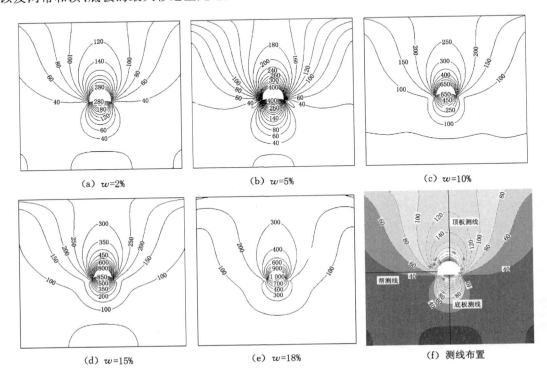

(a) $w=2\%$　　　　　(b) $w=5\%$　　　　　(c) $w=10\%$

(d) $w=15\%$　　　　　(e) $w=18\%$　　　　　(f) 测线布置

图 6-6　不同含水率地层巷道围岩的变形等值线

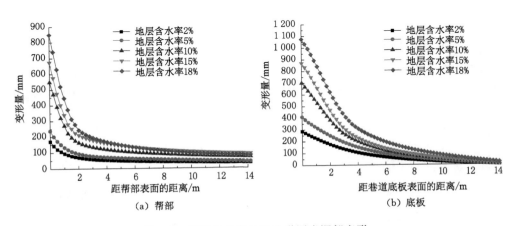

(a) 帮部　　　　　　　　　　　(b) 底板

图 6-7　不同含水率地层巷道围岩深部变形

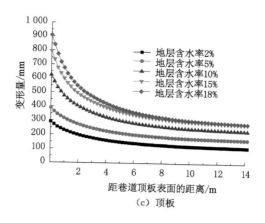

(c) 顶板

图 6-7(续)

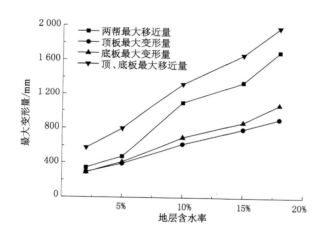

图 6-8　巷道围岩最大变形量与地层含水率的关系曲线

由图 6-6 可知:在自重应力场中,不同含水率地层巷道围岩的最大变形均出现在顶、底板上,距离顶板和底板表面越近,巷道围岩变形越大。巷道围岩的变形等值线呈"开花"形,且沿巷道顶、底板中心线对称;顶板中心线上的变形等值线处于封闭状态,类似于"花蕾";在顶、板中心线两侧的变形等值线未封闭,类似于"花瓣",底板上的变形等值线类似于"花托"。当地层含水率较低时($w \leqslant 5\%$),围岩变形量相对较小,底板变形等值线封闭,两帮"花瓣"形变形等值线与底板变形等值线几乎不相交,说明此时巷道底角位置的变形较小。随着地层含水率增大,巷道围岩变形逐渐增大,当地层含水率增大到 10% 之后,两帮"花瓣"形变形等值线逐渐与底板"花托"形等值线贯通,说明此时巷道底角处的变形明显,因此进行高含水地层巷道的支护设计时应考虑底角支护。

由图 6-7 可知:

(1) 地层含水率越高,巷道围岩两帮、底板以及顶板变形量越大。对于巷道两帮和底板,当地层含水率低于 5% 时,围岩从浅部到深部的变形演化规律近似呈随距离增加而缓慢降低的指数曲线。当地层含水率高于 10% 之后,围岩从浅部到深部的变形演化规律可简化为两个分段线性直线,在浅部的变形降低速率远高于深部,且地层含水率越高,围岩越浅,变形量的变化越大。围岩两帮以及底板的两分段线性直线的交点或阈值位置分别距帮部表面大约 2 m 和距底板表面大约 4 m。对于巷道顶板,围岩从浅部到深部的变形演化规律呈随距离增大而近似缓慢降低的指数曲线。

(2) 巷道围岩的底板变形大于顶板,单侧帮部的变形最小,但是在距底板表面 14 m 处底板变形逐渐降至 0 mm。而对于帮部和顶板的深部变形,在分别距离巷帮表面和顶板表面 14 m 处仍存在一定的变形,且顶板的变形最大,深部为 100~300 mm,这是由于模型的上端面没有位移约束,对应于实际工程中的顶板下沉。这表明:底板的变形量最大,在距围岩 14 m 范围内的变形降低速率也是最大的,顶板的变形降低速率最小,但是在距围岩 2 m 范围内,巷帮的变形降低速率最大。

由图 6-8 同样可以看出,巷道围岩的最大变形随着地层含水率的增大逐渐增大,且最大变形量与地层含水率近似呈线性变化。具体来讲,顶、底板移近量与两帮移近量的演化曲线近似平行,且不同含水率地层的平均顶、底板移近量比两帮平均移近量多 277 mm。当地层含水率小于 5% 时,两帮移近总量分别与顶板和底板的变形量接近,但是随着地层含水率的增加,两帮移近总量远大于顶板和底板的变形量。

6.2.2 吸水范围对巷道围岩稳定性的影响

在泥质弱胶结地层中开挖巷道后,受赋存环境影响,围岩发生失水或者吸水,且围岩表面的失水量或吸水量最大,越往围岩深部,围岩的失水量或吸水量逐渐增大或者减小至原生地层含水状态。同样,受现有测试技术条件的限制,很难准确得到围岩发生失水或者吸水段的含水率变化层厚度。因此,为分析这种受赋存环境影响的含水率变化厚度对巷道围岩稳定性的影响,本书假设原生地层的含水率为 10%,在赋存环境影响下围岩吸水,吸水后围岩表面的含水率为 20%。受吸水影响的含水率变化层厚度分别为 1 m、2 m、3 m 和 4 m,含水率变化层中的含水率随深度逐渐变化,力学模型如图 6-2 所示。分别分析不同含水率变化层厚度模型的塑性区演化规律和围岩变形演化规律,从而揭示岩体吸水范围对巷道围岩稳定性的影响。

6.2.2.1 塑性区演化

赋存环境影响下泥质弱胶结岩体吸水,吸水后含水率变化层不同厚度的巷道围岩塑性区分布如图 6-9 所示。围岩塑性区范围随含水率变化层厚度变化的演化规律,如图 6-10 所示。

由图 6-9 可知:巷道围岩吸水后,无论吸水层厚度为多少,围岩的塑性区范围均封闭,其形状近似圆形,且围岩的塑性屈服方式主要以剪切屈服为主,仅在围岩表面附近出现剪切和张拉共同作用的屈服。与不发生失、吸水的试验结果相比[图 6-4(c)],围岩吸水后的塑性区范围在 7.5~9.2 m 区间,塑性区体积为 1 346~1 655 m³,分别大于地层含水率为 10% 时的塑性区范围(4.8~6.6 m)和塑性区体积(714 m³),又分别小于地层含水率为 18% 时的塑性区范围(9.9~10.5 m)和塑性区体积(2 015 m³),分别如图 6-4(c)和图 6-4(e)所示,这主要是因为吸水影响范围相对于整个地层来说比较小,但同时也表明围岩吸水后对围岩塑性区的影响增大。

由图 6-10 可知:随着吸水深度的增加,围岩的塑性区范围和塑性区体积均逐渐增大。具体来说,塑性区体积随影响深度的变化近似呈线性增加;在 1~2 m 范围内时,顶板的塑

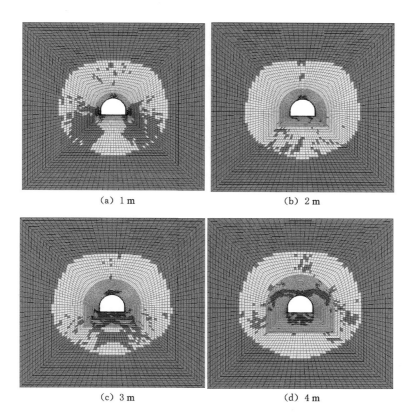

（a）1 m　　　　　　　　　　（b）2 m

（c）3 m　　　　　　　　　　（d）4 m

图 6-9　含水率变化层不同厚度的巷道围岩塑性区分布

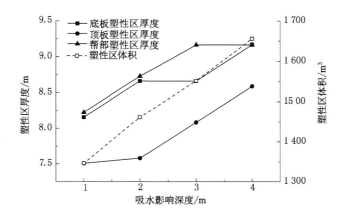

图 6-10　含水率变化层不同厚度的围岩塑性区演化曲线

性区范围变化不大,而在 2～4 m 范围内时呈线性增加;对于底板,在 1～2 m 和 3～4 m 范围内底板塑性区厚度呈线性增加,而 2～3 m 范围内的塑性区厚度几乎不变;对于巷道帮部,1～3 m 范围内的塑性区厚度呈线性增加,而 3～4 m 范围内的塑性区范围几乎不变。虽然从图 6-9 可以看出围岩的塑性区形状近似圆形,但是围岩帮部、顶板以及底板的塑性区厚度是不相同的,其中帮部的厚度最大,顶板的塑性区厚度最小,顶板和巷帮的塑性区厚度差约为 1 m。

6.2.2.2 变形演化

含水率变化层不同厚度的巷道围岩变形等值线分布图如图 6-11 所示,不同含水率变化层厚度的巷道围岩帮部、顶板和底板的深部变形演化规律如图 6-12 所示,围岩最大变形量随含水率变化层厚度变化的曲线如图 6-13 所示。

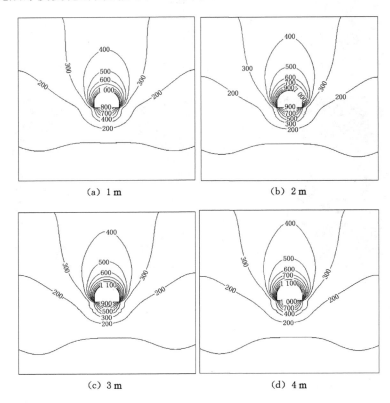

图 6-11　含水率变化层不同厚度的巷道围岩变形等值线分布图

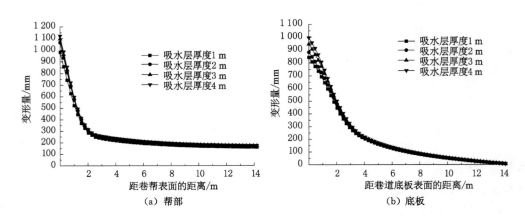

图 6-12　不同含水率变化层厚度的围岩深部变形曲线

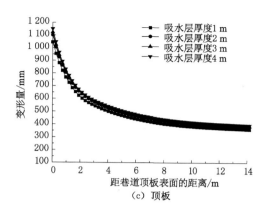

（c）顶板

图 6-12（续）

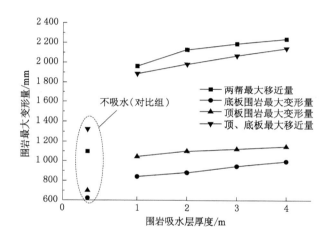

图 6-13　围岩最大变形量随含水率变化层厚度的变化曲线

由图 6-11 可知：受赋存环境影响，泥质弱胶结地层巷道开挖吸水后，围岩的变形等值线分布类似于原生地层含水率大于 10% 时的情况，即巷道顶板中心线上的变形等值线封闭，呈"花蕾"形，而两帮的变形等值线未封闭，呈"花瓣"形，且底板上的变形等值线呈"花托"形，且在巷道底角位置、巷帮的"花瓣"形等值线与底板的"花托"形等值线相交，且对应的等值线值和交点位置距底角的距离均大于原生地层含水率为 10% 的情况［图 6-10（c）］，说明巷道围岩吸水后底角的变形加剧，且影响范围变大，在实际工程中应考虑围岩吸水的影响，并对巷道底角处的围岩进行加固。

由图 6-12 可知：

（1）围岩吸水后，围岩帮部、底板和顶板从浅部到深部的变形演化规律与地层含水率大于 10% 时的情况类似（图 6-7），即对于巷道帮部和底板而言，围岩从浅部到深部的变形演化规律可简化为两条线段，围岩两帮和底板的两条线段的交点或阈值位置分别距帮表面约 2 m 和距底板表面约 4 m。而对于巷道顶板，围岩从浅部到深部的变形演化规律呈随距离增加而近似缓慢降低的指数曲线。

（2）围岩吸水后，不同含水率变化层厚度对围岩变形的影响差异主要出现在围岩浅部。对于围岩帮部，不同含水率变化层厚度的影响范围主要出现在 1 m 范围内，其余范围的深部变形几乎完全重合。对于围岩底板，不同含水率变化层厚度的影响范围主要出现在 2 m 范围内，其余范围的深部变形几乎完全重合。这说明围岩吸水后不同含水率变化层厚度对巷道围岩稳定性的影响主要是浅部围岩的变形。

由图 6-13 可知：

（1）受赋存环境影响，围岩吸水后的变形随着含水率变化层厚度的增加而逐渐增大。具体来说，含水率变化层厚度从 1 m 增加到 4 m，两帮变形及顶、底板移近量的增量分别为 278 mm 和 259 mm。

（2）与围岩不吸水（即地层含水率为 10%）时的情况进行对比，两帮及顶、底板的最大变形增量分别为 1 144 mm 和 822 mm，将该数据与含水率变化层厚度从 1 m 增加到 4 m 的变形增量对比，同样说明吸水后的变形主要发生在浅部，且吸水后巷道变形由不吸水时的顶、底板移近量大于两帮移近量，逐渐变为两帮移近量大于顶、底板移近量。

6.2.3 岩体失、吸水对巷道围岩稳定性的影响

巷道开挖后，围岩受赋存环境影响从浅部至深部逐渐发生失水或吸水，失水或吸水后围岩的含水率往深部逐渐接近地层的初始含水率。在上述吸水范围影响的基础上，围岩的失、吸水影响半径取 4 m，令失水后巷道表面的含水率分别为 0 和 5%，吸水后巷道表面的含水率分别为 15% 和 20%，含水率由浅至深线性递增或递减至地层初始含水率。同时与围岩含水率不发生变化的塑性区范围和变形量对比，分析赋存环境影响下的岩体失、吸水对巷道围岩塑性区范围和变形量的演化规律，揭示赋存环境影响下围岩失、吸水对巷道围岩稳定性的演化规律的影响。需要指出的是，本小节在进行数值分析时做了相应简化，忽略了时间效应的影响，即假设巷道开挖后围岩就已完成失水或吸水。

6.2.3.1 塑性区演化

赋存环境影响下泥质弱胶结岩体巷道围岩发生失水或吸水，失、吸水后巷道围岩的塑性区分布图如图 6-14 所示。塑性区范围随着围岩失、吸水后的含水率演化规律如图 6-15 所示。

由图 6-14 可知：随着巷道浅部含水率的增大，围岩的塑性区范围逐渐增大且均封闭，围岩塑性区近似圆形，围岩塑性区的屈服方式仍以纯剪切屈服为主。与地层不发生失、吸水的情况相比［图 6-14（c）］，围岩失水后的塑性区范围由 5.6 m 减小到不足 2 m，如图 6-14（a）和图 6-14（b）所示。而围岩吸水后的塑性区范围增大到 8 m，如图 6-14（d）和图 6-14（e）所示，这是因为围岩失水后强度增大而吸水后强度又降低导致的。将失、吸水后围岩表面与含水率相同的原生地层巷道的塑性区范围相比，即将图 6-14（b）、图 6-14（d）分别与图 6-4（b）、图 6-4（d）相比，失水后巷道围岩的塑性区相对较大，而吸水后巷道围岩的塑性区相对较小，这是由于地层含水率为巷道开挖后塑性区变化的主控因素。本次模拟分析的地层初始含水率为 10%，而图 6-4（b）和图 6-4（d）所示地层的初始含水率分别为 5% 和 15%。上述分析表明：通过控制泥质弱胶结地层巷道中的赋存环境，降低围岩表面的含水率，有利于阻止围岩塑性区的发育和扩张。而在高湿度条件下，围岩吸水后含水率增大，其塑性区范围逐渐扩大，不利于巷道围岩的稳定。

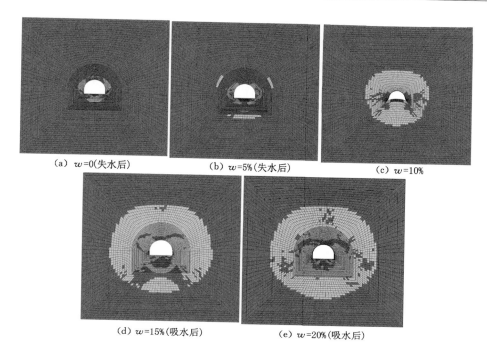

（a）$w=0$（失水后）　　　　（b）$w=5\%$（失水后）　　　　（c）$w=10\%$

（d）$w=15\%$（吸水后）　　　　（e）$w=20\%$（吸水后）

图 6-14　失水或吸水后的围岩塑性区分布图

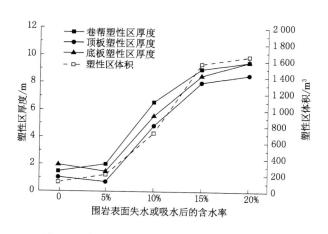

图 6-15　围岩失水或吸水后的塑性区演化曲线

由图 6-15 可知：在赋存环境影响下，围岩失水后其塑性区范围逐渐减小，当巷道表面岩体的含水率由 10％降到 5％的过程中，围岩的塑性区范围减小速率最快。随着巷道表面岩体含水率的继续下降，围岩塑性区的范围变化相对较缓慢。相反，在赋存环境影响下，岩体吸水后巷道围岩的塑性区范围逐渐增大，巷道表面岩体的含水率在 10％～15％区间变化时的塑性区范围变化最快。上述分析表明：对于含水率为 10％的泥质弱胶结地层巷道而言，巷道开挖后受赋存环境的影响，围岩表面含水率在 5％～15％区间变化时的塑性区范围变化最大，即采用技术措施调整巷道的赋存环境，使岩体的含水率降到 5％时，围岩塑性区范围的扩展和发育能得到较好控制。相反,若巷道的赋存环境较差,湿度较高,岩体极易吸水,当含水率增加到 15% 之后,围岩的塑性区范围快速增大,巷道围岩的稳定性变差。

6.2.3.2 变形演化

巷道围岩失水或吸水后的变形等值线分布图如图 6-16 所示。深部围岩变形量曲线如图 6-17 所示,围岩失、吸水后的最大变形量的演化规律如图 6-18 所示。

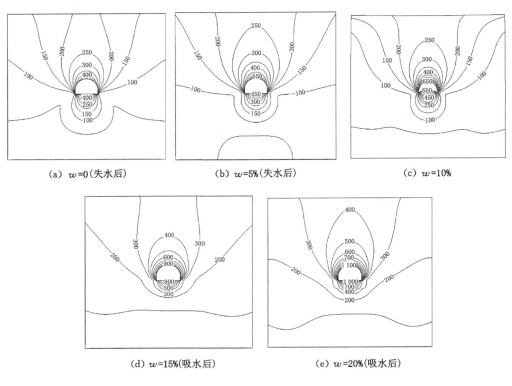

（a）w=0（失水后）　　　　（b）w=5%（失水后）　　　　（c）w=10%

（d）w=15%（吸水后）　　　　（e）w=20%（吸水后）

图 6-16　失水或吸水后的围岩变形等值线分布图

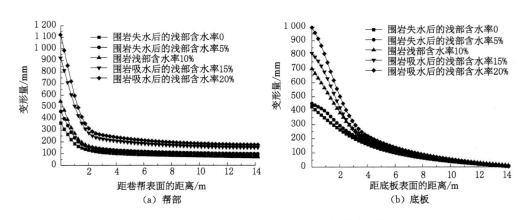

（a）帮部　　　　（b）底板

图 6-17　失水或吸水后的深部围岩变形量曲线

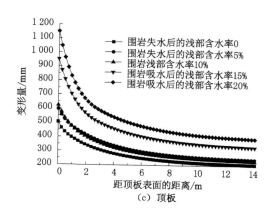

图 6-17（续）

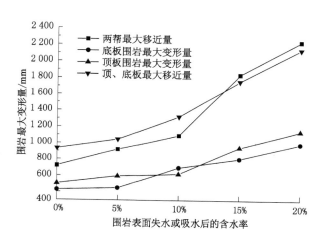

图 6-18　围岩失、吸水后的最大变形量与含水率的关系曲线

由图 6-16 可知：与不同吸水半径的巷道围岩变形等值线的演化规律一致，受赋存环境影响，围岩失水或吸水后的变形等值线仍为"开花"形。当围岩失水后，围岩变形等值线的形态几乎不变化，等值线上的变形量随着含水率的降低逐渐减小，而当围岩吸水后，巷帮"花瓣"形等值线与底板"花托"形等值线的相交位置距巷道底角越来越远，且变形等值线上的数值越来越大，表明围岩吸水后巷道顶、底板，两帮和底角的变形增大。说明采取一定的技术措施调整，巷道围岩的赋存环境（温度、湿度）降低围岩含水率可减小巷道的变形，而任其发展时，围岩吸水后巷道变形量明显增加，不利于巷道围岩的稳定性。

由图 6-17 可知：受赋存环境影响，岩体失水或吸水对巷道深部的围岩变形阈值几乎没有影响，巷帮、底板和顶板的深部变形阈值分别约为 2 m、4 m 和 4 m，而随着岩体失水或吸水后的浅部含水率的增大，巷道围岩变形量逐渐增加。这说明浅部围岩的失、吸水主要对阈值点内的变形和变形衰减速率产生影响，且在进行泥质弱胶结巷道围岩的支护方案设计时，可将围岩深部变形阈值点作为参考。

由图 6-18 可知：岩体失水后，围岩变形量随着失水量的增加而逐渐减小，而当岩体吸水后，围岩变形量随着吸水量的增加逐渐增大，这同样说明可以通过改变巷道围岩的赋存环境来减小围岩的变形量,从而提高巷道围岩的稳定性。此外,含水率增加 5%(含水率 15%)时的围岩变形增量大于含水率降低 5%(含水率为 5%)时的围岩变形减小量,且巷帮的变形最明显。岩体失水后,围岩两帮的移近量小于顶、底板移近量,而在岩体吸水后,两帮移近量逐渐大于顶、底板移近量。

6.2.4 不同侧压力系数对巷道围岩稳定性的影响

浅埋地层受地质构造的影响较大,因此,浅埋地层的原岩应力场通常不为自重应力场[266]。为研究不同类型的原岩应力场对泥质弱胶结地层巷道围岩稳定性的影响,数值分析模型原岩应力场中的竖向应力采用上覆地层的自重应力,而水平应力用不同的侧压力系数来表示,侧压力系数 λ 分别取 0.25、0.5、1、2 和 3,分别模拟不同应力场对巷道围岩稳定性的影响,并通过分析不用应力场条件下的巷道围岩塑性区演化规律和围岩变形演化规律,揭示泥质弱胶结地层巷道围岩稳定性受不同原岩应力场影响的演化规律。

6.2.4.1 塑性区演化

不同侧压力系数时巷道围岩塑性区分布图如图 6-19 所示,巷道围岩的塑性区体积随着侧压力系数变化的演化规律如图 6-20 所示。

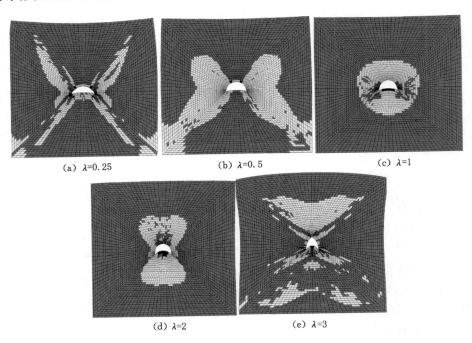

(a) λ=0.25　　　　(b) λ=0.5　　　　(c) λ=1

(d) λ=2　　　　(e) λ=3

图 6-19　不同侧压力系数时巷道围岩塑性区分布图

由图 6-19 可知:侧压力系数的变化不仅影响围岩塑性区的范围,还对塑性区形态产生影响。当侧压力系数 $\lambda \neq 1$ 时,围岩塑性区不再近似圆形。具体来讲:

(1) 当 λ=0.25 时,围岩的塑性区主要分布在巷道围岩的四个角线上,呈"蝶翅"形分布,"蝶翅"形塑性区范围内的围岩屈服方式以剪切屈服为主,而巷道顶板和底板的塑性区范围分别约为 0.5 m 和 1.5 m,顶板和底板塑性区范围内的围岩屈服方式主要以纯张拉屈服为主。

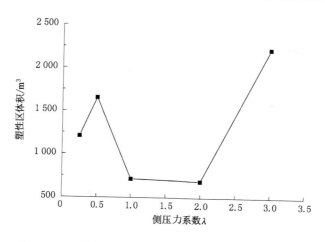

图 6-20　不同侧压力系数时的围岩塑性区体积变化曲线

（2）当 λ 增大到 0.5 时，围岩的塑性区仍主要分布在围岩四个角线上，与 λ＝0.25 时不同的是，随着侧压力系数 λ 的增大，"蝶翅"形屈服区域的形态开始退化，"蝶翅"部分由细而长的形态逐渐变化为短而粗，且两帮的塑性区域范围增大；与 λ＝0.25 时相同的是，"蝶翅"形塑性区域内的围岩屈服方式仍以剪切屈服为主，顶板和底板塑性区范围内的围岩的屈服方式仍然以纯张拉屈服为主，顶板和底板塑性区范围均约 0.5 m。

（3）当 λ 增大到 1 时，围岩的"蝶翅"形屈服区域的形态完全退化，并形成近似圆形的塑性区域，两帮、顶板和底板的塑性区厚度分别约为 6.6 m、4.8 m 和 5.6 m。围岩的屈服方式除了底板表面由纯张拉屈服变为张拉和剪切共同作用下的屈服外，其他位置均为纯剪切屈服。

（4）当 λ 增大到 2 时，圆形塑性区在巷道两帮开始退化，而顶板的塑性区范围逐渐增大，形成"哑铃"形塑性区，围岩的屈服方式以纯剪切屈服为主，仅在底板约 1 m 范围内为张拉和剪切共同作用下的屈服。

（5）当 λ 增大到 3 时，圆形塑性区在巷道两帮基本完成退化，两帮几乎不存在塑性区，而巷道顶板和底板塑性区范围均大幅增大，形成"沙漏"形塑性区，围岩的屈服方式仍以剪切屈服为主。

综合上述分析可知：泥质弱胶结地层巷道开挖后的围岩屈服方式以纯剪切屈服为主。当侧压力系数较小（λ＜1）时，随着侧压力系数的增大，围岩塑性区从沿巷道顶底角延长线分布的"蝶翅"形，逐渐先向两帮演化，再向顶板演化，并形成近似圆形的塑性区（λ＝1）；当侧压力系数较大（λ＞1）时，随着侧压力系数的增大，围岩塑性区从圆形分布逐渐从两帮开始退化，而顶板的塑性区范围逐渐增大，并形成"沙漏"形塑性区（λ＝3）。

在不同侧压力系数影响下，泥质弱胶结地层巷道围岩的塑性区形状变化较大，不宜分别对巷帮、底板和顶板的塑性区范围进行分别对比。为分析侧压力系数影响下的围岩塑性区演化规律，采用塑性区体积的变化规律来表征围岩的塑性区演化规律，如图 6-20 所示。由图 6-20 可知：随着侧压力系数的增大，围岩的塑性区体积先增大（λ＝[0.25,0.5]）后减小（λ＝[0.5,2]），最后再增大（λ＝[2,3]），并在 λ＝2 时取得最小值，其中 λ 在[0.5,1]区间的围岩塑性区体积减小得最快，λ 在[2,3]区间的围岩塑性区体积增加得最快，而 λ 在[1,2]区间的围岩塑性区体积变化最小。

上述分析说明：当侧压力系数λ在[1,2]区间取值时，围岩的塑性区范围相对集中在围岩四周，而侧压力系数λ在其他区间取值时，围岩的塑性区范围相对分散，因此，在进行支护设计时，必须考虑侧压力系数影响下的围岩塑性区分布情况。

6.2.4.2 变形演化

不同侧压力系数时巷道围岩变形等值线分布图，如图6-21所示。根据图6-6（f）布置测线，分别提取不同侧压力系数条件下的巷道围岩帮部、顶板和底板的变形演化规律，每条测线包含80个测点，监测数据如图6-22所示，顶板和底板的最大变形量以及两帮和顶、底板的最大移近量随侧压力系数变化的演化规律如图6-23所示。

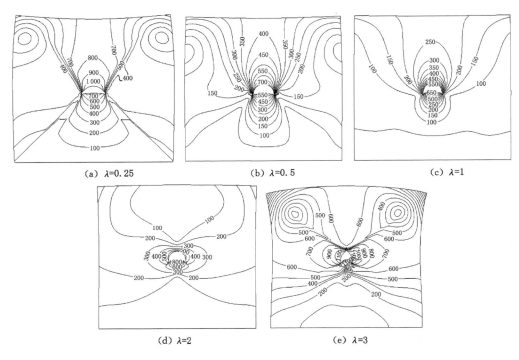

图 6-21　不同侧压力系数时巷道围岩变形等值线分布图

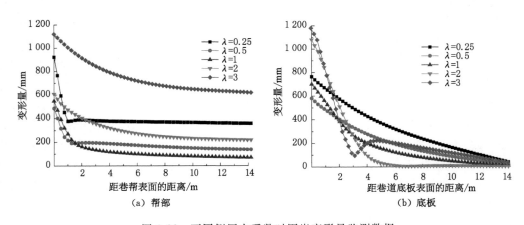

图 6-22　不同侧压力系数时围岩变形量监测数据

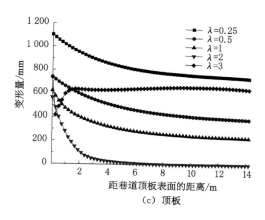

（c）顶板

图 6-22（续）

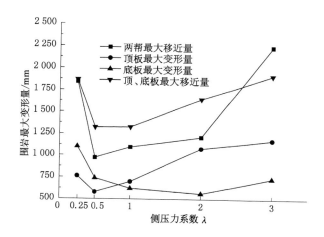

图 6-23　不同侧压力系数时围岩最大变形量曲线

由图 6-21 可知：

（1）从围岩变形等值线数据来看，侧压力系数的变化不仅影响围岩变形大小，还影响围岩最大变形的位置以及相应的影响范围。具体来说，当侧压力系数 λ≤1 时，围岩的最大变形出现在顶板或底板上，两帮的变形以及变形影响范围相对较小，且围岩变形量随着侧压力系数 λ 的增大逐渐减小；当 1<λ≤2 时，围岩的变形量随着侧压力系数 λ 的增大逐渐变大，最大变形位置发生在底板上，但是随着侧压力系数的增大，底板最大变形的影响区域逐渐减小，而巷道两帮的变形影响范围逐渐增大；当 λ>2 时，围岩的变形量同样随着侧压力系数 λ 的增大而增大，并且当 λ=3 时，底板和两帮的变形量几乎相等，但是底板的影响深度相对较小，而巷道两帮的影响深度逐渐增大。

（2）从围岩变形等值线形态来看，侧压力系数的变化不仅对围岩变形大小和深度范围等产生影响，同时也影响围岩变形等值线分布规律。当侧压力系数较低（λ≤0.25）时，围岩变形的等值线呈"脸"形，随着侧压力系数的增大，"脸"形分布的等值线逐渐退化，并在 λ=1 时呈"开花"形，随着侧压力系数的继续增大，"开花"形分布的等值线又继续演化成"脸"形分布（λ=3），这说明侧压力系数不仅影响围岩塑性区的分布形态，还影响围岩变形等值线分布形态。

由图 6-22 可知：

(1) 巷帮的变形演化规律：当 $\lambda=0.25$ 时，巷道两帮的变形仅次于 $\lambda=3$ 时的情况，随着侧压力系数的增大，巷帮最大变形量先逐渐减小，$\lambda=0.5$ 时达到最低后再随着侧压力系数的增大而增大。此外，侧压力系数影响两帮变形曲线的分段直线交点或阈值位置，当 $\lambda=0.25$ 时，帮部变形曲线的阈值位置在距巷帮表面 1 m 左右。巷帮围岩在该阈值范围内的变形降低的斜率最大，即降低速度最快，过该阈值位置后，深部围岩的变形近似一条水平线。随着侧压力系数的增大，帮部围岩变形的阈值逐渐增大，巷帮围岩在相应阈值范围内的变形衰减速度逐渐降低，变形衰减规律逐渐呈指数曲线。

(2) 巷道底板的变形演化规律：当侧压力系数 $\lambda>0.5$ 时，底板最大变形量随 λ 的增大逐渐增大，而当 $\lambda=0.25$ 时，底板最大变形量比 $\lambda=1$ 时还大，说明在 $0.25<\lambda<0.5$ 区间，底板的最大变形量逐渐减小。此外，与帮部演化规律相反的是，侧压力系数 λ 越大，底板变形曲线的分段直线交点或阈值越小，即该阈值点越靠近底板表面，相应的，该阈值范围内围岩的变形衰减速度越快。

(3) 巷道顶板的变形演化规律：当 $0.25<\lambda<2$ 时，顶板变形量随着侧压力系数 λ 的增大逐渐减小，且顶板不同深度变形演化曲线的阈值逐渐减小，且在顶板不同深度的变形量衰减速度逐渐增大，当 $\lambda=2$ 时，顶板阈值（4 m）范围外的变形量几乎降低至 0，这说明 $\lambda<2$ 时顶板的变形量主要表现为下沉量。若侧压力系数 $\lambda>2$ 且继续增大，在较大的水平应力作用下围岩两帮向内挤，顶板在阈值外的变形可能竖直向上移动，如 $\lambda=3$ 时，顶板变形量的阈值点仅为 0.2 m 左右，在阈值范围内的顶板变形表现为顶板下沉，且变形量逐渐减小，而在阈值点外，顶板的变形量逐渐增大，并在不到 2 m 范围内达到一定变形量（$\lambda=3$ 时约为 600 mm）后进入顶板稳定变形阶段。结合图 6-21(e)可知阈值点外的顶板变形表现为顶板竖直向上移动。对应于实际工程，当原岩应力场的水平应力较大时，顶板在阈值区域附近容易出现离层现象，因此，在设计相应支护方案时应考虑防止顶板离层的技术措施和监测方案。

由图 6-23 可知：巷道顶板和底板的最大变形量以及两帮和顶、底板的最大移近量，均随着侧压力系数的增大先减小后增大。

(1) 巷道底板变形量以及两帮和顶底板的移近量：当侧压力系数 $\lambda<0.5$ 时，变形量或移近量随着侧压力系数的增大而减小；当 $\lambda>0.5$ 时，变形量或移近量随着侧压力系数的增大逐渐增大。总的来说，当 $0.25 \leqslant \lambda \leqslant 2$ 时，两帮移近量小于顶、底板移近量；当 $\lambda=3$ 时，两帮移近量大于顶、底板移近量，说明侧压力系数 λ 取[2,3]区间的某个值时，两帮的移近量接近顶、底板移近量，且随着侧压力系数的增大，两帮移近量超过顶、底板移近量。

(2) 巷道顶板的变形量：当侧压力系数 λ 在[0.25,2]区间取值时，巷道顶板的变形量逐渐减小，且顶板变形量与底板变形量在 λ 约为 0.8 时相交；当侧压力系数小于该值时，巷道顶板的变形量大于底板变形量，而且随着侧压力系数 λ 的增大，二者变形的差值逐渐减小，当侧压力系数 λ 超过该值后，底板的变形量逐渐超过顶板，且随着侧压力系数 λ 的增大，二者变形量的差值逐渐扩大。

上述分析表明：当侧压力系数 $\lambda \leqslant 2$ 时，对于巷道围岩变形支护方案，应考虑对顶、底板进行加强支护，即当 $\lambda \leqslant 0.8$ 时，对于顶、底板的控制需以顶板控制为主，当 $0.8 \leqslant \lambda$ 时，对于顶、底板的控制应以底板控制为主。而当侧压力系数 $\lambda \geqslant 3$ 时，对于巷道围岩变形支护方案，又应考虑对两帮加强支护。

6.2.5　黏土矿物含量对巷道围岩稳定性的影响

　　黏土矿物含量对泥质弱胶结岩体的力学性能产生影响,因此,在不同黏土矿物含量的泥质弱胶结岩体中开挖巷道,巷道围岩的稳定性也不同。分别模拟在 3 种原生地层(黏土矿物含量分别为 21％、33％和 51％)中开挖巷道,并分别分析围岩塑性区和围岩变形量随黏土矿物含量变化的演化规律,揭示黏土矿物含量对泥质弱胶结地层巷道围岩稳定性的影响。

6.2.5.1　塑性区演化

　　不同黏土矿物含量地层开挖后的巷道围岩塑性区分布如图 6-24 所示,巷道围岩的塑性区范围和塑性区体积随黏土矿物含量变化的演化规律如图 6-25 所示。

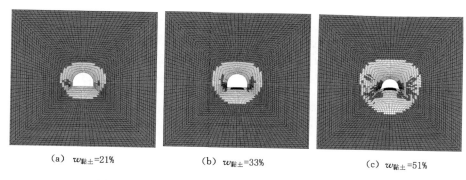

　　（a）$w_{黏土}$=21%　　　　　（b）$w_{黏土}$=33%　　　　　（c）$w_{黏土}$=51%

图 6-24　不同黏土矿物含量地层的围岩塑性区分布图

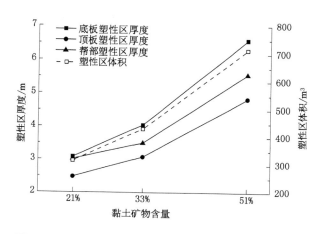

图 6-25　不同黏土矿物含量地层的围岩塑性区演化曲线

　　由图 6-24 可知:当应力环境和赋存环境等因素相同时,不同黏土矿物含量地层中巷道围岩的塑性区均封闭,且分布形态相似,均近似圆形。巷道围岩的屈服方式以纯剪切屈服为主:当黏土矿物含量为 21％时,围岩的屈服方式为纯剪切屈服;当黏土矿物含量增加至 33％时,除巷道底板浅部发生剪切和张拉共同作用下的屈服,其他位置的屈服方式均为纯剪切屈服。

　　由图 6-25 可知:底板的塑性区厚度最大,而顶板的塑性区厚度最小。同时,随着黏土矿物含量的增加,泥质弱胶结地层中围岩的塑性区厚度及塑性区体积均增大,且黏土矿物含量越高,围岩塑性区厚度及体积增量越大,这说明在进行巷道设计时应尽量将巷道布置在黏土矿物含量较低的岩体中,以减小巷道围岩的塑性区范围,并相应提高围岩的稳定性。

6.2.5.2 变形演化

不同黏土矿物含量地层中巷道围岩的变形等值线分布图如图 6-26 所示,深部围岩变形量如图 6-27 所示,最大变形量随着黏土矿物含量变化如图 6-28 所示。

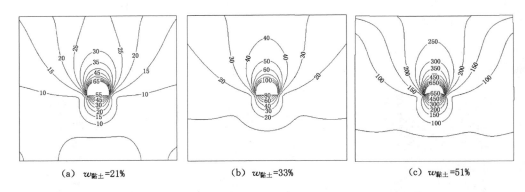

（a） $w_{黏土}$=21%　　　　　（b） $w_{黏土}$=33%　　　　　（c） $w_{黏土}$=51%

图 6-26　不同黏土矿物含量地层的巷道围岩变形等值线分布图

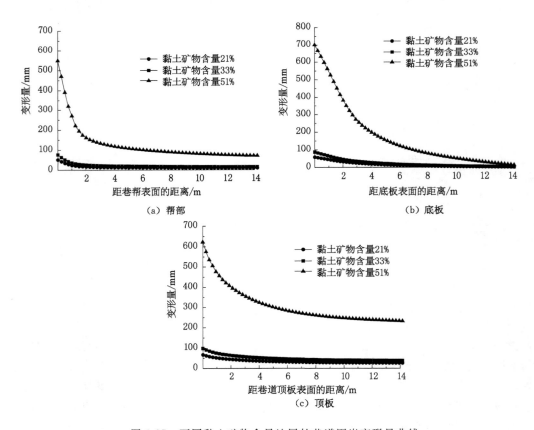

图 6-27　不同黏土矿物含量地层的巷道围岩变形量曲线

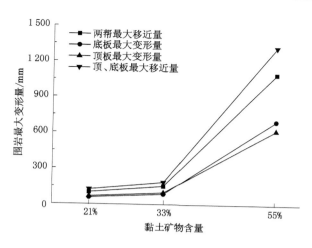

图 6-28　围岩的最大变形量与黏土矿物含量关系曲线

由图 6-26 可知:

（1）不同黏土矿物含量地层的巷道围岩变形等值线均为"开花"形,即顶板中心线上的变形等值线封闭,呈"花蕾"形,两帮的变形等高线未封闭,呈"花瓣"形,底板的变形等值线呈"花托"形,且巷道的两帮"花瓣"形等值线均与底板的"花托"形等值线相交,说明黏土矿物含量的变化并不影响泥质弱胶结地层巷道围岩变形的等值线分布规律,但是随着黏土矿物含量的增加,巷道围岩相同位置的等值线值逐渐变大,这又说明黏土矿物含量越高,围岩的变形越大。

（2）当黏土矿物含量 $w_{黏土} \leqslant 33\%$ 时,虽然巷道的两帮"花瓣"形等值线均与底板"花托"形等值线相交,但是底角处的等值线值相对较小（变形量小于等于 30 mm）,说明底角的变形相对较小,此时围岩支护方案可以不考虑对巷道两底角的支护。然而,随着黏土矿物含量的增加,底角处的等值线值逐渐增大,当 $w_{黏土} = 51\%$ 时,底角变形较大（变形量超过 100 mm）,说明在高黏土矿物含量岩体中布置巷道,需考虑对巷道底角进行支护和加固。

由图 6-27 可知:地层黏土矿物含量越高,巷道围岩深部变形的阈值越大,且深部围岩变形量的衰减速度越快。当黏土矿物含量 $w_{黏土} \leqslant 33\%$ 时,巷道两帮和顶、底板的深部变形阈值点分别在距巷帮表面大约 1 m、距顶板和底板表面大约 2 m,且阈值内围岩变形量的衰减速度相对较小;而当黏土矿物含量 $w_{黏土} = 51\%$ 时,巷道两帮和顶、底板的深部围岩变形阈值点分别在距巷帮表面大约 2 m、距顶板和底板表面大约 4 m,且阈值内围岩变形量的衰减速度较大。顶板和底板的深部变形阈值几乎相等,约为巷帮深部变形阈值的 2 倍。

由图 6-28 可知:对于同一黏土矿物含量的巷道围岩变形而言,围岩的顶、底板移近量大于两帮,顶板和底板的最大变形量较为接近。另外,黏土矿物含量越高,围岩的变形越大,且围岩的变形增量也逐渐增大,这也表明在进行巷道设计时应尽量将巷道布置在黏土矿物含量较低的岩体中,以减小巷道围岩的变形量,并相应提高围岩的稳定性。

6.2.6　埋深对巷道围岩稳定性的影响

巷道围岩的稳定性受黏土矿物含量、赋存环境、侧压力系数和含水率等因素的影响,在不同埋深地层中开挖巷道时巷道围岩的稳定性也有差别。本书通过给数值模型施加不同的竖向荷载，分别模拟 100 m、300 m、500 m、700 m 和 900 m 地层压力，分析不同埋深条件下的巷道围岩塑性区演化规律和围岩变形演化规律，揭示埋深对巷道围岩稳定性的影响规律。

6.2.6.1　塑性区演化

地层埋深分别为 100 m、300 m、500 m、700 m 和 900 m 时，巷道开挖后的围岩塑性区分布如图 6-29 所示，巷道围岩塑性区随埋深变化的演化规律如图 6-30 所示。

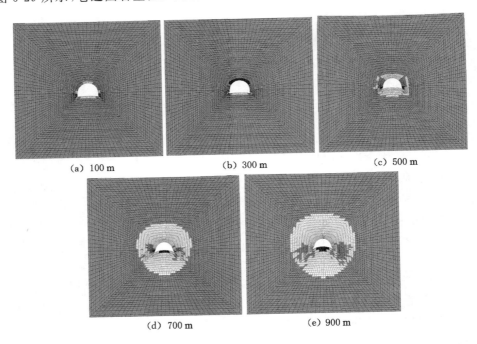

(a) 100 m　　　　　　(b) 300 m　　　　　　(c) 500 m

(d) 700 m　　　　　　(e) 900 m

图 6-29　不同埋深地层中巷道围岩的塑性区分布图

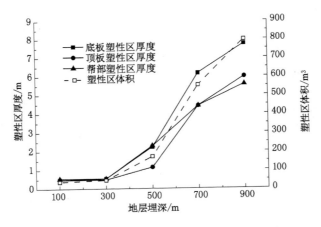

图 6-30　不同埋深地层中巷道围岩的塑性区演化曲线

由图 6-29 可知:各埋深地层中巷道围岩的塑性区均呈近似圆形分布,说明巷道围岩的塑性区范围随埋深的增加逐渐向四周扩散。

(1)当埋深较浅(100 m)时,巷道两帮以及顶、底板上均存在塑性屈服区,塑性区的厚度约为 0.5 m,顶、底板围岩的屈服方式为纯张拉屈服,而两帮围岩为纯剪切屈服,但围岩的塑性区不封闭。

(2)随着埋深的增加,围岩塑性屈服范围逐渐增大,当埋深增加到 300 m 时,围岩塑性屈服的范围仍为 0.5 m,但塑性区接近封闭,两帮和顶板的屈服方式变为剪切和张拉共同作用下的屈服,底板的屈服方式仍为纯张拉破坏。

(3)当埋深超过 500 m 后,围岩塑性区完全封闭,围岩的屈服方式以纯剪切屈服为主,底板浅部的屈服方式为张拉和剪切共同作用下的屈服,且该范围随着埋深的增加以一定速度扩张。

由图 6-30 可知:随着埋深的增加,围岩的塑性区逐渐增大。当埋深小于 300 m 时,围岩塑性区厚度和体积的增量相对较小,顶、底板和两帮的塑性区厚度均约为 0.5 m;当埋深超过 300 m 后,围岩塑性区厚度和体积大幅增加,并在 500~700 m 区间的增量最大,当埋深超过 700 m 后,围岩塑性区增速略降。

6.2.6.2 变形演化

不同埋深地层中巷道围岩的变形等值线分布图如图 6-31 所示,围岩深部变形规律如图 6-32 所示,顶板和底板的最大变形量以及两帮和顶、底板的最大移近量随埋深的演化规律如图 6-33 所示。

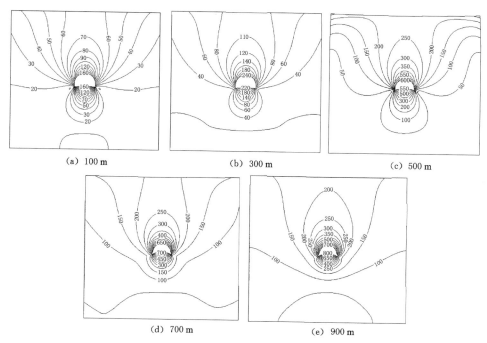

(a) 100 m   (b) 300 m   (c) 500 m

(d) 700 m   (e) 900 m

图 6-31 不同埋深的围岩变形等值线分布图

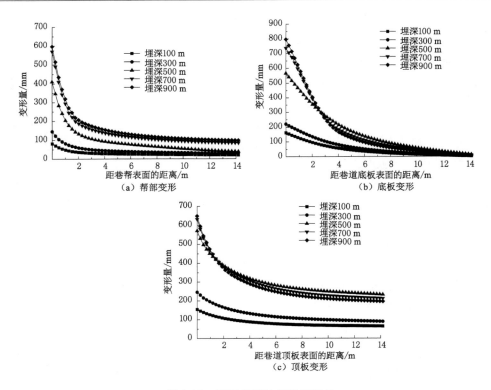

图 6-32　不同埋深的围岩变形量

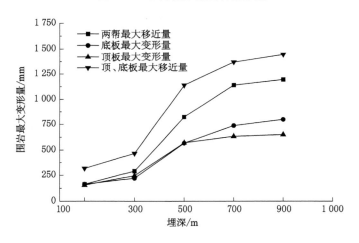

图 6-33　围岩最大变形量随埋深的演化规律

由图 6-31 可知：

（1）围岩变形等值线随埋深的演化规律类似于不同含水率地层的巷道围岩变形等值线的演化规律，即变形等值线形态为"开花"形，顶板中心线上的等值线封闭，呈"花蕾"形，顶板中心线两侧和巷帮的变形等值线呈"花瓣"形，底板变形等值线呈"花托"形。随着埋深的增加，同一位置等值线的值逐渐增大，这说明埋深越深，围岩的变形越大，围岩的最大变形量以及变形影响区域主要出现在顶、底板上，两帮的变形量及影响范围相对较小。

（2）当埋深低于 500 m 时，巷帮"花瓣"形的等值线几乎不与底板"花托"形的等值线相交，巷道底角的变形较小（小于 50 mm）；当埋深达到 700 m 后，巷帮"花瓣"形的等值线几乎与底板"花托"形的等值线相交，此时巷道底角的变形超过 200 mm，说明巷道底角的变形较大，在进行巷道围岩的支护设计时，需考虑对巷道底角进行支护和加固。

由图 6-32 可知：不同埋深的围岩深部变形演化规律与不同含水率地层的巷道围岩深部变形演化规律类似，埋深越深，围岩的浅部变形越大，围岩顶、底板和两帮变形阈值内的变形量衰减速度均变快，说明埋深不影响围岩深部的变形演化规律。不同埋深的围岩两帮、底板和顶板的深部变形阈值分别约为 2 m、4 m 和 4 m。

由图 6-33 可知：随着埋深的增加，围岩的顶、底板和两帮变形均逐渐增大，当埋深在 300～500 m 区间变化时的围岩变形量增幅最大，当埋深超过 500 m 后，围岩变形的增幅逐渐减小。不同埋深条件下，巷道的顶、底板移近量比两帮移近量多 225 mm。

6.3 扰动主应力的偏转规律

当地层开挖后，巷道围岩的应力场重新分布，应力场是矢量场，因此，与原岩应力场相比，扰动应力的大小不仅发生变化，而且主应力的方向会发生偏转。

上文从扰动应力大小的角度分析了扰动应力场对巷道围岩稳定性的影响，由于岩石的变形和破坏不仅与应力的大小有关，还受到应力路径的影响，因此，从主应力方向去分析扰动应力场的偏转对巷道围岩变形的影响，可为深入研究巷道围岩稳定性奠定基础。

6.3.1 二次数据处理程序的研发

开展主应力方向偏转对巷道围岩稳定性影响研究的首要条件是得到主应力的偏转角度以及偏转后的方向，特别是要得到单一主应力的方向，而现有的数值分析软件（如 FLAC[3D]、UDEC、3DEC 等）往往只能同时显示 3 个主应力的方向，进行分析时通常很难区分 3 个主应力方向所对应的主应力大小。为此，本节从理论分析的角度出发，使用 Visual Basic 编写二次数据处理程序，对 FLAC[3D] 的计算结果进行再计算处理，以得到单一主应力偏转方向。

6.3.1.1 扰动应力偏转的基础理论及实现方法

围岩受开挖扰动影响，围岩应力场重新分布且扰动主应力方向发生偏转[267]。岩体开挖前、后的应力状态如图 6-34 所示。

主应力的方向可用方向余弦来表示，根据图 6-10 中斜截面主应力与剪应力和正应力的关系，可将扰动偏转应力场中主应力方向余弦与围岩应力状态的关系表示为：

$$\begin{cases} l_n\sigma_x + m_n\tau_{yx} + n_n\tau_{zx} = l_n\sigma \\ l_n\tau_{xy} + m_n\sigma_y + n_n\tau_{zy} = m_n\sigma \\ l_n^2 + m_n^2 + n_n^2 = 1 \end{cases} \tag{6-1}$$

式中，$l_n = \cos(N, x)$；$m_n = \cos(N, y)$；$n_n = \cos(N, z)$，分别表示扰动应力场中偏转主应力对 x、y、z 轴的方向余弦。

由式（6-1）可知：主应力的方向余弦与剪应力、正应力和主应力的大小有关，而在数值计算中，巷道开挖后的各种应力数据均包含在计算结果中，即通过 FLAC[3D] 内部编程得到，也

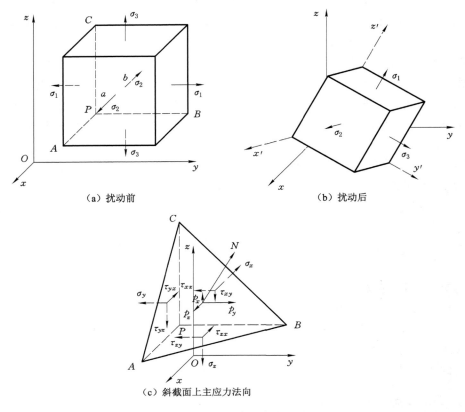

（a）扰动前　　　　　　　　　　　　（b）扰动后

（c）斜截面上主应力法向

图 6-34　扰动主应力方向的偏转

可在 Tecplot 等后处理程序中提取。因此，基于式（6-1），通过编程分别对数值模型单元的各应力数据进行二次数值计算，可得到单一主应力的 3 个方向余弦，相应求得扰动主应力方向的偏转角度。

6.3.1.2　二次数据处理程序的编写流程

为得到数值模型中单元主应力的方向余弦，且使模型所有单元的主应力方向余弦能够被后处理分析软件识别，并直观显示出主应力的方向，采用 Visual Basic 语言编写二次处理程序，数据文件的二次处理程序如图 6-35 所示，具体实现过程为[267-268]：

（1）用 Open 命令和 Input 函数读取数据文件，并将文件头、变量和节点部分信息分别写入不同的动态数组中，并用条件循环语句记录相应数据的行、列数，以确定动态数组的上限，其中采用一维动态数组记录文件头和节点数据，采用二维动态数组记录变量数据。

（2）根据方向余弦与各应力数据的函数关系，通过相关算法计算出与各单元节点对应的方向余弦值，并在二维动态数组中添加 3 列，用来分别存放各单元节点的方向余弦 l、m 和 n 的值，并用循环语句将求解得到的 l、m 和 n 值依次写入二维动态数组对应的列当中。

（3）使用 Open 语句和 Output 函数重新打开数据文件，根据计算机内存中保存的动态数组对该数据文件进行重新写入。首先写入文件头部分，并将各方向余弦的变量名添加到

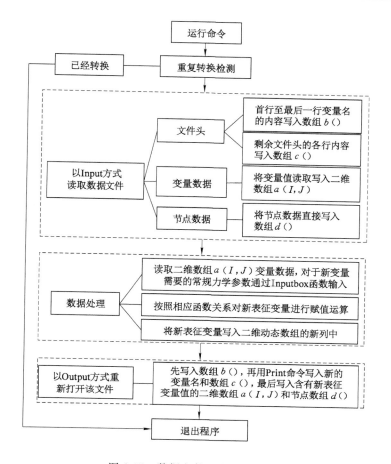

图 6-35 数据文件二次处理程序

常规变量名的末尾,再写入文件头的剩余部分,最后将含有方向余弦数据的二维动态数组和节点信息数组依次写入数据文件,实现含有方向余弦等数据文件的重新生成。

根据式(6-1)对主应力的方向余弦进行赋值计算,并将计算结果写入二维动态数组新列中的程序代码为:

```
'在二维动态数组中继续增加 3 列分别储存扰动最大主应力的方向余弦 l、m、n
Fxyx_l=J+1
Fxyx_m=J+2
Fxyx_n=J+3
'从变量数据部分(二维动态数组)的第 1 行开始循环直到最后 1 行
For I=1 to blsj_hang
'将二维动态数组中各应力值代入方程组中,求解方程组并分别得到三个方向余弦
……
l=……
m=……
n=……
```

'将方向余弦分别储存到二维数组中

a(I,Fxyx_l)＝l

a(I,Fxyx_m)＝m

a(I,Fxyx_n)＝n

Next I

二次处理程序的界面以及处理前、后的文件如图 6-36 所示。

(a)　　　　　　　　　　　　　　　　　(b)

图 6-36　二次处理程序界面以及处理前、后的文件

6.3.2　主应力方向的偏转规律

以不同侧压力系数条件下的数值分析模型为例,分析不同侧压力系数条件下巷道围岩主应力的偏转规律,结合巷道变形规律,揭示扰动主应力方向的偏转对巷道围岩稳定性的演化规律影响。

6.3.2.1　方向余弦的处理结果

限于篇幅,本书仅对侧压力系数 λ 分别取 0.25 和 3 时巷道围岩的最大主应力 σ_1 在受扰动影响后的偏转规律进行分析。主应力方向的偏转角度分别由偏转前、后的方向余弦差值 Δl、Δm 和 Δn 决定:若围岩某单元体上 Δl、Δm 和 Δn 等于 0,则分别表示主应力在 x、y 和 z 轴方向上的偏转角度为 0°,即在该单元体上的主应力不发生偏转;若单元体上 Δl、Δm 和 Δn 等于 1,则分别表示主应力在 x、y 和 z 轴方向上的偏转角度为 90°[269-270]。

侧压力系数 λ 分别取 0.25 和 3 时的方向余弦分布规律分别如图 6-37 和图 6-38 所示。

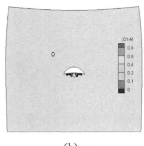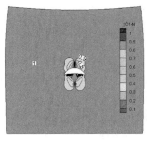

(a) l　　　　　　　　　　(b) m　　　　　　　　　　(c) n

图 6-37　最大主应力方向余弦(λ＝0.25)

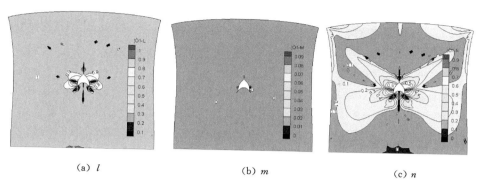

(a) l (b) m (c) n

图 6-38 　最大主应力方向余弦($\lambda=3$)

当侧压力系数 $\lambda<1$ 时,原岩应力场的最大主应力 σ_1 为竖直应力,与 x、y 和 z 轴的夹角分别为 $90°$、$90°$ 和 $0°$,因此,原岩应力场中 σ_1 对应的方向余弦 l、m 和 n 值分别为 0、0 和 1。

由图 6-37 可知:

(1) 巷道开挖后,扰动影响外的最大主应力 σ_1 在 x 轴上的方向余弦 l 仍为 0,如图 6-37(a) 所示,扰动影响范围内的最大主应力 σ_1 在 x 轴上的方向余弦 l 由围岩深部至浅部逐渐增大,扰动方向余弦 l 的等值线云图呈"蝶翅"形分布,且沿顶、底板中心线对称分布,在顶、底板中心线上取得最大值,而在巷道两帮的方向余弦 l 的值仍为 0。这说明,当侧压力系数 λ 为 0.25 时(最大主应力 σ_1 为竖直应力),最大主应力 σ_1 在巷道两帮围岩上几乎不朝 x 轴方向发生偏转,而在巷道顶、底板上及巷道两帮均发生偏转。x 轴上方向余弦的最大差值 Δl_{max} 为 1 的围岩单元体位于巷道顶、底板中心线上,并沿该中心线往围岩深部或两侧走,Δl 的值逐渐降低至 0,在巷道两帮的方向余弦差值 Δl 为 0。这说明,巷道开挖后,在巷道顶、底板中心线上的最大主应力 σ_1 方向由垂直于巷道轴线朝平行于巷道轴向方向偏转,即顶、底板中心的 σ_1 绕 x 轴的偏转角度为 $90°$,或者说顶板的最大主应力方向与拱顶轮廓线近似相切,而在巷道两帮的最大主应力方向仍与 x 轴相垂直。

(2) 由图 6-37(b)可知:巷道开挖后的最大主应力 σ_1 在 y 轴上的方向余弦 m 仍然主要为 0,仅在浅部底板中心线两侧较小范围内的方向余弦 m 略增大,则在扰动影响前后偏转的主应力在 y 轴上的方向余弦的平均差值 Δm_{ave} 约等于 0,这说明最大主应力 σ_1 的方向几乎不朝 y 轴方向偏转,即最大主应力的方向仍与 y 轴垂直。

(3) 由图 6-37(c)可知:巷道开挖后,偏转扰动影响外的最大主应力 σ_1 在 z 轴上的方向余弦 n 仍为 1,而受偏转扰动影响的最大主应力在 z 轴上的方向余弦 n 主要分布在巷道顶、底板中心线上,在顶、底板中心线上的方向余弦 n 的最小值 n_{min} 为 0,相对应的最大方向余弦差值 Δn_{max} 为 1,沿着顶、底板中心线往深部或两侧走,方向余弦 n 的值逐渐增加至 1,方向余弦差值 Δn 逐渐降低至 0,说明在巷道顶、底板上的最大主应力方向由平行 z 轴转变为与 z 轴垂直,而在巷道两帮的最大主应力方向却始终与 z 轴(竖直方向)平行,这与最大主应力绕 x 轴偏转的结论一致。

当侧压力系数 $\lambda>1$ 时,原岩应力场的最大主应力 σ_1 为水平应力,在原岩应力场中,由于 2 个水平主应力相等,即 $\sigma_{xx}=\sigma_{yy}$ 或 $\sigma_1=\sigma_2$,以 σ_{xx} 为例进行分析。原岩应力场中的最大主

应力 σ_1(σ_{xx})与 x、y 和 z 轴的夹角分别为 90°、0°和 90°，因此，原岩应力场中 σ_1 对应的方向余弦 l、m 和 n 值分别为 1、0 和 0。

由图 6-38 可知：

（1）扰动影响外的最大主应力 σ_1 在 x 轴方向上的方向余弦 l 仍为 1，说明扰动影响外的最大主应力方向没有发生偏转。扰动主应力朝 x 轴方向的偏转主要发生在巷道围岩两帮一定范围内，如图 6-38(a)所示。在两帮水平中心线上，扰动主应力 σ_1 在 x 轴线上的方向余弦最小值 l_{min} 约为 0.02，则扰动主应力在 x 轴向上的方向余弦的最大差值 Δl_{max} 约为 0.98，对应反余弦的角度约为 11.5°，这说明该位置处扰动主应力绕 x 轴的偏转角度约为 78.5°。往巷道两帮水平中心上、下两侧走，扰动主应力 σ_1 在 x 轴的方向余弦 l 逐渐增加至 1，即对应的扰动前、后的方向余弦差值 Δl 逐渐减小并逐渐降至 0，表明最大主应力逐渐与 x 轴平行。

（2）由图 6-38(b)可知：扰动后的最大主应力 σ_1 在 y 轴上的方向余弦值 m 依然主要为 0，仅在巷帮的局部位置略大于零，即在扰动影响前、后偏转的主应力在 y 轴上的方向余弦的平均差值 Δm_{ave} 约等于 0，这也表明最大主应力 σ_1 的方向几乎不朝 y 轴方向偏转，即最大主应力的方向仍与 y 轴垂直。

（3）由图 6-38(c)可知：偏转扰动影响外的最大主应力 σ_1 在 z 轴上的方向余弦 n 仍为 0，而受偏转扰动影响的最大主应力在 z 轴上的方向余弦 n 主要分布在巷道两帮的水平中心线上，在巷道两帮水平中心线上的方向余弦 n 的最大值 n_{max} 为 0.98，相对应的方向余弦的最大差值 Δn_{max} 为 0.98，沿两帮中心线往深部或两侧走，方向余弦 n 的值逐渐减小至 0，方向余弦差值 Δn 逐渐降低至 0，说明在巷道两帮水平中心线上的最大主应力方向由垂直于 z 轴，向与 z 轴平行的方向偏转，最大偏转角度约为 78.5°，这与最大主应力绕 x 轴偏转的结论一致。

结合上述分析可知：

（1）无论侧压力系数为多大，只要原岩应力场中的最大主应力位于 xOz 平面上，巷道开挖后，最大主应力 σ_1 主要绕着 y 轴在 xOz 平面上偏转，最大主应力方向的偏转主要变化的是该方向与 z 轴和 x 轴的夹角。类似的，若原岩应力场中的最大主应力位于 yOz 平面上，巷道开挖后的最大主应力 σ_1 主要绕着 x 轴在 yOz 平面上偏转，最大主应力方向的偏转主要变化的是该方向与 z 轴和 y 轴的夹角。

（2）侧压力系数描述了原岩应力场中最大主应力在受开挖扰动前的初始方向，能够反映原岩应力场中最大主应力的扰动位置。具体的，若侧压力系数 $\lambda < 1$，即原岩应力场中的最大主应力为竖直应力，主应力偏转的主要位置位于巷道顶、底板，而巷道两帮的最大主应力方向几乎不发生偏转；若侧压力系数 $\lambda > 1$，即原岩应力场中的最大主应力为水平应力，主应力偏转的主要位置位于巷道两帮，而巷道顶、底板的最大主应力方向几乎不发生偏转。

6.3.2.2 空间主应力方向的偏转影响范围

为分析空间主应力的偏转影响范围，以 $\lambda = 0.25$ 时的围岩扰动主应力偏转规律为例进行分析。

主应力矢量是三维空间量，用单一平面较难描绘主应力矢量的空间分布，因此，为得到主应力偏转范围并能更好地分析，对数值模型的某一中间面数据进行提取，并用正视图和侧视图来描述空间主应力的偏转方向。由于模型节点数较多,相应显示主应力方向的点通常较多,不易看清楚,因此,对主应力的偏转规律进行局部放大,如图 6-39 所示,图中箭头方向代表相应节点位置的最大主应力方向。

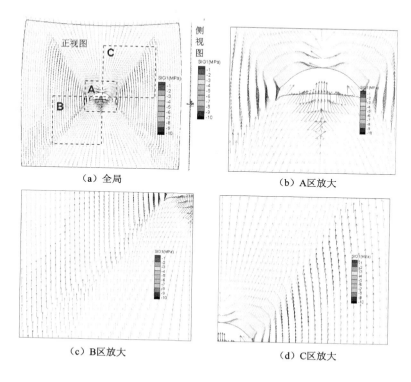

（a）全局

（b）A区放大

（c）B区放大

（d）C区放大

图 6-39 扰动主应力偏转空间矢量图

图 6-39(a)包含模型的正视图和侧视图,由正视图和侧视图可知:扰动主应力的方向主要平行于正视图平面,仅在底板浅部位置的扰动主应力方向与该平面近似垂直,这是由于扰动主应力在底板浅部的偏转造成,对应于图 6-37(b)中的最大主应力偏转后扰动 y 轴的方向余弦 m 值变化。

由图 6-39(b)可知:巷道顶板中心扰动偏转后的最大主应力方向近似与顶板相切,越往顶板中心线两侧,主应力偏转角度越小,并逐渐向原岩最大主应力的方向靠近,而在巷道两帮的最大主应力方向始终为竖直向上,与原岩最大主应力方向平行,说明扰动后未发生偏转。然而巷道开挖后巷道两帮的最大主应力由浅至深的演化规律包含三个区:浅部的应力降低区、应力升高区和原岩应力区。最大主应力的大小发生变化,而最大主应力的方向未发生偏转,这说明扰动主应力的大小和方向的演化是相互独立的。

由图 6-39(c)和图 6-39(d)可知:扰动主应力的偏转几乎被巷道顶、底角延长线分开,在该延长线以下的底板[图 6-39(c)]和延长线以上的顶板[图 6-39(d)]均为扰动主应力的偏转区,该范围内的主应力偏转一直延续到模型边界,尽管最大主应力可能已经进入原岩应力状态。这同样说明扰动主应力的大小和方向的演化是相互独立的,此外还说明扰动主应力的偏转影响范围还有可能大于主应力大小的变化范围。

在以往的研究中,通常认为围岩应力的扰动影响范围是开挖巷道等效半径的 3～5 倍,而从上述分析可知:若从扰动主应力大小的角度去看,该观点已经被众多学者验证,但是若从主应力的偏转角度去分析,该论点有待商榷,具体主应力的扰动偏转范围尚需进一步探索和研究。

6.4　本章小结

本章通过数值模拟,结合形态学中的"开花"形、"脸"形、"沙漏"形和"蝶翅"形等形态,分析了原生地层含水率、围岩吸水半径、黏土矿物含量、侧压力系数和埋深等因素对围岩塑性区和变形演化规律的影响,揭示了赋存环境和应力环境等因素对泥质弱胶结地层巷道围岩稳定性的影响规律。并采用自主研发的数值计算二次处理程序,对巷道围岩开挖后的主应力偏转演化规律进行了分析,主要研究结论如下:

(1) 巷道围岩塑性区和变形随着地层含水率的增大而增大,其中塑性区呈近似圆形整体扩张,当地层含水率 $w \geqslant 10\%$ 时,围岩塑性区封闭,围岩的塑性屈服方式主要为纯剪切屈服;巷道围岩的变形等值线呈"开花"形,围岩最大变形通常位于顶、底板上,当地层含水率 $w \geqslant 10\%$ 时,巷帮"花瓣"形与底板"花托"形的变形等值线相交,巷道底角的变形量和变形影响范围增大,在进行支护设计时需考虑对底角的支护和加固;巷帮、顶板和底板围岩深部变形的演化阈值分别约为 2 m、4 m 和 4 m,地层含水率不影响巷道围岩的深部变形阈值点。

(2) 围岩的吸水半径主要影响巷道围岩的塑性区范围。塑性区范围随着围岩吸水半径的增大而增大。吸水半径对围岩的变形等值线的形状几乎不产生影响,而影响变形等值线上的数值,特别是围岩浅部的数值略微增大。因此,吸水半径也不影响围岩的深部变形阈值点。但是与不吸水的情况相比(吸水半径为 0 m 时),围岩的变形明显增加,且由不吸水时的顶、底移近量大于两帮移近量,转变为两帮移近量大于顶、底板移近量。

(3) 受赋存环境影响,围岩失水或吸水后,围岩塑性区范围和变形量均相应减小,而围岩深部变形的阈值点几乎不受影响。对于地层含水率为 10% 的情况,影响围岩稳定性的浅部岩体含水率变化主控区间为 5%～15%,通过控制巷道的赋存环境(温度、湿度),将围岩的含水率降至 5%,巷道围岩变形以及塑性区范围即能得到较好的控制,相反,若任其发展,导致岩体吸水,围岩的变形以及塑性区范围将以较快的速度增大。

(4) 侧压力系数 λ 对围岩塑性区和变形等值线的范围以及形态均产生影响。从塑性区范围或变形值的角度去看,随侧压力系数的增大,围岩塑性区体积经历了先增大后减小和再增大的过程,而围岩的变形经历了先减小后增大的过程。从塑性区和等值线的形状来看,随着侧压力系数的增大,塑性区先由"蝶翅"形退化成近似圆形,再逐渐演化成"沙漏"形,而变形等值线由"脸"形退化成"开花"形,再演化成"脸"形。同时,随着侧压力系数的增大,围岩的深部变形阈值在两帮逐渐增大,而在顶板和底板上的深部变形阈值逐渐减小。

(5) 黏土矿物含量的增加不影响围岩变形等值线形状和深部变形阈值,而主要影响塑性区的范围和变形等值线的数值。当黏土矿物含量低于 33% 时,围岩的变形演化相对较缓,而当黏土矿物含量大于 33% 之后,围岩的变形急剧增加。

（6）随着埋深增加，巷帮"花瓣"形等值线逐渐与底板"花托"形等值线相交，底角变形量和变形影响范围增大，围岩变形增幅最大区间为埋深 300～500 m；塑性区形态呈近似圆形，且随着埋深的增加逐渐增大，最大增幅区间的埋深为 500～700 m。

（7）扰动主应力的偏转区间主要受原岩应力场中的最大主应力方向的影响。当原岩最大主应力为竖直应力，则扰动主应力的偏转区间主要位于巷道的顶、底板围岩附近；当原岩最大主应力为水平应力且垂直于巷道轴向，则扰动主应力的偏转区间主要位于巷道的两帮围岩附近，此外，扰动主应力方向和大小的演化是相互独立的。

7 结论与展望

7.1 结论

本书以泥质弱胶结岩体为研究对象,采用自行研发的集监测和记录于一体的高精度岩体失、吸水演化试验系统,结构重组试验系统和 GDS 高级岩土三轴试验仪等仪器,先后分别开展了泥质弱胶结岩体的基本物理与力学性能试验,无凝露条件下的失、吸水演化试验,结构重组演化试验及重组结构岩体试样的再承载力学性能试验。基于理论分析建立了泥质弱胶结岩体的水化-力学耦合损伤本构模型,并结合数值模拟以及自行研发的二次数值计算程序,揭示了不同赋存环境和应力环境作用下的泥质弱胶结岩体的围岩稳定性演化规律,并初步探索了巷道开挖后的扰动主应力偏转规律。

基于上述研究内容,本书的主要研究结论如下:

(1)本书研究的泥质弱胶结岩体中的黏土矿物主要由高岭石和伊利石组成,非黏土矿物主要包括石英和长石,3 种原生岩体(黑色泥岩、灰色泥岩和泥质砂岩)的黏土矿物含量分别占全岩矿物总质量的 51%、33% 和 21%。随着黏土矿物含量的增加,岩体细观结构逐渐由鳞片状转变为絮状,塑限值由 18.8% 逐渐增加到 28.7%,且岩体在 40 min 内就完全崩解,同时,取样率极低,当黏土矿物含量达到 51% 之后,几乎取不到完整的标准试样。

(2)原生地层试样的弹性模量和强度极限均与试样的长度呈线性关系,标准试样的强度极限和弹性模量也与试样的含水率呈线性关系;原生岩体试样在单轴压缩条件下的破坏形态主要有张拉劈裂破坏和斜面剪切破坏,在三轴荷载作用下的破坏以剪切破坏为主。

(3)在无凝露影响下,不同赋存环境(温度和湿度)中的不同黏土矿物含量试样的失水和吸水演化规律均可分为三个阶段:线性变化阶段、减速变化阶段和含水率稳定阶段。其中,吸水演化过程中,岩体的吸水率随时间呈指数增加,而失水演化过程随时间变化满足逻辑回归方程,并解释了相应演化方程中各参数分别在岩体吸水和失水过程中的物理意义。另外,黏土矿物含量越高,岩体试样失水和吸水稳定后的含水率越大。

(4)在干燥岩体吸水过程中,黏土矿物含量对岩体吸水稳定后的含水率影响高于赋存环境的影响,而赋存环境中湿度场变化的影响又大于温度场变化;在岩体失水过程中,赋存环境对岩体失水速率的影响高于黏土矿物含量的影响,且赋存环境中湿度场对岩体失水速率的影响比温度场变化造成的影响更大。

(5)在失水试验过程中,黏土矿物对岩体中水分的散失具有调节作用,在相对低温高湿度(5~20 ℃,100%RH)环境下,黏土矿物对岩体中水分的散失具有加速作用,而在低湿度(40%RH~80%RH)或者相对高温、高湿度(30 ℃,100%RH)环境下,黏土矿物对岩体中水分的散失起减速作用。

（6）岩体发生结构重组的黏土矿物含量临界点约为 10%，当黏土矿物含量低于该阈值时，岩体很难发生泥质胶结的结构重组。泥质弱胶结岩体结构重组试样的峰值强度和弹性模量随含水率的增大而线性递减，但是力学参数的衰减速度与岩体的黏土矿物含量负相关，即黏土矿物含量越低，衰减速率越快，反之则越慢。因此，不同黏土矿物含量结构重组岩体的力学参数随含水率变化的线性衰减直线彼此相交。3 种不同黏土矿物含量原生地层的结构重组试样的单轴抗压强度随含水率变化的衰减直线分别在 $w=10\%$、$w=14.5\%$ 和 $w=19\%$ 处相交，而弹性模量随含水率变化的衰减直线分别在 $w=8\%$、$w=14\%$ 和 $w=20\%$ 处相交。

（7）当结构重组试样的含水率较高（$w\geqslant 20\%$）时，其力学性能主要受含水率的影响，与结构重组荷载几乎无关。而当结构重组试样的含水率较低（$w\leqslant 10\%$）时，其力学性能与结构重组荷载近似线性正相关。

（8）在单轴荷载下，当 $w\approx 14\%$ 时，泥质弱胶结岩体的破坏形态随黏土矿物含量的增加总共经历了五个阶段：非对称单斜面剪切破坏（$w_{黏土}=10\%$）→张拉与剪切共存（$w_{黏土}=15\%$）→纯张拉破坏（$w_{黏土}=21\%$）→局部的张拉与多组剪切破坏（$w_{黏土}=33\%$）→对称的单斜面剪切破坏（$w_{黏土}=51\%$）。对于黑色泥岩（$w_{黏土}=51\%$），其破坏形态随含水率的增大的变化过程为：张拉破坏→对称单斜面剪切破坏→对称单斜面剪切与微鼓胀共存的破坏→非对称单斜面剪切与鼓胀共存的破坏。在三轴荷载作用下，随着含水率的增大，试样的破坏形态的变化过程为：对称单斜面剪切破坏→非对称单斜面剪切破坏→无宏观裂纹的鼓胀破坏。

（9）基于损伤力学、统计强度理论和 D-P 屈服准则等理论，结合泥质弱胶结结构重组试样的力学试验数据和泥质弱胶结岩体的失、吸水演化试验数据，建立了泥质弱胶结岩体水化-力学耦合损伤本构模型，根据应力-应变关系曲线的峰值点和屈服极限点等特征，得到该损伤本构模型参数的理论解，对该理论解和数值解进行了对比分析，并利用不同含水率结构重组岩体的力学试验数据对该损伤本构模型进行了验证。

（10）基于泥质弱胶结结构重组岩体的力学试验结果，将损伤的定义引申为：岩石或材料在物理、化学、生物等单一或复杂条件下引起的相应力学性能的衰减。讨论了损伤本构模型中水化损伤修正系数 χ 和力学损伤修正系数 δ 对泥质弱胶结岩体应力-应变关系曲线的影响。对于泥质弱胶结岩体等低强度软岩，力学损伤修正系数 δ 应尽量取 1，以避免损伤本构模型曲线的失真。

（11）通过数值模拟，分析了地层含水率，围岩失、吸水半径，侧压力系数，黏土矿物含量以及埋深等因素，对泥质弱胶结岩体巷道围岩塑性区大小和形态、变形等值线形状和深部变形阈值等表征巷道围岩稳定性的特征变量的影响规律。研究表明：侧压力系数 λ 对围岩塑性区和变形等值线的形状、范围以及围岩深部变形阈值等产生影响，而地层含水率，围岩失、吸水半径，黏土矿物含量和埋深等因素主要对相应塑性区和变形等值线的范围或者数值产生影响。

（12）采用自行开发的数值计算二次处理程序，揭示了地层巷道开挖后的主应力方向的扰动偏转规律。研究表明：主应力方向的扰动偏转与原岩应力场中的最大水平主应力方向有关。当侧压力系数 $\lambda>1$ 时，最大主应力方向的偏转区域主要发生在巷道两帮，而当侧压力系数 $\lambda<1$ 时，该主应力方向的偏转区域主要发生在巷道的顶、底板，且扰动主应力方向的偏转与扰动主应力大小的演化相互独立，即在围岩的应力降低区或升高区，主应力可能不发生偏转，在该区域外的主应力方向仍可能存在一定角度的偏转。

7.2　创新点

本书研究内容、试验仪器、研究和分析方法等方面进行了一定的创新,主要创新点如下:

（1）采用自行研发的集监测和记录于一体的高精度岩体失、吸水演化试验系统,避免了常规养护试验装置产生的凝露等对试验结果的定量分析造成影响,揭示了泥质弱胶结岩体在赋存环境影响下的失水和吸水演化规律,揭示了黏土矿物在不同赋存环境下影响岩体失水的阻尼效应和加速效应。

（2）采用改进后的重组试验装置和 GDS 三轴试验仪,分析了黏土矿物含量和重组荷载等因素对泥质弱胶结岩体重组结构力学性能的影响,揭示了基于原生破坏形态泥质弱胶结岩体的结构重组演化规律,揭示了泥质弱胶结结构重组岩体的再承载力学性能随黏土矿物含量、含水率及重组荷载的变化规律。

（3）基于损伤力学、三参量的韦伯分布和 D-P 强度准则等理论,建立了泥质弱胶结岩体的水化-力学耦合损伤本构模型,采用试验数据验证了该本构模型的准确性,并给出了损伤的引申定义。

（4）引入形态学中的"蝶翅"形、"沙漏"形、"开花"形和"脸"形等形状,分析复杂环境因素影响下的巷道围岩稳定性演化规律,结合自行开发的二次数值计算程序,揭示了复杂赋存环境条件下的巷道围岩的扰动主应力偏转规律,揭示了扰动主应力大小变化和方向偏转的相互独立性。

7.3　展望

本书从赋存环境、应力环境以及黏土矿物含量等多因素角度出发,对泥质弱胶结岩体的结构重组演化机制以及结构重组岩体力学性能等内容进行了相关研究,取得了一系列具有借鉴意义的研究成果。然而,本书的研究仍属于对泥质弱胶结岩体结构重组及力学性能研究的初步探索,进一步的研究工作可从以下几个方面着手:

（1）将富含蒙脱石的泥质弱胶结岩体作为研究对象,分析膨胀性泥质弱胶结岩体在赋存环境、应力环境等复杂条件下的失水和吸水演化规律,研究膨胀性泥质弱胶结岩体的结构重组与力学性能演化规律,为泥质弱胶结膨胀性地层岩体的开挖与围岩控制提供理论支持。

（2）从微观分子力学的角度,研究矿物组分、含水率、赋存环境以及应力环境等复杂因素影响下的泥质弱胶结岩体损伤演化规律,建立泥质弱胶结岩体的微观损伤模型,进一步揭示泥质弱胶结岩体的损伤演化机理。

（3）分析不同应力路径作用下岩石试样内部的主应力方向偏转规律,研究煤层开挖时顶、底板岩体和煤柱等煤岩体中的扰动应力偏转规律,结合岩石试样以及煤岩体的破坏形态和试验数据,建立扰动应力偏转对岩体力学性能影响的系统理论。

参 考 文 献

[1] 何满潮,邹正盛,邹友峰.软岩巷道工程概论[M].徐州:中国矿业大学出版社,1993:1-3.

[2] 张喆.2008年我国煤炭市场形势综述[J].中国能源,2009,31(2):41-42,26.

[3] 韩可琦,王玉浚.中国能源消费的发展趋势与前景展望[J].中国矿业大学学报,2004,33(1):1-5.

[4] 申宝宏.中国煤炭工业可持续发展的新型工业化之路—我国煤炭开采技术发展现状及展望[M].北京:煤炭工业出版社,2004.

[5] 刘伟,刘晨君.改革开放四十年来煤炭行业安全发展之路[J].煤炭经济研究,2018,38(11):34-42.

[6] 薛顺勋,聂光国,姜光杰,等.软岩巷道支护技术指南[M].北京:煤炭工业出版社,2002.

[7] 何满潮,杨晓杰,孙晓明.中国煤矿软岩黏土矿物特征研究[M].北京:煤炭工业出版社,2006.

[8] 贾海宾,苏丽君,秦哲.弱胶结地层巷道地应力数值反演[J].山东科技大学学报(自然科学版),2011,30(5):30-35.

[9] SADISUN I A,SHIMADA H,ICHINOSE M,et al. Study on the physical disintegration characteristics of Subang claystone subjected to a modified slaking index test[J]. Geotechnical &geological engineering,2005,23(3):199-218.

[10] 孙云志,黄胜华.上第三系软岩力学性质试验研究[J].人民长江,2000,31(5):37-38.

[11] ZHANG J C. Investigations of water inrushes from aquifers under coal seams[J]. International journal of rock mechanics and mining sciences,2005,42(3):350-360.

[12] ZHENG Y G,WANG P,TING H. The exploration and prevention of mine water invasion in Feicheng area based on RS[C]//Remote Sensing for Agriculture, Ecosystems, and Hydrology Ⅵ. Maspalomas:[s. n.],2004:197-204.

[13] 王永红,沈文.中国煤矿水害预防及治理[M].北京:煤炭工业出版社,1996.

[14] 刘长武,陆士良.泥岩遇水崩解软化机理的研究[J].岩土力学,2000,21(1):28-31.

[15] 杨庆,廖国华.膨胀岩三轴膨胀试验的研究[J].岩石力学与工程学报,1994,13(1):51-58.

[16] 杨庆,廖国华,吴顺川.膨胀岩三维膨胀本构关系的研究[J].岩石力学与工程学报,1995,14(1):33-38.

[17] 何满潮,江玉生,徐华禄.软岩工程力学的基本问题[J].东北煤炭技术,1995(5):26-33.

[18] 柏建彪,侯朝炯.深部巷道围岩控制原理与应用研究[J].中国矿业大学学报,2006,35(2):145-148.

[19] 贺永年,韩立军,邵鹏,等.深部巷道稳定的若干岩石力学问题[J].中国矿业大学学报,

2006,35(3):288-295.

[20] 孔令辉.弱胶结软岩巷道围岩稳定性分析及支护优化研究[D].青岛:山东科技大学,
2011:1-2.

[21] 高英,翟渊军,赵廷华,等.膨胀岩渠坡灾害防治技术与工程实践[M].郑州:黄河水利
出版社,2011.

[22] 唐迎春.南宁膨胀岩与地铁盾构管片相互作用研究[D].南宁:广西大学,2013.

[23] 曹树刚,边金,李鹏.岩石蠕变本构关系及改进的西原正夫模型[J].岩石力学与工程学
报,2002,21(5):632-634.

[24] BOUKHAROV G N,CHANDA M W,BOUKHAROV N G. The three processes of
brittle crystalline rock creep[J]. International journal of rock mechanics and mining
sciences & geomechanics abstracts,1995,32(4):325-335.

[25] 邓荣贵,周德培,张倬元,等.一种新的岩石流变模型[J].岩石力学与工程学报,2001,
20(6):780-784.

[26] 朱合华,叶斌.饱水状态下隧道围岩蠕变力学性质的试验研究[J].岩石力学与工程学
报,2002,21(12):1791-1796.

[27] 王永岩.软岩巷道变形与压力分析控制及预测[D].阜新:辽宁工程技术大学,2001.

[28] BIENIAWSKI Z T. Time-dependent behaviour of fractured rock[J]. Rockmechanics,
1970,2(3):123-137.

[29] KACHANOV L M. Time of rupture process under creep conditions[J]. Isv. Akad.
Nauk. SSR. Otd Tekh. Nauk. ,1958,23:26-31.

[30] 贾宝山,解茂昭,章庆丰,等.卸压支护技术在煤巷支护中的应用[J].岩石力学与工程
学报,2005,24(1):116-120.

[31] SCHOLZ C H. Microfracturing and the inelastic deformation of rock in compression
[J]. Journal of geophysical research,1968,73(4):1417-1432.

[32] 万志军,周楚良,罗兵全,等.软岩巷道围岩非线性流变数学力学模型[J].中国矿业大
学学报,2004,33(4):468-472.

[33] 郭永春,谢强,文江泉.水热交替对红层泥岩崩解的影响[J].水文地质工程地质,2012,
39(5):69-73.

[34] LADE P V,DUNCAN J M. Stress-path dependent behavior of cohesionless soil[J].
Journal of the geotechnical engineering division,1976,102(1):51-68.

[35] 陆士强,邱金营.应力历史对砂土应力应变关系的影响[J].岩土工程学报,1989,11
(4):17-25.

[36] NAGARAJ T S,MURTHY M K,SRIDHARAN A. Incremental loading device for
stress path and strength testing of soils[J]. Geotechnicaltesting journal,1981,4(2):
74-78.

[37] ROBERT LO S-C,IAN KENNETH LEE. Response of granular soil along constant
stress increment ratio path[J]. Journal of geotechnical engineering,1990,116(3):355-
376.

[38] CALLISTO L,CALABRESI G. Mechanical behaviour of a natural soft clay[J].

Géotechnique,1998,48(4):495-513.

[39] 荣耀,许锡宾,靖洪文,等.不同含水岩石蠕变试验电磁辐射频谱分析[J].岩石力学与工程学报,2005,24(增1):5090-5095.

[40] 汤连生,张鹏程,王思敬.水-岩化学作用之岩石断裂力学效应的试验研究[J].岩石力学与工程学报,2002,21(6):822-827.

[41] 周翠英,彭泽英,尚伟,等.论岩土工程中水-岩相互作用研究的焦点问题:特殊软岩的力学变异性[J].岩土力学,2002,23(1):124-128.

[42] 冯夏庭,丁梧秀.应力-水流-化学耦合下岩石破裂全过程的细观力学试验[J].岩石力学与工程学报,2005,24(9):1465-1473.

[43] KOMORNIK A,ZEITTEN J G. Laboratory determination of lateral and vertical stresses in compacted swelling clay[J]. Journal of materials,1970(1):108-128.

[44] 孙钧,李成江.复合膨胀渗水围岩-隧洞支护系统的流变机理及其粘弹塑性效应[R].上海:[s. n.],1985.

[45] EINSTEIN H H. Suggested methods for laboratory testing of argillaceous swelling rocks [J]. International journal of rock mechanics and mining sciences & geomechanics abstracts,1990,27(3):159.

[46] LO K Y,LEE Y N. Time-dependent deformation behaviour of queenston shale[J]. Canadian geotechnical journal,1990,27(4):461-471.

[47] LIN T T,SHEU C,CHANG J E,et al. Slaking mechanisms of mudstone liner immersed in water[J]. Journal of hazardous materials,1998,58(1-3):261-273.

[48] QI J F,SUI W H,LIU Y,et al. Slaking process and mechanisms under static wetting and drying cycles slaking tests in a red strata mudstone [J]. Geotechnical and geological engineering,2015,33(4):959-972.

[49] CHEN H T,LIN T T,CHANG J E. Leaching behavior and ESEM characterization of water-sensitive mudstone in southwestern Taiwan [J]. Journal of environmental science and health part a,toxic/hazardous substances & environmental engineering,2003,38(5):909-922.

[50] HEGGHEIM T,MADLAND M V,RISNES R,et al. A chemical induced enhanced weakening of chalk by seawater[J]. Journal of petroleum science and engineering,2004,46(3):171-184.

[51] 冒海军.板岩水理特性试验研究与理论分析[D].武汉:中国科学院研究生院,2006.

[52] 周翠英,邓毅梅,谭祥韶,等.软岩在饱水过程中水溶液化学成分变化规律研究[J].岩石力学与工程学报,2004,23(22):3813-3817.

[53] 周翠英,谭祥韶,邓毅梅,等.特殊软岩软化的微观机制研究[J].岩石力学与工程学报,2005,24(3):394-400.

[54] 谭罗荣.关于粘土岩崩解、泥化机理的讨论[J].岩土力学,2001,22(1):1-5.

[55] 谭罗荣.蚀变凝灰岩的微观特性与水稳定性的关系[J].岩土工程学报,1990,12(6):70-75.

[56] 谭罗荣.蒙脱石晶体膨胀和收缩机理研究[J].岩土力学,1997,18(3):13-18.

[57] 刘晓明,赵明华,苏永华,等.红层软岩崩解性的灰色关联分析[J].湖南大学学报(自然科学版),2006,33(4):16-20.

[58] RAMPE E B,MORRIS R V,MING D W,et al. Characterizing the phyllosilicate component of the sheepbed mudstone in gale crater,mars using laboratory XRD and EGA[J]. Lunar & planetary science conference,2014,45:1890.

[59] 李喜安,黄润秋,彭建兵.黄土崩解性试验研究[J].岩石力学与工程学报,2009,28(增1):3207-3213.

[60] FU H Y,ZHOU G K,ZENG L. Study on slaking particle distribution characteristics of carbonaceous mudstone[J]. Applied mechanics and materials,2012,170-173:352-356.

[61] SATOH I,SUGIYAMA M,TAKEDA T,et al. The settlement characteristics of banking materials using mudstone under slaking[J]. Proceedings of the faculty of engineering of Tokai University,1989,29:87-94.

[62] YAMAGUCHI H,YOSHIDA K,KUROSHIMA I,et al. Slaking phenomenon of tertiary mudstone[J]. Soil mechanics & foundation engineering,1989,37:5-10.

[63] DEN BROK S W J,SPIERS C J. Experimental evidence for water weakening of quartzite by microcracking plus solution-precipitation creep[J]. Journal of the geological society,1991,148(3):541-548.

[64] HADIZADEH J,LAW R D. Water-weakening of sandstone and quartzite deformed at various stress and strain rates[J]. International journal of rock mechanics and mining sciences & geomechanics abstracts,1991,28(5):431-439.

[65] RAJEEV P,KODIKARA J. Numerical analysis of an experimental pipe buried in swelling soil[J]. Computers and Geotechnics,2011,38(7):897-904.

[66] 杨春和,冒海军,王学潮,等.板岩遇水软化的微观结构及力学特性研究[J].岩土力学,2006,27(12):2090-2098.

[67] 冒海军,杨春和,黄小兰,等.不同含水条件下板岩力学实验研究与理论分析[J].岩土力学,2006,27(9):1637-1642.

[68] 何满潮,周莉,李德建,等.深井泥岩吸水特性试验研究[J].岩石力学与工程学报,2008,27(6):1113-1120.

[69] 朱珍德,邢福东,王思敬,等.地下水对泥板岩强度软化的损伤力学分析[J].岩石力学与工程学报,2004,23(增2):4739-4743.

[70] 刘光廷,胡昱,李鹏辉.软岩遇水软化膨胀特性及其对拱坝的影响[J].岩石力学与工程学报,2006,25(9):1729-1734.

[71] 赖远明,吴紫汪,朱元林,等.大坂山隧道围岩冻融损伤的CT分析[J].冰川冻土,2000,22(3):206-210.

[72] 杨更社,奚家米,王宗金,等.胡家河煤矿主井井筒冻结壁岩石力学特性研究[J].煤炭学报,2010,35(4):565-570.

[73] LIU H,NIU F J,XU Z Y,et al. Acoustic experimental study of two types of rock from the Tibetan Plateau under the condition of freeze-thaw cycles[J]. Sciences in

cold and arid regions,2012,4(1):21.

［74］柳江琳,白武明,孔祥儒,等.高温高压下花岗岩、玄武岩和辉橄岩电导率的变化特征
［J］.地球物理学报,2001,44(4):528-533.

［75］白武明,马麦宁,柳江琳.地壳岩石波速和电导率实验研究［J］.岩石力学与工程学报,
2000,19(增 1):899-904.

［76］孙强,张志镇,薛雷,等.岩石高温相变与物理力学性质变化［J］.岩石力学与工程学报,
2013,32(5):935-942.

［77］WONG T F,BRACE W F. Thermal expansion of rocks:some measurements at high
pressure［J］. Tectonophysics,1979,57(2-4):95-117.

［78］CHEN Y,WANG C Y. Thermally induced acoustic emission in westerly granite［J］.
Geophysical research letters,1980,7(12):1089-1092.

［79］陈颙,吴晓东,张福勤.岩石热开裂的实验研究［J］.科学通报,1999,44(8):880-883.

［80］白利平,杜建国,刘巍,等.高温高压下斜长岩纵波速度与电导率实验研究［J］.地震学
报,2002,24(6):638-646.

［81］朱立平,WHALLEY W B,王家澄.寒冻条件下花岗岩小块体的风化模拟实验及其分
析［J］.冰川冻土,1997,19(4):312-320.

［82］陈卫忠,谭贤君,于洪丹,等.低温及冻融环境下岩体热、水、力特性研究进展与思考
［J］.岩石力学与工程学报,2011,30(7):1318-1336.

［83］何国梁,张磊,吴刚.循环冻融条件下岩石物理特性的试验研究［J］.岩土力学,2004,25
（增 2）:52-56.

［84］吴刚,何国梁,张磊,等.大理岩循环冻融试验研究［J］.岩石力学与工程学报,2006,25
（增 1）:2930-2938.

［85］张继周,缪林昌,杨振峰.冻融条件下岩石损伤劣化机制和力学特性研究［J］.岩石力学
与工程学报,2008,27(8):1688-1694.

［86］YANG C H,DAEMEN J J K. Temperature effects on creep of tuff and its time-
dependent damage analysis［J］. International journal of rock mechanics and mining
sciences,1997,34(3/4):383-384.

［87］刘泉声,许锡昌,山口勉,等.三峡花岗岩与温度及时间相关的力学性质试验研究［J］.
岩石力学与工程学报,2001,20(5):715-719.

［88］MARTIN R J,BOYD P J,NOEL J S,et al. Creep in topopah spring member welded
tuff. yucca mountain site characterization project［R］.［S. l.］:［s. n.］,1995.

［89］KINOSHITA N,INADA Y. Effects of high temperature on strength,deformation,
thermal properties and creep of rocks［J］. Journal of the society of materials science,
2006,55(5):489-494.

［90］DWIVEDI R D,GOEL R K,PRASAD V V R,et al. Thermo-mechanical properties of
Indian and other granites［J］. International journal of rock mechanics and mining
sciences,2008,45(3):303-315.

［91］母剑桥,裴向军,黄勇,等.冻融岩体力学特性实验研究［J］.工程地质学报,2013,21
（1）:103-108.

[92] CHEN T C, YEUNG M R, MORI N. Effect of water saturation on deterioration of welded tuff due to freeze-thaw action[J]. Cold regions science and technology, 2004, 38(2-3):127-136.

[93] 缪协兴,杨成永,陈至达. 膨胀岩体中的湿度应力场理论[J]. 岩土力学, 1993, 14(4): 49-55.

[94] 缪协兴. 用湿度应力场理论解圆形硐室遇水作用问题[J]. 岩土工程学报, 1995, 17(5): 86-90.

[95] 缪协兴. 软岩工程中围岩流变问题的有限变形分析[D]. 北京:中国矿业大学北京研究生部, 1993.

[96] 缪协兴. 湿度应力场理论的耦合方程[J]. 力学与实践, 1995(6):22-24.

[97] RICHARDS B G. 膨胀粘土体积变化的有限元分析[M]. 成都:成都科技大学出版社, 1986:102-112.

[98] MIAO X X, LU A H, MAO X B, et al. Numerical simulation for roadways in swelling rock under coupling function of water and ground pressure[J]. Journal of China University of Mining and Technology, 2002, 12(2):120-125.

[99] 卢爱红,茅献彪. 湿度应力场的数值模拟[J]. 岩石力学与工程学报, 2002, 21(增 2): 2470-2473.

[100] 康红普. 膨胀岩与巷道底臌[J]. 阜新矿业学院学报(自然科学版), 1994, 13(2): 44-48.

[101] 白冰,李小春. 湿度应力场理论的证明[J]. 岩土力学, 2007, 28(1):89-92.

[102] 朱珍德,张爱军,张勇,等. 基于湿度应力场理论的膨胀岩弹塑性本构关系[J]. 岩土力学, 2004, 25(5):700-702.

[103] 李康全,周志刚. 基于湿度应力场理论的膨胀土增湿变形分析[J]. 长沙理工大学学报(自然科学版), 2005, 2(4):1-6.

[104] 郁时炼,茅献彪,卢爱红. 湿度场对膨胀岩巷道围岩变形影响规律的研究[J]. 采矿与安全工程学报, 2006, 23(4):402-405.

[105] 付志亮,高延法,邹银辉. 软岩巷道蠕变与湿度应力场耦合研究[J]. 矿业安全与环保, 2006, 33(5):8-10.

[106] HUANG S L, AUGHENBAUGH N B, ROCKAWAY J D. Swelling pressure studies of shales [J]. International journal of rock mechanics and mining sciences & geomechanics abstracts, 1986, 23(5):371-377.

[107] 陶西贵,张耀. 膨胀性软岩洞室支护效应三维有限元分析[J]. 岩土工程技术, 2004, 18(6):303-306.

[108] PANDE G N, SHARMA K G. Multi-laminate model of clays-a numerical evaluation of the influence of rotation of the principal stress axes[J]. International journal for numerical and analytical methods in geomechanics, 1983, 7(4):397-418.

[109] MIURA K, TOKI S, MIURA S. Deformation prediction for anisotropic sand during the rotation of principal stress axes[J]. Soils and foundations, 1986, 26(3):42-56.

[110] MATSUOKA H, SAKAKIBARA K. A constitutive model for sands and clays

evaluating principal stress rotation[J]. Soils and foundations,1987,27(4):73-88.

[111] NISHIMURA S, TOWHATA I. A three-dimensional stress-strain model of sand undergoing cyclic rotation of principal stress axes[J]. Soils and foundations,2004,44 (2):103-116.

[112] 刘元雪,郑颖人.考虑主应力轴旋转对土体应力-应变关系影响的一种新方法[J].岩土工程学报,1998,20(2):45-47.

[113] 史宏彦,谢定义,汪闻韶.平面应变条件下主应力轴旋转产生的应变[J].岩土工程学报,2001,23(2):162-166.

[114] LI X S,DAFALIAS Y F. A constitutive framework for anisotropic sand including non-proportional loading[J]. Géotechnique,2004,54(1):41-55.

[115] ZHANG J M,TONG Z X,YU Y L. Effects of cyclic rotation of principal stress axes and intermediate principal stress parameter on the deformationbehavior of sands [C]. Proceedings of the conference of geotechnical earthquake engineering and soil dynamics IV. Sacramento:[s. n.],2008:18-22.

[116] TONG Z X,YU Y L,ZHANG J M,et al. Deformation behavior of sands subjected to cyclic rotation of principal stress axes [J]. Chinese journal of geotechnical engineering,2008,30(8):1196-1202.

[117] 童朝霞,张建民,于艺林,等.中主应力系数对应力主轴循环旋转条件下砂土变形特性的影响[J].岩土工程学报,2009,31(6):946-952.

[118] DAFALIAS Y F. Bounding surface plasticity. I:mathematical foundation and hypoplasticity[J]. Journal of engineering mechanics,1986,112(9):966-987.

[119] WANG Z L,DAFALIAS Y F,SHEN C K. Bounding surface hypoplasticity model for sand[J]. Journal of engineering mechanics,1990,116(5):983-1001.

[120] PASTOR M,ZIENKIEWICZ O C,CHAN A H C. Generalized plasticity and the modelling of soil behaviour[J]. International journal for numerical and analytical methods in geomechanics,1990,14(3):151-190.

[121] LI X S, DAFALIAS Y F. Constitutive modeling of inherently anisotropic sand behavior[J]. Journal of geotechnical and geoenvironmental engineering, 2002, 128 (10):868-880.

[122] MIURA K,MIURA S,TOKI S. Deformation behavior of anisotropic dense sand under principal stress axes rotation[J]. Soils and foundations,1986,26(1):36-52.

[123] YANG Z X. Investigation of fabric anisotropic effects on granular soil behavior[D]. Hong Kong:Hong Kong University of Science and Technology,2005.

[124] YOU M Q,HUA A Z,LI S P. Effect of loading path on supporting capacity and deformation property of specimen[M]//Frontiers of rock mechanics and sustainable development in the 21st century. Boca Raton:CRC Press,2001:55-59.

[125] 刘元雪,郑颖人.含主应力轴旋转的广义塑性位势理论[J].力学季刊,2000,21(1):129-133.

[126] 刘元雪,郑颖人.含主应力轴旋转的土体平面应变问题弹塑性数值模拟[J].计算力学

学报,2001,18(2):239-241.

[127] 黄茂松,柳艳华.天然软黏土屈服特性及主应力轴旋转效应的本构模拟[J].岩土工程学报,2011,33(11):1667-1675.

[128] 王常晶,陈云敏.列车移动荷载在地基中引起的主应力轴旋转[J].浙江大学学报(工学版),2010,44(5):950-954.

[129] 付磊,王洪瑾,周景星.初始主应力偏转角 α_0 对土石坝动力计算结果的影响[J].水利学报,1999(2):76-80.

[130] 付磊,王洪瑾,周景星.主应力偏转角对砂砾料动力特性影响的试验研究[J].岩土工程学报,2000,22(4):435-440.

[131] 沈瑞福,王洪瑾,周克骥,等.动主应力旋转下砂土孔隙水压力发展及海床稳定性判断[J].岩土工程学报,1994,16(3):70-78.

[132] 张敏,杨蕴明,李琦,等.含主应力旋转的应力路径对密砂临界状态的影响[J].岩石力学与工程学报,2013,32(12):2560-2565.

[133] KEEL J J,王彬.隧道工程中的膨胀现象-理论与实践的比较[J].隧道译丛,1993(10):36-42.

[134] 方勇,崔戈,符亚鹏,等.膨胀地层层状膨胀对盾构隧道结构荷载影响[J].铁道工程学报,2013,30(7):59-64.

[135] 赵二平,李建林,王瑞红.不同应力路径下膨胀岩力学特性试验研究[J].人民长江,2014,45(3):83-86.

[136] 谢飞鸿,赵建国,刘哲,等.改进膨胀岩洞室应力分布的有效措施的研究与应用[J].西部探矿工程,2004(4):105-106.

[137] 杨庆,焦建奎,栾茂田.膨胀岩土侧限膨胀试验新方法与膨胀本构关系[J].岩土工程学报,2001,23(1):49-52.

[138] 杨庆,焦建奎.膨胀岩侧限膨胀试验新方法[J].工程地质学报,2000,8(增刊):523-526.

[139] 陈刚.重塑膨胀土性状试验研究[D].南京:东南大学,2005.

[140] 周葆春,王靖涛.减围压三轴压缩路径下重塑黏土本构关系的数值建模研究[J].岩石力学与工程学报,2007,26(增1):3190-3195.

[141] 李志清,李涛,胡瑞林,等.蒙自重塑膨胀土膨胀变形特性与施工控制研究[J].岩土工程学报,2008,30(12):1855-1860.

[142] 刘锋.重塑膨胀土的抗剪强度试验研究[J].株洲工学院学报,2006,20(4):94-96.

[143] 欧孝夺,唐迎春,钟子文,等.重塑膨胀岩土微变形条件下膨胀力试验研究[J].岩石力学与工程学报,2013,32(5):1067-1072.

[144] 汪时机,孙世军,陈正汉,等.造孔损伤重塑膨胀土三轴剪切试验研究[J].西南大学学报(自然科学版),2011,33(3):128-132.

[145] 董东,肖明贵,谭波,等.不同重塑膨胀土的抗拉强度实验研究[J].土工基础,2014,28(1):98-100.

[146] 吴志刚,张翔.重塑膨胀土三轴增湿变形及力学特性的试验研究[J].四川建筑科学研究,2014,40(1):160-163.

[147] 杨长青,董东,谭波,等.重塑膨胀土三向膨胀变形试验研究[J].工程地质学报,2014,22(2):188-195.

[148] 鲁洁.原状与重塑膨胀土增湿变形特性研究[J].陕西建筑,2008(158):37-39.

[149] 彭贞.重塑膨胀土结构性损伤力学特性研究[D].重庆:西南大学,2012.

[150] 周科,孙德安.重塑上海软土的压缩特性试验[J].上海大学学报(自然科学版),2009,15(1):99-104.

[151] 王小军,答治华,杨文辉.重塑膨胀岩的湿化性与其影响因素之间的关系[J].路基工程,1998(3):29-35.

[152] 孙德安,陈波,周科.重塑上海软土的压缩和剪切变形特性试验研究[J].岩土力学,2010,31(5):1389-1394.

[153] 孟庆云,杨果林.重塑膨胀土直剪试验中的强度特性研究[C]//第一届中国水利水电岩土力学与工程学术讨论会论文集.昆明:[s.n.],2006:265-267.

[154] 孟庆云.重塑膨胀土胀缩特性和强度特性试验研究[D].长沙:中南大学,2006.

[155] 孟庆云,杨果林.重塑膨胀土直剪试验中的应力-应变曲线特性[J].中南公路工程,2007,32(3):11-15.

[156] 谢云,陈正汉,孙树国,等.重塑膨胀土的三向膨胀力试验研究[J].岩土力学,2007,28(8):1636-1642.

[157] 谢云,陈正汉,李刚.考虑温度影响的重塑非饱和膨胀土非线性本构模型[J].岩土力学,2007,28(9):1937-1942.

[158] 谢云,陈正汉,李刚,等.南阳膨胀土三向膨胀力规律研究[J].后勤工程学院学报,2006,22(1):11-14.

[159] 陈正汉,方祥位,朱元青,等.膨胀土和黄土的细观结构及其演化规律研究[J].岩土力学,2009,30(1):1-11.

[160] 姚志华,陈正汉.重塑膨胀土干湿过程中细观结构变化试验研究[J].地下空间与工程学报,2009,5(3):429-434.

[161] 缪林昌,严明良,崔颖.重塑膨胀土的电阻率特性测试研究[J].岩土工程学报,2007,29(9):1413-1417.

[162] 缪林昌,崔颖,陈可君,等.非饱和重塑膨胀土的强度试验研究[J].岩土工程学报,2006,28(2):274-276.

[163] 邹维列,陈轮,谢鹏,等.重塑膨胀土非线性强度特性及一维固结浸水膨胀应力-应变关系[J].岩土力学,2012,33(增2):59-64.

[164] 邹维列,张俊峰,王协群.脱湿路径下重塑膨胀土的体变修正与土水特征[J].岩土工程学报,2012,34(12):2213-2219.

[165] 雷胜友,李克钏.重塑膨胀土在循环荷载作用下长期变形的数学模型[J].成都科技大学学报,1995,,27(2):27-31.

[166] 雷胜友.重塑土在循环荷载作用下长期变形之数学模型[J].西安公路交通大学学报,1998,18(3):7-9.

[167] 孙世军.重塑膨胀土宏细观结构演化CT-三轴试验研究[D].重庆:西南大学,2011.

[168] 李贤,彭贞,汪时机,等.重塑膨胀土结构性损伤CT-三轴试验研究[J].西南大学学报

（自然科学版）,2013,35(6):131-135.

[169] 唐朝生,崔玉军,TANG Anh-minh,等.重塑COx泥岩在饱和过程中应力应变的演化规律[J].岩土工程学报,2010,32(8):1166-1171.

[170] 王国体,潘恒芳,陈兵.滑坡防治的应力重塑方法[J].合肥工业大学学报（自然科学版）,2001,24(3):374-377.

[171] 马乙一.应力重塑方法在治理边坡中的应用研究[D].合肥:合肥工业大学,2006.

[172] 易志宏.应力重塑方法在开挖边坡治理中的应用研究[D].合肥:合肥工业大学,2004.

[173] 冷艳秋.饱和-非饱和重塑黄土变形强度特征[D].西安:长安大学,2014.

[174] 肖宏彬,许豪,滕珂,等.非饱和重塑膨胀土一维压缩蠕变特性试验研究[J].公路工程,2009,34(6):1-7.

[175] 熊承仁.重塑非饱和粘性土的强度习性研究[D].长沙:中南大学,2005.

[176] 崔颖.非饱和重塑膨胀土临界状态特性的试验研究[D].南京:东南大学,2006.

[177] 汪东林,栾茂田,杨庆.非饱和重塑低液限黏土体积变化特性试验研究[J].水利学报,2008,39(3):367-372.

[178] 汪东林,栾茂田,杨庆.非饱和重塑黏土干湿循环特性试验研究[J].岩石力学与工程学报,2007,26(9):1862-1867.

[179] 刘敏捷,姚志华,覃小华,等.非饱和重塑膨胀土各向等压加载试验研究[J].重庆建筑,2012,11(9):19-22.

[180] 孟庆彬.极弱胶结岩体结构与力学特性及本构模型研究[D].徐州:中国矿业大学,2014:25-40.

[181] 刘洋,赵明阶.岩石损伤本构理论研究综述[J].山东交通学院学报,2005,13(4):40-44.

[182] 杨小林,员小有,吴忠,等.爆破损伤岩石力学特性的试验研究[J].岩石力学与工程学报,2001,20(4):436-439.

[183] 韦立德.岩石力学损伤和流变本构模型研究[J].岩石力学与工程学报,2004,23(24):4265.

[184] CHABOCHE J L. Lifetime predictions and cumulative damage under high-temperature conditions[M].[S. l.]:[s. n.],1980:77.

[185] CHABOCHE J L. Continuous damage mechanics—A tool to describe phenomena before crack initiation[J]. Nuclearengineering and design,1981,64(2):233-247.

[186] 陈士海,崔新壮.含损伤岩石的动态损伤本构关系[J].岩石力学与工程学报,2002,21(增):1955-1957.

[187] 刘齐建,杨林德,曹文贵.岩石统计损伤本构模型及其参数反演[J].岩石力学与工程学报,2005,24(4):616-621.

[188] 杨永杰,王德超,郭明福,等.基于三轴压缩声发射试验的岩石损伤特征研究[J].岩石力学与工程学报,2014,33(1):98-104.

[189] 杨圣奇,徐卫亚,韦立德,等.单轴压缩下岩石损伤统计本构模型与试验研究[J].河海大学学报（自然科学版）,2004,32(2):200-203.

[190] 游强,游猛.岩石统计损伤本构模型及对比分析[J].兰州理工大学学报,2011,37(3):

119-123.

[191] 康亚明,刘长武,贾延,等.岩石的统计损伤本构模型及临界损伤度研究[J].四川大学学报(工程科学版),2009,41(4):42-47.

[192] 张子明,赵吉坤,吴昊,等.混凝土单轴荷载下细观损伤破坏的数值模拟[J].河海大学学报(自然科学版),2005,33(4):422-425.

[193] 王渭明,杨更社,张向东,等.岩石力学[M].徐州:中国矿业大学出版社,2010.

[194] 张永兴,许明.岩石力学[M].3版.北京:中国建筑工业出版社,2015.

[195] 何满潮.软岩工程力学的理论与实践[J].中国煤矿软岩巷道支护理论与实践,1996:20-34.

[196] 尤明庆.岩石的力学性质[M].北京:地质出版社,2007.

[197] 王德滋,谢磊.光性矿物学[M].北京:科学出版社,2008.

[198] 杨展,李希圣,黄伟雄.地理学大辞典[J].合肥:安徽人民出版社,1992:310-312.

[199] 石油地质勘探专业标准化委员会.沉积岩粘土矿物相对含量 X 射线衍射分析方法:SY/T 5163—1995[S].北京:石油工业出版社,1996.

[200] 张荣科,范光.粘土矿物 X 射线衍射相定量分析方法与实验[J].铀矿地质,2003,19(3):180-185.

[201] 张述兴.重庆地区泥岩组成特征与力学参数关系研究[D].重庆:重庆交通大学,2008.

[202] 徐小丽,高峰,沈晓明,等.高温后花岗岩力学性质及微孔隙结构特征研究[J].岩土力学,2010,31(6):1752-1758.

[203] 卫宏,张玉三,李太任,等.岩石显微空隙粒度分布的分形特征与岩石强度的关系[J].岩石力学与工程学报,2000,19(3):318-320.

[204] 徐奋强.粘性土液塑限测定试验研究[J].岩土工程界,2006(11):41-42.

[205] 陈巧志.西安任家坡黄土剖面地层液塑限研究[D].西安:长安大学,2012.

[206] 水利部水利水电规划设计总院,南京水利科学研究院.土工试验方法标准:GB/T 50123—2019 [S].北京:中国计划出版社,2019.

[207] 赵娟芳.联合测定法中液塑限的求解[J].科技资讯,2013(33):23-24.

[208] 地质矿产部地质辞典办公室.地质大辞典(一)普通地质　构造地质分册　下册[M].北京:地质出版社,2005.

[209] 廖昕.黑色页岩化学风化特征及其黄铁矿氧化动力学研究[D].成都:西南交通大学,2013:2-3.

[210] 马建军.黑色岩层诱发山地灾害的水-岩作用机理研究[J].铁道工程学报,2011,28(10):1-5.

[211] BUCKBY S BLACK,COLEMAN M L,HODSON M E. Fe-sulphate-rich evaporative mineral precipitate from the Rio Tinto,southwest Spain[J]. Mineralogical magazine,2003,37(2):263-278.

[212] 刘马群,冯拥军.井巷工程[M].北京:煤炭工业出版社,2010:2-8.

[213] 何满潮,景海河,孙晓明.软岩工程力学[M].北京:科学出版社,2003:35-40.

[214] 王鸿禧.膨润土[M].北京:地质出版社,1980:70-80.

[215] 黄宏伟,车平.泥岩遇水软化微观机理研究[J].同济大学学报(自然科学版),2007,35

(7):866-870.

[216] 张志沛,彭惠,段立莉.勉宁高速公路沿线泥岩遇水崩解特征的研究[J].工程地质学报,2010,18:1-5.

[217] 郭立,马东霞,吴爱祥,等.岩体力学参数灵敏度分析的正交有限元法[J].中南大学学报(自然科学版),2004,35(1):138-141.

[218] 尤明庆,苏承东,徐涛.岩石试样的加载卸载过程及杨氏模量[J].岩土工程学报,2001,23(5):588-592.

[219] HUDSON J A,HARRISON J P. Engineering rock mechanics[M]. Oxford:ELSevier,1997.

[220] 朱珍德,张爱军,邢福东,等.岩石抗压强度与试件尺寸相关性试验研究[J].河海大学学报(自然科学版),2004,32(1):42-45.

[221] 刘宝琛,张家生,杜奇中,等.岩石抗压强度的尺寸效应[J].岩石力学与工程学报,1998,17(6):611-614.

[222] 郭中华,朱珍德,杨志祥,等.岩石强度特性的单轴压缩试验研究[J].河海大学学报(自然科学版),2002,30(2):93-96.

[223] 赵维生,韩立军,张益东,等.主应力对深部软岩巷道围岩稳定性影响规律研究[J].采矿与安全工程学报,2015,32(3):504-510.

[224] 向英,柯儒杰.地球的保护伞——大气[M].北京:中国建材工业出版社,1998:60-63.

[225] 杨益强,李长虹,江明明.控制器件[M].北京:中国水利水电出版社,2005:82-87.

[226] 李楠,王恩元,赵恩来,等.岩石循环加载和分级加载损伤破坏声发射实验研究[J].煤炭学报,2010,35(7):1099-1103.

[227] 崔希海,付志亮.岩石流变特性及长期强度的试验研究[J].岩石力学与工程学报,2006,25(5):1021-1024.

[228] 袁海平,曹平,万文,等.分级加卸载条件下软弱复杂矿岩蠕变规律研究[J].岩石力学与工程学报,2006,25(8):1575-1581.

[229] 陶振宇,王宏,余启华.分级加载下大理岩的流变特性试验研究[J].四川水力发电,1991(1):23-29.

[230] LAMA R D,VUTUKURI V S. Handbook on mechanical properties of rocks[M]. Clausthal:Trans. Tech. Publications,1978:318-453.

[231] 谌文武,原鹏博,刘小伟.分级加载条件下红层软岩蠕变特性试验研究[J].岩石力学与工程学报,2009,28(增1):3076-3081.

[232] 张向东,尹晓文,傅强.分级加载条件下紫色泥岩三轴蠕变特性研究[J].实验力学,2011,26(1):61-66.

[233] 张忠亭,罗居剑.分级加载下岩石蠕变特性研究[J].岩石力学与工程学报,2004,23(2):218-222.

[234] 赵延林,曹平,陈沅江,等.分级加卸载下节理软岩流变试验及模型[J].煤炭学报,2008,33(7):748-753.

[235] 李孝平,王世梅,李晓云,等.GDS三轴仪的非饱和土试验操作方法[J].三峡大学学报(自然科学版),2008,30(5):37-40.

[236] 江辉煌.砂井处理超软地基的固结计算[J].岩石力学与工程学报,2010,29(2):433.

[237] 周龙.非饱和红土强度及变形特性试验研究[D].南昌:南昌大学,2014:16-34.

[238] 朱泽奇,肖培伟,盛谦,等.基于数字图像处理的非均质岩石材料破坏过程模拟[J].岩土力学,2011,32(12):3780-3786.

[239] 朱万成,康玉梅,杨天鸿,等.基于数字图像的岩石非均匀性表征技术在流固耦合分析中的应用[J].岩土工程学报,2006,28(12):2087-2091.

[240] 焦明若,唐春安,张国民,等.细观非均匀性对岩石破裂过程和微震序列类型影响的数值试验研究[J].地球物理学报,2003,46(5):659-666.

[241] 张春会,赵全胜,于永江.非均匀煤岩双重介质渗流-应力耦合模型[J].采矿与安全工程学报,2009,26(4):481-485.

[242] 贾善坡,陈卫忠,于洪丹,等.泥岩隧道施工过程中渗流场与应力场全耦合损伤模型研究[J].岩土力学,2009,30(1):19-26.

[243] 刘雄,宁建国,马巍.冻土地区水渠的温度场和应力场数值分析[J].冰川冻土,2005,27(6):932-938.

[244] 胡其志,冯夏庭,周辉.考虑温度损伤的盐岩蠕变本构关系研究[J].岩土力学,2009,30(8):2245-2248.

[245] 张连英,茅献彪,李天珍.高温环境下大理岩热损伤特性的试验研究[J].采矿与安全工程学报,2010,27(4):505-511.

[246] 朱珍德,方荣,朱明礼,等.高温周期变化与高围压作用下大理岩力学特性试验研究[J].岩土力学,2007,28(11):2279-2283.

[247] 季明.湿度场下灰质泥岩的力学性质演化与蠕变特征研究[D].徐州:中国矿业大学,2009:94-100.

[248] 朱珍德,张爱军,张勇,等.基于湿度应力场理论的膨胀岩弹塑性本构关系[J].岩土力学,2004,25(5):700-702.

[249] 朱珍德,郭海庆.裂隙岩体水力学基础[M].北京:科学出版社,2007:150-240.

[250] KRAJCINOVIC D, FONSEKA G U. The continuous damage theory of brittle materials, part 1:general theory[J]. Journal of applied mechanics,1981,48(4):809-815.

[251] KRAJCINOVIC D, SILVA M A G. Statistical aspects of the continuous damage theory[J]. International journal of solids and structures,1982,18(7):551-562.

[252] KRAJCINOVE D. Contmuum damage mechanics [J]. Appl. Mech. Reviews,1984,13(7).

[253] RABOTNOV Y N. On the equations of state for creep[J]. Progress in applied mechanics,1963,178(3A):307-315.

[254] LEMAITRE J, CHABOCHE J L. As Peet Phenomen-ologique dela Rupture Parendornrnagement [J]. J. demee. APPl. ,1978,2(3).

[255] LEMAITRE J. How to use damage mechanics[J]. Nuclear engineering and design,1984,80(2):233-245.

[256] 张全胜.冻融条件下岩石细观损伤力学特性研究初探[D].西安:西安科技大学,2003:29-48.

[257] 李兆霞.损伤力学及其应用[M].北京:科学出版社,2002.

[258] 张毅,廖华林,李根生.岩石连续损伤统计本构模型[J].石油大学学报(自然科学版),

2004,28(3):37-39.

[259] 茆诗松,程依明,濮晓龙.概率论与数理统计教程[M].2 版.北京:高等教育出版社,2011.

[260] 郑颖人,孔亮.岩土塑性力学[M].北京:中国建筑工业出版社,2010:58-102.

[261] 陈惠发,A.F.萨里普.弹性与塑性力学[M].余天庆,王勋文,刘再华,译.北京:中国建筑工业出版社,2004:198-215.

[262] 张连英.高温作用下泥岩的损伤演化及破裂机理研究[D].徐州:中国矿业大学,2012.

[263] 季明.湿度场下灰质泥岩的力学性质演化与蠕变特征研究[M].徐州:中国矿业大学出版社,2015:73-79.

[264] 张明,卢裕杰,杨强.准脆性材料的破坏概率与强度尺寸效应[J].岩石力学与工程学报,2010,29(9):1782-1789.

[265] 陈育民,徐鼎平.FLAC/FLAC3D 基础与工程实例[M].2 版.北京:中国水利水电出版社,2013:56-73.

[266] 陈炎光,陆士良.中国煤矿巷道围岩控制[M].徐州:中国矿业大学出版社,1994:40-43.

[267] 赵维生,程建龙,徐平,等.巷道围岩稳定性表征变量的一种快速实现方法[J].河南理工大学学报(自然科学版),2015,34(2):179-184.

[268] 刘炳文.Visual Basic 程序设计简明教程[M].北京:清华大学出版社,2006.

[269] ZHAO W S,SANDA SURESH. The disturbed stress field of surrounding rock of deep-buried roadway in anticline ectonic[J]. The electronic journal of geotechnical engineering,2015,20(15):6588-6588.

[270] 赵维生,韩立军,赵周能,等.主应力对巷道交岔点围岩稳定性影响研究[J].岩土力学,2015,36(6):1752-1760.